电子基础元器件检测

主　编　章俊华　苏　明

副主编　陈世国　龚洪宾　马建华　刘万松

编　委　阮方鸣　赵瑞平　王　珩　何二宝

　　　　王　义　李金辉　王学杰　龚国刚

　　　　潘齐凤　周廷荣　李明贵　肖文君

　　　　戎小凤　方　润　钟健思　张　宁

　　　　李　钢　叶　鑫

U0206446

西南交通大学出版社
·成都·

内容简介

本书由贵州省机械电子产品质量监督检验院、贵州师范大学、中国振华电子集团有限公司、贵州省电子学会组织长期工作在一线的教学科研和产品开发及检测人员编写。主要内容包括检测技术基础，电阻器、电容器、电感器、二极管、三极管、场效应管、继电器、压电器件、小型变压器、熔断器等基础电子元器件的基础知识、常规检测和特殊检测。介绍了如何运用通用性电测仪器和仪表，对各类电子元器件进行检测，同时也介绍了一些新型电子元器件的特殊检测方法。

本书适用于大中专相关专业师生、电子工程技术人员、家用电器和电子设备等行业的维修人员、电子爱好者。

图书在版编目（CIP）数据

电子基础元器件检测/ 章俊华，苏明主编. —成都：
西南交通大学出版社，2014.8
ISBN 978-7-5643-3420-8

Ⅰ.①电⋯ Ⅱ.①章⋯ ②苏⋯ Ⅲ.①电子元件 – 检测②电子器件 – 检测 Ⅳ.①TN606

中国版本图书馆 CIP 数据核字（2014）第 197768 号

电子基础元器件检测

主编　章俊华　苏　明

*

责任编辑　黄淑文
封面设计　严春艳

西南交通大学出版社出版发行
四川省成都市金牛区交大路 146 号　邮政编码：610031　发行部电话：028-87600564
http://www.xnjdcbs.com
成都蓉军广告印务有限责任公司印刷

*

成品尺寸：185 mm×260 mm　　印张：17.75
字数：443 千字
2014 年 8 月第 1 版　　2014 年 8 月第 1 次印刷
ISBN 978-7-5643-3420-8
定价：39.00 元

图书如有印装质量问题　本社负责退换
版权所有　盗版必究　举报电话：028-87600562

序 言

随着电子信息产业的快速发展，作为电子信息产业基础的电子元器件产业其发展也异常迅速。截止到 2012 年 9 月，我国规模以上电子元器件制造企业达到 4 938 家，行业总资产达到 8 705.8 亿元。近年来，中国电子工业持续高速增长，带动了电子元器件产业的强劲发展。中国已经成为扬声器、铝电解电容器、显像管、印制电路板、半导体分立器件等电子元器件的世界生产基地。

电子元器件是电子技术的基本元素，是电子电路的重要组成部分。任何一种电子装置都由这些电子元器件合理、和谐、巧妙地组合而成的。可以说，没有高质量的电子元器件，就没有高性能的电子产品。电子元器件正进入以新型电子元器件为主体的新一代元器件时代，它将逐渐取代传统元器件。电子元器件由原来只为适应整机的小型化及其新工艺要求为主的特性进行改进，变成以满足数字技术、微电子技术发展所提出的特性要求为主，而且是成套的产业化发展阶段。客观地说，不了解这些元器件的性能和规格，就难以适应当代电子技术的发展。学会正确选用和检测电子元器件，是掌握电子技术基本知识和技能的重要内容之一。

《电子基础元器件检测》一书由贵州省机械电子产品质量监督检验院、贵州师范大学、中国振华电子集团有限公司、贵州省电子学会组织长期工作在一线的教学科研和产品开发及检测人员编写，编者有厚实的理论功底和丰富的实践经验，全书主要介绍如何运用通用性电测仪器和仪表，对各类电子元器件进行检测，同时也介绍了一些新型电子元器件的特殊检测方法。该书的特点是通俗易懂、新颖实用，能使读者在最短的时间内对各种电子元器件有全面的了解，掌握各种电子元器件的检测方法，并能根据具体设计方案选定所需的元器件。《电子基础元器件检测》为读者提供了一些简单、实用的电子元器件检测实例，使读者能够快速掌握各种电子元器件的检测方法。该书内容丰富、实用，可供大中专相关专业师生、电子工程技术人员、家用电器和电子设备等行业的维修人员、电子爱好者等阅读参考。

借该书出版之际，我由衷的希望参编单位进一步加强高校、科研院所、企业、社会团体的合作与交流，为贵州省社会经济的发展做出更大的贡献。

贵 州 省 政 协 副 主 席
贵州师范大学副校长、教授
2014 年 1 月 9 日

前　言

电子元器件处于电子信息产业链上游，是通信、计算机及网络、数字音/视频等系统和终端产品发展的基础，对电子信息产业的发展起着至关重要的作用。

近年来，中国电子工业的持续高速增长带动了电子元器件产业的强劲发展。我国许多门类的电子元器件产量已稳居全球第一位，电子元器件行业在国际市场上占据了重要的地位。我国已经成为扬声器、铝电解电容器、显像管、印制电路板、半导体分立器件等电子元器件的世界生产基地。

本书的编写目的主要是为大中专相关专业师生、电子工程技术人员、家用电器和电子设备等行业的维修人员、电子爱好者等提供一本实用的参考资料。本书内容涵盖电阻器、电容器、电感器、二极管、三极管、场效应管、继电器、压电器件、小型变压器、熔断器等基础电子元器件，对它们的型号命名方法、主要参数、常用器件、新型器件等方面进行了介绍，并结合检测实例，着重介绍了如何运用通用性电测仪器和仪表对各类电子元器件进行检测。在注重常用器件和常规检测的同时，对新型器件和特殊检测也进行了介绍，以期提供一些新型电子元器件及其检测的发展趋势和新技术。本书提供的资料直观、实用，内容通俗、简洁。

本书在写作过程中，参考和引用了大量文献和仪器仪表公司的技术资料，在此对提供资料的单位和个人表示感谢。

参与本书编写的作者及其完成的章节如下：

章俊华、苏明、龚洪宾、刘万松、马建华：全书统稿；

苏明、王珩、何二宝、李钢、龚洪宾：第1章；

王义、龚国刚、张宁：第2章；

阮方鸣、潘齐凤、龚洪宾：第3章；

陈世国、李金辉、叶鑫：第4章；

刘万松、周廷荣、李明贵：第5章；

肖文君、周廷荣、李明贵：第6章、第7章；

方润、赵瑞平、钟健思：第8章；

方润、王学杰、刘万松：第9章；

戎小凤、潘齐凤：第10章；

戎小凤、龚国刚、李明贵：第11章；

戎小凤、龚国刚：第 12 章。

本书的写作过程中，得到了贵州省机械电子产品质量监督检验院、贵州师范大学、中国振华电子集团有限公司、贵州省电子学会等单位的大力支持，在此一并表示真诚的感谢！最后对参与本书编辑排版的贵州师范大学刘雪飞、程桂仙老师以及硕士研究生徐伟等表示感谢！

本书虽然经过编写组多次讨论和修改，数易其稿，但由于学识水平所限，不足之处在所难免，恳请专家、学者和同仁提出宝贵意见。

《电子基础元器件检测》编写组
2014 年元月

目　录

第1章　检测技术基础

1.1　检测的基础知识

1.1.1　检测的基本概念

1. 检　测

检测是指人们为定性了解和定量掌握某一被检测对象的部分或全部待测信息所采取的一系列手段、方法和过程。检测包含测量和检验两方面内容。

2. 测　量

测量就是将被测对象中的某种信息获取出来，并加以度量，即获取被测量量值的过程。其原理是将被测参数的量值与作为同性质的单位标准量进行比较，并借助专门的技术工具确定被测量对标准量的比值（标准量应该是国际上或国家所公认的、性能稳定的量），如式（1-1）所示。

$$A = \frac{X}{X_0} \tag{1-1}$$

式中　A——比值；

　　　X_0——标准量；

　　　X——被测量。

3. 检　验

与测量不同，检验往往只需要分辨出被测参数的量值是否归属某一范围带，从而判别被测参数是否合格，现象是否存在等。

4. 检　查

检查是指对产品设计、产品、产品过程和产品安装的审查，以确定其与特定要求的符合性，或根据专业判断确定其与通用要求的符合性的过程。

5. 试　验

试验是通过某种人为方法，将被测对象中所包含的待测信息通过专门的装置人为激发出来并加以测量的过程。

6. 量值 （Value of a quantity）

量值即被测量的测量值，其大小通常由数值和单位两部分构成，如式（1-2）所示，其中 X 表示量值，A 为测量的数值，x_0 为测量单位。

$$X = A x_0 \qquad\qquad (1\text{-}2)$$

例如，某一电阻的量值为 $R = 10 \text{ k}\Omega$，10 k 为测量的数值，Ω 即为测量单位欧姆。

1.1.2　检测的过程

下面以天平称重为例说明测量过程：检测前，首先检查天平是否平衡，即调零；接着将待测重物（被测量）和砝码（标准量）分别放置在天平两侧，进行比对；然后根据天平中间的指针有无偏向来判别被测量和标准量之间有无差值，即示差；若存在差值，则需要调整砝码，直到砝码质量与待测重物相等，这个调节过程称为平衡。调整好示差和平衡后，就可根据砝码的大小和数量读出（或算出）待测重物的量值，即读数。

综上所述，整个检测过程包括调零、比对、示差、平衡和读数五个步骤，它们贯穿于一切检测过程中。

1.1.3　检测中的变换

测量和检验的关键在于将被测量与标准量进行比较，这首先要求被测量和标准量是同性质的物理量，有时可直接进行比较，但在多数情况下，被测量和标准量都需要被变换成便于双方比较的某一个中间量。例如，用指针式电压表测量电压时，被测电压被变换成电压表指针的偏转位移，而电压的标准量变换为电压表的刻度，这时被测量和标准量都变换成角位移这样的中间量，以便直接进行比较。其他电磁量，如电流、电阻、电感、电容、磁场等，都必须经过变换才能进行比较，因此变换往往是测量的核心。

1.2　国家法定计量单位

我国计量法明文规定"国家实行统一的法定计量单位制度。"法定计量单位制度作为我国统一单位制和量值的依据被严格实行，对我国国民经济和文化教育事业的发展、科学技术的进步和扩大国际交流具有重大意义。

1.2.1　国际单位制

国际单位制于 1960 年在 11 届国际计量大会（CGPM）上被提出，是一种建立在科学基础上的计量单位制度，用符号 SI 表示，经过多次修订，目前已形成一套完善的计量单位体系。

由于国际单位制（SI）具有科学简明、结构合理、方便实用等特点，因此得到了国际社会的普遍承认和接受，被广泛应用于各行各业和科研领域，成为科技、经济、文教、卫生各界的共同语言。

国际单位制的构成如表 1.1 所示。

表 1.1　国际单位制的组成

国际单位制（SI）	SI 单位	SI 基本单位
		SI 导出单位（其中 21 个有专门的名称和符号）
	SI 词头（$10^{-24} \sim 10^{+24}$，共 20 个）	
	SI 单位的倍数和分数单位	

1．SI 基本单位

基本量是计量单位制建立的基础，是约定地认为在函数关系上彼此独立的量。国际单位制（SI）将长度、质量、时间、电流、热力学温度、物质的量和发光强度这 7 个量作为基本量，并给基本单位规定了严格的定义，这些定义体现了现代科技发展的水平，其量值能以高准确度复现出来。

SI 基本单位的名称、符号以及定义如表 1.2 所示。

表 1.2　SI 基本单位

量的名称	单位名称及符号	定　义
长度	米（m）	光在真空中于 1/299 792 458 秒的时间间隔内所经过的距离
质量	千克（kg）	质量单位，等于国际千克（公斤）原器的质量
时间	秒（s）	铯 133 原子基态的两个超精细能级之间跃迁所对应的辐射的 9 192 631 770 个周期的持续时间
电流	安[培]（A）	一恒定电流，若保持在处于真空中相距 1 m 的两无限长而圆截面可忽略的平行直导线内，则此两导线之间产生的力在每米长度上等于 2×10^{-7} 牛顿
热力学温度	开[尔文]（K）	水三相点热力学温度的 1/273.16
物质的量	摩[尔]（mol）	一系统的物质的量，该系统中所包含的基本单元数与 0.012 kg 碳 12 的原子数目相等。在使用摩[尔]时应指明基本单元，可以是原子、分子、离子、电子及其他粒子，或是这些粒子的特定组合
发光强度	坎[德拉]（cd）	发射出频率为 540×10^{-12} Hz 单色辐射的光源在给定方向上的发光强度，而且在此方向上的辐射强度为 1/683 瓦特每球面度

2．SI 导出单位

SI 遵从一贯性原则，即由比例因数为 1 的基本单位幂的乘积来表示导出计量单位，因此，SI 的全部导出单位均为一贯计量单位，由两个以上基本单位幂的乘积组合而成。SI 的一贯性使符合科学规律的量的方程与数值方程相一致。

为了读写和实际应用的方便，达到便于区分某些具有相同量纲的表达式的单位的目的，SI 仅选用了 19 个具有专门名称的导出单位。而电能单位"度"（即千瓦时），光亮度单位"尼特"（即坎德拉每平方米）等名称则不再使用。在表1.3中单位符号和其他表示式可以等同使用，例如，力的单位牛顿（N）和千克米每二次方秒（kg·m/s²）完全等同。

弧度和球面度是原SI的两个辅助单位，由长度单位导出，在某些领域（如光度学和辐射度学）仍发挥着重要作用，是两个独立而具体的单位，现已归为具有专门名称的导出单位类，因此具有专门名称的SI导出单位共有21个。

表 1.3　SI 导出单位

具有专门名称的 SI 导出单位			
量的名称	名称	符号	用 SI 基本单位和 SI 导出单位表示
[平面]角	弧度	rad	$1\ \text{rad} = 1\ \text{m/m} = 1$
立体角	球面度	sr	$1\ \text{sr} = 1\ \text{m}^2/\text{m}^2 = 1$
频率	赫[兹]	Hz	$1\ \text{Hz} = 1\text{s}^{-1}$
力	牛[顿]	N	$1\ \text{N} = 1\ \text{kg} \cdot \text{m/s}^2$
压力，压强，应力	帕[斯卡]	Pa	$1\ \text{Pa} = 1\ \text{N/m}^2$
能[量]，功，热量	焦[耳]	J	$1\ \text{J} = 1\ \text{N} \cdot \text{m}$
功率，辐[射能]通量	瓦[特]	W	$1\ \text{W} = 1\ \text{J/s}$
电荷[量]	库[仑]	C	$1\ \text{C} = 1\ \text{A} \cdot \text{s}$
电压，电动势，电位，（电势）	伏[特]	V	$1\ \text{V} = 1\ \text{W/A}$
电容	法[拉]	F	$1\ \text{F} = 1\ \text{C/V}$
电阻	欧[姆]	Ω	$1\ \Omega = 1\ \text{V/A}$
电导	西[门子]	S	$1\ \text{S} = 1\ \Omega^{-1}$
磁通[量]	韦[伯]	Wb	$1\ \text{Wb} = 1\ \text{V} \cdot \text{s}$
磁通[量]密度，磁感应强度	特[斯拉]	T	$1\ \text{T} = 1\ \text{Wb/m}^2$
电感	亨[利]	H	$1\ \text{H} = 1\ \text{Wb/A}$
摄氏温度	摄氏度	℃	$1\ ℃ = 1\ \text{K}$
光通量	流[明]	lm	$1\ \text{lm} = 1\ \text{cd} \cdot \text{sr}$
[光]照度	勒[克斯]	lx	$1\ \text{lx} = 1\ \text{lm/m}^2$
由于人类健康安全防护上的需要而确定的具有专门名称的 SI 导出单位			
量的名称	名称	符号	用 SI 基本单位和 SI 导出单位表示
[放射性]活度	贝克[勒尔]	Bq	$1\ \text{Bq} = 1\ \text{s}^{-1}$
吸收剂量			
比授[予]能	戈[瑞]	Gy	$1\ \text{Gy} = 1\ \text{J/kg}$
比释动能			
剂量当量	希[沃特]	Sv	$1\ \text{Sv} = 1\ \text{J/kg}$

3. SI 单位的倍数和分数单位

基本单位、具有专门名称的导出单位，以及直接由它们构成的组合形式的导出单位都称为 SI 单位，具有主单位含义。在实际使用时，量值的变化范围很宽，仅用 SI 单位来表示量值很不方便。因此，SI 中规定了 20 个构成十进倍数和分数单位的词头和所表示的因数。这些词头不能单独使用，也不能重叠使用，它们仅用于与 SI 单位（kg 除外）构成 SI 单位的十进倍数单位和十进分数单位。需要注意的是：相应于因数 10^3（含 10^3）以下的词头符号必须用小写正体，等于或大于因数 10^6 的词头符号必须用大写字体，从 10^3 到 10^{-3} 是十进位，其余是千进位，如表 1.4 所示。

SI 单位加上 SI 词头后两者结合为一体，不再是 SI 单位，而构成 SI 单位的倍数或分数单位，或称为 SI 单位的十进倍数或分数单位。

表 1.4　用于构成十进倍数和分数单位的 SI 词头

所表示的因数	词头名称	词头符号
10^{24}	尧[它]	Y
10^{21}	泽[它]	Z
10^{18}	艾[可萨]	E
10^{15}	拍[它]	P
10^{12}	太[拉]	T
10^{9}	吉[咖]	G
10^{6}	兆	M
10^{3}	千	k
10^{2}	百	h
10^{1}	十	da
10^{-1}	分	d
10^{-2}	厘	c
10^{-3}	毫	m
10^{-6}	微	μ
10^{-9}	纳[诺]	n
10^{-12}	皮[克]	p
10^{-15}	飞[母拖]	f
10^{-18}	阿[托]	a
10^{-21}	仄[普托]	z
10^{-24}	么[科托]	y

4. 国家选定的其他计量单位

在日常生活和一些特殊领域，还有一些广泛使用的、重要的非 SI 单位尚需继续使用，因此，我国还选定了若干非 SI 单位，与 SI 单位一起作为国家法定计量单位，这些非 SI 单位与 SI 单位具有同等地位。

我国选定的非 SI 单位包括：

（1）10 个由国际计量大会（CGPM）确定的允许与 SI 并用的单位；

（2）3 个暂时保留与 SI 并用的单位（海里、节、公顷）；

（3）根据本国实际，选取的"转每分""分贝"和"特克斯"3 个单位。

作为国家法定计量单位的 SI 制外单位共 16 个，如表 1.5 所示。

表 1.5　国家选定的非国际单位制单位

量的名称	单位名称	单位符号	换算关系和说明
时间	分 [小]时 天（日）	min h d	1 min = 60 s 1 h = 60 min = 3 600 s 1 d = 24 h = 86 400 s
平面角	[角]秒 [角]分 度	（″） （′） （°）	$1'' = (\pi/648\ 000)\mathrm{rad}$ $1' = 60'' = (\pi/10\ 800)\mathrm{rad}$ $1° = 60' = (\pi/180)\mathrm{rad}$
旋转速度	转每分	r/min	$1\ \mathrm{r/min} = (1/60)\mathrm{s}^{-1}$
长度	海里	n mile	1 n mile = 1 852 m（只用于航程）
速度	节	kn	1 kn = 1 n mile/h =（1 852/3 600）m/s（用于航程）
质量	吨 原子质量单位	t u	$1\ \mathrm{t} = 10^3\ \mathrm{kg}$ $1\ \mathrm{u} \approx 1.660\ 540 \times 10^{-27}\ \mathrm{kg}$
体积	升	L，（I）	$1\ \mathrm{L} = 1\ \mathrm{dm}^3 = 10^{-3}\ \mathrm{m}^3$
能	电子伏	eV	$1\ \mathrm{eV} \approx 1.602\ 177 \times 10^{-19}\ \mathrm{J}$
级差	分贝	dB	用于对数量
线密度	特[克斯]	tex	1 tex = 1 g/km
面积	公顷	hm^2（国际符号为 ha）	$1\ \mathrm{hm}^2 = 10^4\ \mathrm{m}^2$

CGPM 确定暂时保留与 SI 并用的单位还有 9 个，如表 1.6 所示。它们可能出现在国际标准或国际组织的出版物中，但在我国不得使用。在个别科学技术领域，如需使用某些非法定计量单位（如天文学上的"光年"），则必须与有关国际组织规定的名称、符号相一致。

表 1.6　CGPM 确定暂时保留与 SI 并用的单位

单位名称	单位符号	与 SI 的换算关系
埃	Å	$1\ \text{Å} = 10^{-10}\ \mathrm{m}$
公亩	a	$1\ \mathrm{a} = 10^2\ \mathrm{m}^2$
靶恩	b	$1\ \mathrm{b} = 100\ \mathrm{fm}^2 = 10^{-28}\ \mathrm{m}^2$
巴	bar	$1\ \mathrm{bar} = 0.1\ \mathrm{MPa} = 10^5\ \mathrm{Pa}$
伽	Gal	$1\ \mathrm{Gal} = 10^{-2}\ \mathrm{m/s}^2$
居里	Ci	$1\ \mathrm{Ci} = 3.77 \times 10^{10}\ \mathrm{Bq}$
伦琴	R	$1\ \mathrm{R} = 2.587 \times 10^{-4}\ \mathrm{C/kg}$
拉德	rad	$1\ \mathrm{rad} = 10^{-2}\ \mathrm{Gy}$
雷姆	rem	$1\ \mathrm{rem} = 10^{-2}\ \mathrm{Sv}$

1.2.2　法定计量单位的使用规则

1. 法定计量单位名称

（1）计量单位的名称，一般指中文名称，用于叙述性文字和口述，不得用于公式、数据表、图、刻度盘等处。

（2）组合单位的名称与其符号表示的顺序一致，遇到除号时，读为"每"字，例如：$J/(mol \cdot K)$ 的名称应为"焦耳每摩尔开尔文"。书写时亦应如此，不能加任何图形或符号，不能与单位的中文符号混淆。

（3）乘方显示的单位名称。例如：m^4 的名称应为"四次方米"而不是"米四次方"；用长度单位米的二次方或三次方表示面积或体积时，其单位名称为"平方米"或"立方米"，否则仍应为"二次方米"或"三次方米"；$℃^{-1}$ 的名称为"每摄氏度"，而不是"负一次方摄氏度"；s^{-1} 的名称应为"每秒"。

2. 法定计量单位符号

（1）计量单位的符号分为：单位符号（即国际通用符号）和单位中文符号（即单位名称的简称）。

单位中文符号适用于知识水平要求不高的场合，一般推荐使用单位符号。十进制单位符号应置于数据之后。单位符号按其名称或简称读，不得按字母读音。

（2）单位符号一般用正体小写字母书写，但是以人名命名的单位符号，第一个字母必须正体大写。"升"的符号"1"，可以用大写字母"L"。使用单位符号后，不得附加任何标记，也无复数形式。

例如："牛顿米"的正确书写形式为：$N \cdot m$、Nm、牛·米；$N\text{-}m$、mN、牛米、牛-米等均为错误书写形式；

又如："每米"的正确书写形式为 m^{-1}、$米^{-1}$；而 $1/m$、$1/米$ 等形式是错误的。

3. 词头使用方法

（1）词头名称应紧接单位名称，作为一个整体，其间不得插入其他词。例如：面积单位 km^2 的名称和含义是"平方千米"，而不是"千平方米"。

（2）仅通过相乘构成的组合单位在加词头时，词头应加在第一个单位之前。例如：力矩单位千牛·米的正确形式为 $kN \cdot m$，而不宜写成 $N \cdot km$。

（3）摄氏度和非十进制法定计量单位，不得用 SI 词头构成倍数和分数单位。它们参与构成组合单位时，不应放在最前面。例如：光量单位 $lm \cdot h$，不应写为 $h \cdot lm$。

（4）组合单位符号中，若某单位符号同时也是词头符号，则应将其置于单位符号的右侧。例如：力矩单位 Nm，不宜写成 mN。温度单位 K 和时间单位 s、h，一般也置于右侧。

（5）词头百（h）、十（da）、分（d）、厘（c）一般只用于某些长度、面积、体积和早已习用的场合，例如 cm、dB 等。

（6）一般不在组合单位的分子分母中同时使用词头，例如：电场强度单位可用 MV/m，不宜用 kV/mm；词头加在分子的第一个单位符号前，例如：热容单位 J/K 的倍数单位 kJ/K，不应写为 J/mK；同一单位中一般不使用两个以上的词头，但分母中长度、面积和体积单位可以有词头，kg 也作为例外。

（7）选用词头时，一般应使量的数值处于 0.1 ~ 1 000 内。例如：1401Pa 可写成 1.401 kPa。

（8）万（10^4）和亿（10^8）可放在单位符号之前作为数值，但它们是词头。十、百、千、十万、百万、千万、十亿、百亿、千亿等中文词，不得放在单位符号前作数值使用。例如："3 千秒$^{-1}$"应读作"三每千米"，而不是"三千每秒"；对"三千每秒"，只能表示为"3000秒$^{-1}$"。读音"一百瓦"，应写作"100 瓦"或"100 W"。

（9）为方便计算，建议用 SI 单位表示所有量，词头用 10 的幂代替。

1.3 抽样技术基础

检查批量生产的产品一般有全数检查和抽样检查两种检查方法。

全数检查也称为 100%检查，是对全部产品逐个进行检查，区分合格品和不合格品，检查对象是单个产品，目的是剔除不合格品，并对其进行返修或报废。

抽样检查的对象可以是静态的"批"（有一定产品范围），也可是动态的"过程"（无一定产品范围），统称为"总体"。多数情况是对"批"的检查，即从批中抽取规定数量的产品作为样本进行检查，再根据所得到的质量数据和预先规定的判定规则来判定该 "检查批"是否合格，一般程序如图 1.1 所示。

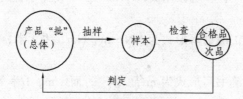

图 1.1　抽样检查程序

与全数检查相比，抽样检查的明显优势是其经济性，因为它只需从产品批中抽取少量产品，而且只要合理设计抽样方案，就可以将由质量波动性和样本抽取偶然性所带来的错判风险控制在可接受的范围内。

现代抽样检查方法建立在概率统计的基础上，主要以假设检验为其理论依据，其研究的问题包括 3 个方面：

（1）如何从批中抽取样品，即采用什么样的抽样方式；

（2）从批中抽取多少个单位产品，即取多大规模的样本；

（3）如何根据样本的质量数据判定产品合格与否，即怎样预先确定判定准则。

由于样本大小和判定准则构成了抽样方案，因此抽样检查问题又可归纳为：

（1）采用什么样的抽样方式才能保证抽样的代表性；

（2）如何设计抽样方案才是合理的。

1.3.1　抽样检查基础

1. 单位产品、批和样本的概念

1）单位产品

单位产品是为满足抽样检查需要而划分的基本单位，有时可以自然划分，例如：一只灯泡、一个电子元器件、一台电视机都可作为一个自然划分的单位产品。有些单位产品则需要根据抽样检查需要进行划分，例如：连续体的棉布可以把一尺布、一张布甚至一匹布作为单位产品。对液态产品（如硫酸）和散装产品（如糖、盐、化肥），则可按包装单位划分，例如：一瓶硫酸、一袋糖等。有时对一件生产出来的小型产品，也可按包装单位划分，例如：一箱螺丝钉。但对有些产品，诸如液体、气体、固体的化工产品以及煤炭等散装货物，则很难划分单位产品，对它们的抽样检查需要参考相关专业标准的规定。

2）批

为实施抽样检查汇集起来的单位产品，称为检查批或批，它是抽样检查和判定的对象。一个批通常是由在基本稳定的生产条件下，在同一生产周期内生产出来的同形式、同等级、同尺寸以及同成分的单位产品构成的。该批包含的单位产品数，称为批量，一般用符号 N 表示。

3）样　本

从批中抽取用于检查的单位产品，称为样本单位或样品。样本单位的全体，称为样本。样本中所包含的样本单位数，称为样本大小，一般用符号 n 表示。

2. 单位产品的质量及特性

单位产品的质量用其质量特性表示，简单产品可能只有一项特性，大多数产品具有多项特性。质量特性可分为计量值和计数值两类，计数值又可分为计点值和计件值。

（1）计量值在数轴上是连续分布的，用连续的量值来表征产品的质量特性。例如：电子元器件的漏电流、机械零部件的尺寸、金属材料的机械性能、化工产品的化学成分、灯泡的寿命等。

当单位产品的质量特性用某类缺陷数量来度量时，即称为计点的表示方法。例如：一个铸件上的气泡或者砂眼数、一块棉布上的疵点数等。某些质量特性不能定量度量，而只能简单地分成合格和不合格，或分成若干等级，这时就称为计件的表示方法。例如产品的外观特性。计点值和计件值统称计数值，显然计数值在数轴上是离散分布的。

（2）在产品的技术标准或技术合同中，通常都要规定质量特性的判定标准。对于用计量值表示的质量特性，可以用明确的量值作为判定标准。例如：规定上限或下限，也可以同时规定上、下限。

对于用计点值表示的质量特性，也可以对缺陷数规定一个界限。至于缺陷本身的判定，除了靠经验外，也可以规定判定标准。例如：棉布的某种瑕疵点直径超过 2.0 mm 的认定为缺陷。

对于用计件值表示的质量特性，则不能用一个明确的量值作为标准，而是直接判定该项是否合格。例如：与参考物质、标准样品、标准照片等进行对比，有的则只能根据文字描述，靠检查人员的经验判断。

（3）产品质量检验中，首先对有关项目按技术标准分别进行检查，然后对产品质量特性按标准分别进行判定，最后对单位产品质量进行评判。该过程涉及"不合格"和"不合格品"两个概念，"不合格"是对质量特性的判定，而"不合格品"是对单位产品的判定。

单位产品的质量特性不符合规定，即为不合格。按质量特性表示单位产品质量的重要性，或者按质量特性不符合的严重程度，不合格可分为 A、B、C 三类。A 类不合格最严重，B 类不合格次之，C 类不合格最轻微。

在判定质量特性的基础上，对单位产品的质量进行判定。只有全部质量特性符合规定的单位产品才是合格品；有一个或一个以上不合格的单位产品，即为不合格品。不合格品也可分为 A、B、C 三类，A 类不合格品最严重，B 类不合格品次之，C 类不合格品最轻微。不合格品的类别按照单位产品中包含的不合格的类别进行划分。

（4）确定单位产品是合格品还是不合格品的检查，称为"计件检查"。只计算不合格数，不必确定单位产品是否是合格品的检查，称为"计点检查"。两者统称为"计数检查"。用计量值表示的质量特性也可用计数检查的方法，在不符合规定时判为不合格。"计量检查"是对质量特性的计量值进行检查和统计，故对所涉及的质量特性应分别检查和统计。

3. 批的质量

批的质量是根据其所含的单位产品的质量统计出来的，根据不同的统计方法，批的产量可以用不同的方式表示。

（1）对于计件检查，可以用每百单位产品不合格品数 p 表示，即

$$p = \frac{\text{把中不合格品总数} D}{\text{批量} N} \times 100\% \qquad (1\text{-}3)$$

在进行概率计算时，可用不合格品率 p %或其小数形式表示批的质量。例如：不合格率为 5%或 0.05。对不同的试验组或不同类型的不合格品应予以分别统计。由于不合格品是不能重复计算的，即一个单位产品只可能被一次判为不合格品。因此，每百单位产品不合格品数必然不会大于 100。

（2）对于计点检查，可以用每百单位产品不合格数 q 表示，即

$$q = \frac{\text{批中不合格总数} D}{\text{批量} N} \times 100\% \qquad (1\text{-}4)$$

在进行概率计算时，同样可用单位产品平均不合格率 q %或小数形式表示批的质量。对不同试验组或不同类型的不合格，应予以分别统计。对于具有多项质量特性的产品来说，一个单位产品可能会有一个以上的不合格，即批中不合格总数有时会超过批量。因此，每百单位产品不合格数有时会大于 100。

对于计点检查，当 N 足够大时，可以用批的平均值 μ 和标准[偏]差 σ 表示批的质量，即

$$\mu = \frac{\sum_{i=1}^{N} x_i}{N} \tag{1-5}$$

$$\sigma = \sqrt{\frac{\sum_{i=1}^{N} (x_i - \mu)^2}{N-1}} \tag{1-6}$$

式中，μ 表示某一个质量特性的数值；x_i 表示第 i 个单位产品该质量特性的数值。对每个质量特性值应予以分别计算。

4. 样本质量

样本的质量是根据各样本单位的质量统计出来的，而样本单位是从批中抽取的用于检查的单位产品。因此，表示和判定样本质量的方法与单位产品类似。

（1）对计件检查，当样本大小 n 确定后，可用样本的不合格品数即样本中所含的不合格品数 d 表示样本质量。对不同类的不合格品应予以分别计算。

（2）对计点检查，当样本大小 n 确定后，可用样本的不合格数即样本中所含的不合格数 d 表示样本质量。对不同类的不合格应予以分别计算。

（3）对计量检查，可用样本的平均值 $\bar{x}$ 和标准[偏]差 s 表示样本质量，对每个质量特性值应予以分别计算，如式（1-7）、（1-8）所示：

$$\bar{x} = \frac{\sum_{i=1}^{n} x_i}{n} \tag{1-7}$$

$$s = \sqrt{\frac{\sum_{i=1}^{n} (x_i - \bar{x})^2}{n-1}} \tag{1-8}$$

式中，$\bar{x}$ 表示某一个质量特性的数值；x_i 表示第 i 个单位产品该质量特性的数值。对每个质量特性值应予以分别计算。

1.3.2 计数抽样和计量抽样简介

1. 计数抽样检查

计数抽样检查包括计件抽样和计点抽样。当以样本的不合格品数作为批合格的判定依据时，称为计件抽样检查；当以样本的不合格数作为判定依据时，称为计点抽样检查。

1）对批质量的要求和判定

要通过抽样检查判定批是否合格，就必须事先规定批合格的标准。计数抽样检查中认为可接受的批质量上限值 P_0 就是合格质量水平，即当 $P \leqslant P_0$ 时，认为该批质量合格，可以接收；当 $P > P_0$ 时，认为该批质量不合格，应拒收。P_0 的数值反映了对批质量的要求，可根据产品的重要程度和不合格品的等级，在技术文件中规定或者由供方和需方协商确定。

抽样检查只能根据样本的质量推断批的质量。由于样本对批具有代表性，可认为样本大小 n 一定时，样本中的不合格品数 d 越小，即 P 值越小，则批的质量越好。因此，理应规定一个合适的非负整数 A_c（$A_c < n$），当 $d \leqslant A_c$ 时，$P \leqslant P_0$，判定批合格；当 $d > A_c$ 时，$P > P_0$，判定批不合格。这个非负整数 A_c 就是合格判定数，它连同样本大小 n 构成了一次计数抽样方案，通常用 $[n, A_c]$ 表示。

2）批合格概率

一个批被判为合格的可能性通常用批合格概率（又称为接收概率），用 $L(P)$ 表示。由于已经规定 $d \leqslant A_c$ 时，批合格，所以批合格概率应为 $d \leqslant A_c$ 这个事件发生的概率，记为 $P(d \leqslant A_c)$；而批不合格概率可表示为 $1 - P$。显然，$d = 0, 1, \cdots, A_c$ 时都符合 $d \leqslant A_c$ 的要求。因此，$d \leqslant A_c$ 这个事件发生的概率可以表示为累积概率形式：

$$P_a = P(d \leqslant A_c) = P(d = 0) + P(d = 1) + \cdots + P(d = A_c) = \sum_{d=0}^{A_c} P(X = d) \qquad (1\text{-}9)$$

式中，X 表示样本中的不合格品数，$P(X = d)$ 表示 X 的取值为 d（$d = 0, 1, \cdots, A_c$）时的概率，$\sum_{d=0}^{A_c} P(X = d)$ 表示 d 为 0 至 A_c 的累计概率。不同条件下批合格概率，可根据不同概率分布公式算得。

3）抽样特性曲线（OC 曲线）

抽样特性曲线（OC 曲线）是表示批合格概率 P_a 与质量 P 关系的曲线，它反映了抽样方案的特性，典型形状如图 1.2 所示，P_a 的值随着 P 值的增加而减小。

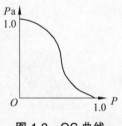

图 1.2　OC 曲线

4）计数标准型抽样检查

计数标准型抽样方案可同时保护供需双方利益。当批的质量处于合格质量水平 $P = P_0$ 时，为保护供方利益，应以高概率 $1 - \alpha$ 接收。对于 P 值超出合格界限值 P_0 但尚未超出某一个极限值 P_1 的不合格批，仍然有一定的接收概率，这个极限值 P_1 被称为不合格质量水平或极限质量，也是事先应确定的质量指标。为保护需方利益，处于不合格质量水平 $P = P_1$ 的批应以低概率 β 接收。α 称为第 I 种错判率，也称为供方风险；β 称为第 II 种错判率，也称为需方风险。当事先规定 P_0，P_1，α，β 四个参数后，即可确定合理的抽样方案。

技术标准型抽样方案要求抽取较大的样本，根据国家标准（GB/T 13262—1991）《不合格品率的计数标准型一次抽样程序及抽样表》查找出相应的抽样方案。通常事先规定 $\alpha = 0.05$，$\beta = 0.10$，因此抽样方案仅由 P_0 和 P_1 值确定，即由抽样表查出 P_0 和 P_1 所在的范围，在其交叉处查找出抽样方案 $[n, A_c]$。

5）计数调整型抽样检查

计数标准型抽样适用于孤立批检查，它通过同时规定合格质量水平 P_0 和不合格质量水平 P_1，以及较小的供方风险（$\alpha = 0.05$）和需方风险（$\beta = 0.10$），来达到同时保护双方利益的目的。由于需要抽取较大的样本，因而检查成本较高。

国家标准（GB/T 2828—1987）《逐批检查计数抽样程序及抽样表（适用于连续批的检查）》所规定的抽样方法，即属于计数调整型。对于一个确定的合格质量水平 AQL，该国标提供的抽样方案不止一个，除了抽样方案严格度可以调整外，不同的抽样方案类型（一次、二次和五次），批量 N，检查水平 1L 都可以调整。实际上在该国标确定抽样方案的 5 个参数中，除了严格度外的 4 个是事先已确定的，而严格度则可以按照转移规则随时转移。因此，要把不同严格度的抽样方案查找出来备用。抽样方案的确定程序如图 1.3 所示。

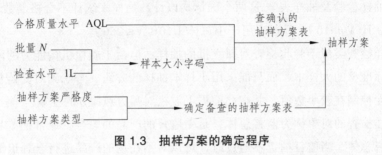

图 1.3　抽样方案的确定程序

2. 计量抽样检查

当以样本单位的计量特性值为判定依据时，称为计量抽样检查，它只适合于单位产品的质量特性是以计量的方式表示的场合，且对每个质量特性要分别检查。计量抽样检查可对批的平均值提出要求，也可对批的不合格品率提出要求。对于后者，批的质量以计数方法表示，但样本质量仍以计量方法表示。

对于计量的质量特性，可采用计量抽样检查的方法，也可将其包含在计数抽样检查的试验组中。采用计数抽样检查的优点，是可以把若干个检查项目组成一个试验组，而计量抽样检查则要对每一个计量的质量特性分别进行检查。由于计量抽样能够更多地利用产品质量的信息，其抽取的单位产品比计数抽样要少得多。检查项目较多时，采用技术抽样的方法比较有利；而在检查项目较少且样品的检查费用较高时，采用计量抽样的方法比较有利。对重要的计量检查项目，则要求采用计量的抽样检查方法。

1.3.3　验收抽样和监督抽样简介

1. 验收抽样检查

目前抽样检查的理论研究和实际应用，以及通行的国际标准和国外先进标准大多是针对验收检查的场合。验收检查时，由需方对供方提供的检查批进行抽样检查，以判定该批是否符合规定的要求，并决定对该批是接收还是拒收。验收检查也可委托独立于供需双方的第三方进行。由供方检验机构进行的出厂检验，广义上也属于验收检查。

我国已经大量采用了适用于验收检查的国际标准和国外先进标准，比较典型的国家标准有（GB/T 13261—1991）《不合格品率的计数标准型一次抽样检查程序及抽样表》、（GB/T 2828—1987）《逐批检查计数抽样程序以及抽样表（适用于连续批的检查）》等。

2. 监督抽样检查

在我国，产品质量监督是一项独具特点的宏观质量管理工作，其目的是利用统计抽样检查方法对产品的质量进行宏观调控。为了统一质量监督抽样检查方法，我国从 1993 年开始已经陆续颁布了五项适用于不同场合抽样检查的国家标准，其中比较典型的有（GB/T 14437—1997）《产品质量监督计数抽样检验程序及抽样方案》、（GB/T 15482—1995）《产品质量监督小总体计数抽样检验及抽样表》。这两个国标均以计数抽样来统计不合格品数，前者适用于大总体（$N>250$ 且 $N/n>10$），后者适用于小总体（$10 \leqslant N \leqslant 250$）。

监督抽样检查类似于验收检查对孤立批的抽样，但由于质检机构能力的限制，往往不可能采用计数标准型的大样本，而只能采用小样本抽样的方法。考虑到对受监督方的保护，一般将供方风险控制在较小数值，并在此前提下放松对需方风险 β 的控制。

监督抽样检查的对象称为监督总体，是受监督的产品的集合。通常把监督抽查时在场的产品作为监督总体，当监督抽查不通过时，可以对不在场的产品进行合理追溯。对监督总体规定的质量指标是监督质量水平 P_0，它是指监督总体中允许的总体不合格率的上限值，类同于验收检查场合的合格质量水平。当有必要对抽样方案的监督检查功效进行验核时，须事先规定一个大于 P_0 的某值 P_1 作为不合格质量水平或极限质量。

监督抽样检查的抽样方案表示为 $[n, R_e]$，其中 R_e 称为不通过判定数，R_e 和 A_c 的关系为 $R_e = A_c + 1$。抽样方案的两类错判概率 α 和 β，分别称为错判风险和漏判风险，其中取 $\alpha = 0.05$，β 随规定的 P_1 值和监督检查等级的变化而变化，数值（$1 - \beta$）称为监督检查功效。可根据事先规定的 P_0 的监督检查等级，从抽样方案表中查找抽样方案。监督检查等级反映了对监督检查功效的要求和样本量的规模。等级越高则功率越高，样本量也越大。在 GB/T 14437—1997 中，监督检查等级与相应的抽样方案中 R_e 的数值相一致。

在质量监督场合，同样也把不合格品分为 A、B、C 三类，对不同类别不合格品的质量特性要分别组成不同的试验组，按相应的抽样方案分别进行抽样检查。对某一个试验组，若 $d<R$，则判定该组不可通过。只有当所有试验组都判定为可通过时，才能判定监督总体可通过或监督抽查合格；否则，应判定监督总体不可通过或监督抽查不合格。鉴于监督抽查同样控制了较小的错判风险 α，因此，判定监督总体不可通过的可靠程度较高。相反，由于漏判风险较大，特别是在样本量较小时，判定监督总体可通过的可靠程度较低，此时质量监督部门对监督总体不负确认总体合格责任。

1.3.4 抽样方法简介

从检查批中抽取样本的方法称为抽样方法。抽样方法的正确性包含了抽样的代表性和随机性。代表性反映样本与批质量的接近程度，随机性反映检查批中单位产品被抽入样本的偶然性。

1. 简单随机抽样

根据 GB 10111—1988《利用随机数骰子进行随机抽样的方法》规定，简单随机抽样是指"从含有 N 个个体的总体中抽取 n 个个体，使包含有 n 个个体的所有可能的组合被抽取的可能性都相等"。显然，采用简单随机抽样法时，批中的每一个单位产品被抽入样本的机会均等，它是完全不带主观限制条件的随机抽样法。操作时可将批内的每一个单位产品按 1 到 N 的顺序编号，根据获得的随机数抽取相应编号的单位产品。随机数可通过掷色子、抽签或查随机数表等方法获得。

2. 分层随机抽样

如果一个批是由质量明显差异的几个部分所组成，则可将其分为若干层，使层内的质量较为均匀，而层间的差异较为明显。从各层中按一定的比例随机抽样，即成为分层按比例抽样。在正确分层的前提下，分层抽样的代表性比较好。但是，如果对批质量的分布不了解或者分层不正确，则分层抽样的效果可能会适得其反。

3. 系统随机抽样

如果一个批的产品可按一定的顺序排列，并可将其分为数量相当的 n 个部分。此时，从每个部分按简单随机抽样方法确定的相同位置，各抽取一个单位产品构成一个样本，这种抽样方法即称为系统随机抽样。它的代表性在一般情况下比较好。但在产品质量波动周期与抽样间隔正好相当时，抽到的样本单位可能都是质量好的或都是质量差的产品，显然此时代表性较差。

4. 分段随机抽样

如果先将一定数量的单位产品包装在一起，再将若干个包装单位（如若干箱）组成批时，为了便于抽样，此时可采用分段随机抽样的方法：每一段抽样以箱作为基本单元，先随机抽出 k 箱；然后再从抽到的 k 箱中分别抽取 m 个产品，集中在一起构成一个样本，且 m 的大小必须满足 $k \times m = n$。分段随机抽样的代表性和随机性，都比简单随机抽样要差些。

5. 整群随机抽样

如果在分段随机抽样的第一段，将抽到的 k 组产品中的所有产品都作为样本单位，此时即称为整群随机抽样。实际上，它可以看作分段随机抽样的特殊情况，显然这种抽样的随机性和代表性都是比较差的。

在总体质量状况不明确的情况下，不能以主观限制条件来提高抽样的代表性，抽样应当是完全随机的，这时采用简单随机抽样最为合理。若对总体质量构成有所了解，可采用分层随机或系统随机抽样来提高抽样的代表性。在采用简单随机抽样有困难的情况下，可以采用代表性和随机性较差的分段随机抽样或整群随机抽样。

1.4　数据处理

1.4.1　有效数字

1."末"的概念

"末"是指任何一个数最末一位数字所对应的量值。例如：用分度值为 0.1 mm 的卡尺测量某物体的长度，测量结果为 19.8 mm，最末一位的量值 0.8 mm 是最末一位数字 8 与其所对应的单位量值 0.1 mm 的乘积，故 19.8 mm 的"末"为 0.1 mm。

2.有效数字

对任何数，截取一定位数后得到的即是近似数。同样，根据误差公理，测量总是存在误差，测量结果只能是一个接近于真值的估计值，其数字也是近似数。关于近似数有效数字的概念定义如下：当该近似数的绝对误差的模小于 0.5（末）时，从左边的第一个非零数字算起，直到最末一位数字为止的所有数字。

例如：将无限不循环小数π = 3.141 59…截取到百分位，可得到近似数 3.14，则此时引起的误差绝对值为：|3.14 - 3.141 59…| = 0.001 59…近似数 3.14 的（末）为 0.01，因此 0.5（末）= 0.5 × 0.01 = 0.005。而 0.001 59…<0.005，故近似数 3.14 的误差绝对值小于 0.5（末），3.14 有 3 位有效数字。

测量结果的数字，其有效位数反映结果的不确定度。例如：某长度测量值为 19.8 mm，有效位数为 3 位；若 19.80 mm，有效位数为 4 位。它们的绝对误差的模分别小于 0.5（末），即分别小于 0.05 mm 和 0.005 mm。

显而易见，有效位数不同，它们的测量不确定度也不同，测量结果 19.80 mm 比 19.8 mm 的不确定度要小。同时，数字右边的"0"不能随意取舍，因为这些"0"都是有效数字。

1.4.2　近似数运算

1.加减运算

如果参与运算的数不超过 10 个，运算时以各数中（末）最大的数为准，其余的数均比它多保留一位，多余位数应舍去。计算结果的（末）应与参与运算的数中（末）最大的那个数相同。若计算结果尚需参与下一步计算，则可多保留一位。例如：18.3 Ω + 1.454 6 Ω + 0.876 Ω 的运算过程为：18.3 Ω + 1.45 Ω + 0.88 Ω = 20.63 Ω ≈ 20.6 Ω。

2.乘除（或乘方、开方）运算

在进行数的乘除计算时，以有效数字位数最少的数为准，其余的数的有效数字均比它多保留一位。运算结果（积或商）的有效数字位数，应与参与运算的数中有效数字位数最少的数相同。若计算结果尚需参与下一步运算，则有效数字可取一位。例如，1.1 mm × 0.326 8 m

× 0.103 00 m 的运算过程为：1.1 mm × 0.327 m × 0.103 m = 0.037 0 m³ ≈ 0.037 m³，计算结果为 0.037 m³。若需参与下一步运算，则取 0.037 0 m³。乘方、开方运算与此类似。

1.4.3 数值修约

1. 数值修约的概念

对某一拟修约数，根据保留数位的要求，将其多余位数的数字进行取舍，按照一定的规则，选取一个其值为修约间隔整数倍的数（称为修约数）来代替拟修约数，这一过程称为数字修约，也称为数的化整或数的凑整。为简化计算，准确表达测量结果，必须对有关数值进行修约。

修约间隔又称为修约区间或化整间隔，它是确定修约保留位数的一种方式。修约间隔一般以 $k × 10^n$（$n = ±1，±2，±5$）的形式表示。经常将统一 k 值的修约间隔简称为 "k" 间隔。

修约间隔确定后，修约数只能是修约间隔的整数倍。例如：指定修约间隔为 0.1，修约数应在 0.1 的整数倍的数中选取；若修约间隔为 $2 × 10^n$，修约数的末位只能是 0、2、4、6、8 等数字；若修约间隔为 $5 × 10^n$，则修约数的末位数字必然不是 "0" 就是 "5"。

修约数位的表达形式有以下几种：

（1）指明具体的修约间隔；

（2）将拟修约数修约至某数位的 0.1 或 0.2 或 0.5 个单位；

（3）指明按 "k" 间隔将拟修约数修约为几位有效数字，或者修约至某数位，有时 "1" 间隔可不必指明，但 "2" 间隔或 "5" 间隔必须指明。

2. 数值修约规则

我国的国家标准（GB/38170—1987）《数值修约规则》，对 "1"、"2"、"5" 间隔的修约方法分别作了规定，但使用时比较繁琐。本节介绍一种适用于所有修约间隔的修约方法，判断直观，简单易行：

（1）在修约间隔整数倍的一系列数中，只有一个数最接近拟修约数，则该数就是修约数。

例如：将 1.150 001 按 0.1 修约间隔进行修约。此时，与拟修约数 1.150 001 邻近的为修约间隔整数倍的数有 1.1 和 1.2（分别为修约间隔 0.1 的 11 倍和 12 倍），然而只有 1.2 最接近拟修约数，因此 1.2 就是修约数。

又如：要求将 1.015 1 修约至十分位的 0.2 个单位。此时，修约间隔为 0.02，与拟修约数 1.015 1 邻近的为修约间隔整数倍的数有 1.00 和 1.02（分别为修约间隔 0.02 的 50 倍和 51 倍），然而只有 1.02 最接近拟修约数，因此 1.02 就是修约数。

同理，若要求将 1.250 5 按 "5" 间隔修约至十分位。此时，修约间隔为 0.5。1.250 5 只能修约成 1.5 而不能修约成 1.0，因为只有 1.5 最接近拟修约数 1.250 5。

（2）如果在修约间隔整数倍的一系列数中，有连续的两个数同等地接近拟修约数，则这两个数中，只有为修约间隔偶数倍的那个数才是修约数。

例如：要求将 1 150 按 100 修约间隔修约。此时，有两个连续的为修约间隔整数倍的数

1.1×10^3 和 1.2×10^3 同等地接近 1150，因为 1.1×10^3 是修约间隔 100 的奇数倍（11 倍），只有 1.2×10^3 是修约间隔 100 的偶数倍（12 倍），因而 1.2×10^3 是修约数。

又如：要求将 1.500 按 0.2 修约间隔修约。此时，有两个连续的为修约间隔整数倍的数 1.4 和 1.6 同等地接近拟修约数 1.500，因为 1.4 是修约间隔 0.2 的奇数倍（7 倍），所以不是修约数，而只有 1.6 是修约间隔 0.2 的偶数倍（8 倍），因而才是修约数。

同理，1.025 按 "5" 间隔修约到 3 位有效数字时，不能修约为 1.05，而应修约成 1.00。因为 1.05 是修约间隔 0.05 的奇数倍（21 倍），而 1.00 是修约间隔 0.05 的偶数倍（20 倍）。

需要指出的是：数值修约导致的不确定度呈均匀分布，约为修约间隔的 1/2。在进行修约还应注意：不要多次连续修约（例如：12.251→12.25→12.2），因为多次连续修约会产生累积不确定度。此外，在有些特别规定的情况下，如考虑安全需要等，最好只按一个方向修约。

1.5　测量误差

1.5.1　基本概念

1. 真值（true value）

真值是指在一定时间和空间条件下，被测物理量客观存在的实际值，通常是不可测量的未知量。真值可分为理论真值、规定真值和相对真值：

理论真值：理论真值也称绝对真值，如平面三角形内角之和恒为 180°。

规定真值：国际公认的基准量值，如米是光在真空中 1/299 792 458 秒的时间内所经路径的长度。这个米基准就当作计量长度的规定真值。规定真值也称约定真值。

相对真值：计量器具按精度不同分为若干等级，上一等级的指示值即为下一等级的真值，此真值称为相对真值。

2. 测量误差（error）

测量误差简称误差，定义为测量结果减去被测量的真值所得的差，如式（1-10）所示：

$$\Delta x = x - x_0 \tag{1-10}$$

式中　Δx——测量误差；

　　　x——测量结果；

　　　x_0——被测量真值。

当有必要与相对误差相区别时，测量误差有时称为测量的绝对误差。注意不要与误差的绝对值相混淆，后者为误差的模。

3. 残余误差（residual error）

残余误差定义为测量结果减去被测量的最佳估计值，如式（1-11）所示：

$$V = x - \bar{x} \qquad\qquad (1\text{-}11)$$

式中　V——残余误差，简称残差；

　　$\bar{x}$——真值的最佳估计值，即约定真值。

4. 相对误差（relative error）

测量误差除以被测量真值所得的商，称为相对误差。

设测量误差结果 y 减去被测量约定真值 t，所得的误差或绝对误差为 $\varDelta$。将绝对误差 $\varDelta$ 除以约定真值 t，即可求得相对误差为

$$\delta = \frac{\varDelta}{t} \times 100\% = \frac{y - t}{t} \times 100\% \qquad\qquad (1\text{-}12)$$

所以，相对误差表示绝对误差所占约定真值的百分比，它也可用数量级来表示所占的份额或比例，即表示为

$$\delta = \left[\left(\frac{y}{t} - 1 \right) \times 10^{n} \right] \times 10^{-n} \qquad\qquad (1\text{-}13)$$

当被测量值相差较大时，用相对误差才能有效比较。例如：测量标称值为 10.2 mm 的甲棒长度时，得到实际值为 10.0 mm，其示值误差 $\varDelta = 0.2$ mm；而测量标称值为 100.2 mm 的乙棒长度时，得到实际值为 100.0 mm，其示值误差 $\varDelta' = 0.2$ mm。它们的绝对误差虽然相同，但乙棒的长度是甲棒的 10 倍左右，要比较或反映两者不同的测量水平，必须采用相对误差或误差率的概念。即 $\delta = 0.2/10.0 = 2\%$ 而 $\delta' = 0.2/100.0 = 0.2\%$，所以乙棒比甲棒测得准确。或者用数量级表示为 $\delta = 2 \times 10^{-2}$，$\delta' = 2 \times 10^{-3}$，也反映出乙棒的测量水平高于甲棒一个数量级。

另外，在某些场合下应用相对误差还有方便之处。例如：已知质量流量计的相对误差为 δ，用它测量流量为 Q（kg/s）的某管道所通过的流体质量及其误差。经过时间 T（s）后流过的质量为 QT（kg），故其绝对误差为 $Q\delta T$（kg）。所以，质量的相对误差仍为 $\dfrac{Q\delta T}{QT} = \delta$，而与时间 T 无关。

应该指出：绝对误差、残余误差与被测量的量纲相同，而相对误差量纲为 1。

5. 引用误差（fiducial error）

被测量值的绝对误差与检测仪表量程 L 的比值称为引用误差 γ_0，通常用百分数表示，如式（1-14）所示

$$\gamma_0 = \frac{\Delta x}{L} \times 100\% \qquad\qquad (1\text{-}14)$$

由于测量仪表的量程是确定值，因此引用误差中也包含了绝对误差。当测量值为检测仪表测量范围内的不同数值时，其绝对误差可能不同，因此其引用误差也不尽相同，一般可取引用误差的最大值，既能克服上述不足，又能很好地表征检测设备的测量精度。

6. 误差的来源

误差存在于一切检测过程中，而且不可避免，引起误差的主要原因有：

工具误差：检测装置、测量仪器带来的误差，如传感器的非线性等。

方法误差：测量方法不正确引起的误差称为方法误差，这种误差亦称为原理误差或理论误差。包括测量时所依据的原形不正确而产生的误差。

环境误差：因环境条件变化而产生的误差称为环境误差。如温度、湿度、气压、电场、磁场、振动、气流及辐射等条件的变化都会导致环境误差。

人员误差：测量者生理特性和操作熟练程度引起的误差称为人员误差。

1.5.2　系统误差与随机误差

根据误差的特点和性质，误差可分为系统误差、随机误差和粗大误差。粗大误差一般是因测量者粗心大意或实验条件突变造成的，本书不做详细讨论。

1. 系统误差

在重复性条件下，对同一被测量进行无限多次测量所得结果的平均值与被测量的真值之差，称为系统误差（system error）。系统误差通常是由为数不多的确定性原因造成的，如测试环境未达标、测量仪表不完善、系统安装不正确；测量人员的视觉偏差等。它是测量结果中期望不为零的误差分量。

系统误差对测量结果的影响称之为"系统效应"，该效应的大小若已识别并能定量表述，则可通过估计的修正值予以补偿。例如：高阻抗电阻器的电位差（被测量）是用电压表测得的，为减少电压表负载效应给测量结果带来的"系统效应"，应对该表的有限阻抗进行修正。

为了尽可能消除系统误差，测量仪器须经常地用计量标准或标准物质进行调整或校准。

2. 随机误差

测量结果与在重复性条件下，对同一被测量进行无限多次测量所得结果的平均值之差，称为随机误差（random error）。

重复性条件是指在测量程序、人员、仪器、环境等因素尽量相同的条件下，以及尽量短的时间间隔内完成重复测量任务。"短时间"可理解为保证测量条件相同或保持不变的时间段，从数理统计和数据处理的角度来看，该时间内的测量符合统计规律的随机状态。

随机误差的随机性会引起被测量重复观测值的变化，故称之为"随机效应"。可以认为是随机效应导致了重复观测中的分散性。

随机误差从单次测量结果来看其绝对值和符号无规律可循，但其总体上服从一定的统计规律，如高斯正态分布等，故可用统计方法估计其界限或它对测量结果的影响。随机误差的统计规律性，主要可归纳为对称性、有界性和单峰性：

（1）对称性是指绝对值相等而符号相反的误差，出现的次数大致相等，也即测得值是以它们的算术平均值为中心而对称分布的。由于所有误差的代数和趋近于零，故随机误差又具有抵偿性，这个统计特性是最为本质的。换言之，凡具有抵偿性的误差，原则上均可按随机误差处理。

（2）有界性是指测得值误差的绝对值不会超过一定的界限，也即不会出现绝对值很大的误差。

（3）单峰性是指绝对值小的误差比绝对值大的误差数目多，也即测得值是以它们的算术平均值为中心而相对集中分布的。

3．粗大误差

粗大误差是指误差数值特别大，超出规定范围的预计值，测量结果存在明显错误的误差。出现粗大误差的原因包括测量时的误操作、误读数，或计算出现明显的失误等。一旦发现粗大误差，则可认定此次测量无效。

1.5.3　系统误差的发现与校正

1．系统误差的发现与判别

系统误差对测量精度影响较大，因此必须消除系统误差的影响，才能有效提高测量精度。发现系统误差的常用方法如下：

1）实验对比法

实验对比法是通过改变产生系统误差的条件从而进行不同条件下的测量，以发现系统误差。该方法适用于发现不变的系统误差。例如，一台测量仪表本身存在固定的系统误差，即使进行多次测量也不能发现。只有用精度更高一级的测量仪表进行测量，才能发现这台测量仪表的系统误差。

2）剩余误差观察法

剩余误差为某测量值与测量平均值之差即 $P_i = x_i - x'$。根据测量数据的各个剩余误差大小和符号的变化规律，可以直接由误差数据或误差曲线图形来判断有无系统误差。该方法适用于发现有规律变化的系统误差。如图 1.4 所示，若剩余误差如图（a）所示，大体上是正负相间，且无显著变化规律，则不存在系统误差；若剩余误差如图（b）所示，有规律地递增或递减，且在测量开始与结束时误差相反，则存在线性系统误差；若剩余误差如图（c）所示，符号有规律地逐渐由负变正，再由正变负、且循环交替重复变化，则存在周期性系统误差；若剩余误差有如图（d）所示的变化规律，则应怀疑同时存在线性系统误差和周期性系统误差。图中 n 为测量次数。

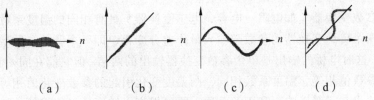

（a）　　　　（b）　　　　（c）　　　　（d）

图 1.4　剩余误差观察法

3）不同公式计算标准误差比较法

对等精度测量，可用不同公式计算标准误差，通过比较可以发现系统误差。使用上常采用贝塞尔公式和佩捷斯公式计算比较，即

$$\delta_1 = \sqrt{\frac{\sum\limits_{i=1}^{n} P_i^2}{n-1}} \tag{1-15}$$

$$\delta_2 = \sqrt{\frac{\pi}{2}} \frac{\sum\limits_{i=1}^{n} |P_i|}{\sqrt{n(n-1)}} \tag{1-16}$$

令 $\delta_2/\delta_1 = 1 + u$，如果

$$|u| \geqslant \frac{2}{\sqrt{n-1}} \tag{1-17}$$

则怀疑测量中存在系统误差。

4）计算数据比较法

对同一量进行测量得到多组数据，通过计算数据的比较，判断是否满足随机误差条件，以发现系统误差。例如，对同一量独立测量 m 组结果，并计算求得算术平均值和方均根误差为：x_1'，σ_1；x_2'，σ_2；$\cdots$；x_n'，σ_n。任意两数据（x_i'，x_j'）的方均根误差为 $\sqrt{\sigma_i^2 + \sigma_j^2}$。任意两组数据 x_i' 和 x_j' 间不存在系统误差的条件是：

$$|x_i' - x_j'| < 2\sqrt{\sigma_i^2 + \sigma_j^2} \tag{1-18}$$

2. 系统误差的校正

当存在系统误差时，可从检测设备的电路设计、测量方法和测量数据的处理等方面对误差进行修正。

1）补偿法

在电路和传感器结构设计中，常选用在同一有害干扰变量作用下能产生误差相等而符号相反的零部件或元器件作为补偿元件。例如，采用负温度系数的热敏电阻补偿正温度系数电阻的温度误差；采用负温度系数的电容补偿正温度系数的电阻引起的时间常数的变化；采用磁分流器补偿磁路气隙中因温度变化引起的磁感应强度的变化等。

2）差分法

相同的参数变换器（如电阻、电容、电感变换器）具有相同的温度系数。若将它们接入电桥相邻的两个臂，变换器的参数随输入量作差分变化，即一个臂的参数增加，另一个臂的参数则减小。这时电桥的输出是单个参数变换器输出的两倍。但它们在同一温度场的作用下，由于两臂的参数值相等，温度系数相同，则温度变化引起的参数变化值相等，尽管参数变化了，但电桥输出却不受影响。利用差分法，既可提高灵敏度，又能有效地抵消有害因素引起

的误差。在检测仪器中，各种参数式变换器几乎都采用差分法接成差分电桥的形式，以降低温度和零位引起的误差。

3）比值补偿法

测量电路中经常采用分压器及放大器。它们的变换系数总是与所用电阻元件的电阻比值有关。为了保证精确的比值，可以要求每一个电阻具有精确的电阻值，然而这并非绝对需要，而且代价很高。如果所选用的电阻具有相等的相对误差和相同的电阻温度系数，温度变化虽使电阻值发生变化，但它们仍能保证相互比值的精确性，从而可采用低精度的元件实现比值稳定的高精度分压比或放大倍数。

4）测量数据的修正

测量传感器和仪器经过检定后可以准确知道它们的测量误差。当再次测量时，可以将已知的测量误差作为修正值，对测量数据进行修正，从而获得更精确的测量结果。

1.5.4　随机误差的影响及统计处理

在测量中，当系统误差被消除或减小到可忽略的程度之后，仍会出现对同一被测量重复进行多次测量时读数不稳定的现象，这说明有随机误差存在。由于随机误差总体上服从统计规律，其对测量结果的影响可用方均根误差来表示。方均根误差 δ（又称标准误差）为

$$\delta = \sqrt{\frac{\sum_{i=1}^{n} \Delta x_i^2}{n}} \qquad (1\text{-}19)$$

式中　　n——测量次数；

$\Delta x_i = x_i - L_0$，其中 L_0 为真值；

x_i——第 i 次测量值。

在实际测量中，测量次数 n 为有限值，真值 L_0 不易得到，因而用 n 次测量值的算术均值 x' 代替真值，第 i 次测量误差 $\Delta x_i = x_i - x'$，这时的方均根误差为

$$\delta = \sqrt{\frac{\sum_{i=1}^{n} (\Delta x_i - x')^2}{n-1}} \qquad (1\text{-}20)$$

用 x' 代替 L_0 产生的算术平均值的标准误差 δ' 为

$$\delta' = \frac{\delta_s}{\sqrt{n}} \qquad (1\text{-}21)$$

测量结果可表示为

$$x = x' \pm \sigma' \text{（或} x = x' \pm 3\sigma'\text{）} \qquad (1\text{-}22)$$

方均根误差的物理意义是在测量结果中随机误差出现在 $-\delta \sim +\delta$ 内的概率是 68.3%，出

现在 $-3\delta \sim +3\delta$ 内的概率是 99.7%。3δ 是置信限，大于 3δ 的随机误差被认为是粗大误差，测量结果无效，并予以剔除。

1.5.5 修正值和偏差

1. 修正值和修正因子

用代数方法与未修正的测量结果相加以补偿其系统误差的值，称为修正值（correction）。含有误差的测量结果，加上修正值后就可能补偿或减少误差的影响。

在量值溯源和量值传递中，常常采用加修正值的直观办法。用一个等级的计量标准来校准和检定测量仪器，其主要内容之一就是要获得准确的修正值。例如，用频率为 f_s 的标准振荡器作为信号源，测得某台送检的频率计的示值为 f，则示值误差 Δ 为 $f-f_s$。所以，在今后使用这台频率计量应扣掉这个误差，即加上修正值（$-\Delta$），可得 $f+（-\Delta）$，这样就和 f_s 一致了。简而言之，系统误差可以用适当的修正值来估计并予以有限程度的补偿。

为补偿系统误差而与未修正测量结果相乘的数字因子，称为修正因子（correction faction）。含有系统误差的测量结果，乘以修正因子后就可以补偿或减少误差的影响。例如，由于等臂天平的不等臂误差，不等臂天平的臂比误差，线性标尺分度时的倍数误差，以及测量电桥臂的不对称误差所带来的测量结果中的系统误差，均可以通过乘以一个修正因子得以补偿。

2. 偏　差

一个值减去其参考值所得的差，称为偏差（deviation）。

这里的值或一个值是指测量得到的值，参考值是指设定值、应有值或标称值。以测量仪器的偏差为例，它是从零件加工的"尺寸偏差"的概念引申过来的。尺寸偏差是加工所得的某一实际尺寸，与其要求的参考尺寸或标称尺寸之差。相对于实际尺寸来说，由于加工过程中诸多因素的影响，它偏离了要求的或应有的参考尺寸，于是产生了尺寸偏差，即尺寸偏差 = 实际尺寸 – 应有参考尺寸。

对于量具也有类似的情况，例如：用户需要一个准确值为 1 kg 的砝码，并将此应用的值标示在砝码上。工厂加工时由于诸多因素的影响，所得的实际值为 1.002 kg，此时的偏差为 + 0.002 kg。显然，如果按照标称值 1 kg 来使用，砝码就有 + 0.002 kg 的示值误差。而如果在标称值上，加一个修正值 – 0.002 kg 后再用，则这块砝码就显得没有误差了。这里的示值误差和修正值都是相对于标称值而言的。现在从另一个角度来看，这块砝码之所以具有 + 0.002 kg 的示值误差，是因为加工发生偏差，偏大了 0.002 kg，从而使加工出来的实际值（1.002kg）偏离了标称值（1 kg）。为了描述这个差异，引入"偏差"这个概念就是很自然的事，即偏差 = 实际值 – 标称值 = 1.002 kg – 1.000 kg = 0.002 kg。

上述尺寸偏差也称实际偏差，简称偏差。常见的概念还有上偏差（最大极限尺寸与应有参考尺寸之差）、下偏差（最小极限尺寸与应有参考尺寸之差），它们统称为极限偏差。由代表上下偏差的两条直线所确定的区域，即限制尺寸变动量的区域，统称为尺寸公差带。

1.6　测量不确定度

1.6.1　测量不确定度的概念

表征合理地赋予被测量之值的分散性、与测量结果相联系的参数，称为测量不确定度（uncertainty）。"合理"意指应考虑到各种因素对测量的影响所做的修正，特别是测量应处于随机控制过程中。"相联系"意指测量不确定度是测量结果的一部分，在测量结果的完整表示中应包括测量不确定度。

由于测量不完善和人们的认识不足，所得的被测量值具有分散性，即每次测得的结果不是同一值，而是以一定的概率分散在某个区间内的许多个值。测量不确定度就是说明被测量之值分散性的参数，它不说明测量结果是否接近真值。为表征这种分散性，测量不确定度可用标准[偏]差的倍数或说明了置信水准的区间的半宽度表示，并分别称为标准不确定度和扩展不确定度以示区别。

在实践中，测量不确定度可能来自以下方面：

（1）对被测量的定义不完整或不完善；

（2）实现对被测量进行定义的方法不理想；

（3）取样的代表性不够，即被测量的样本不能代表所定义的被测量；

（4）对测量过程受环境影响的认识不全，或对环境条件的测量与控制不完善；

（5）对模拟仪器的读数存在人为偏移；

（6）测量仪器的分辨力或鉴别力不够；

（7）赋予计量标准的值或标准物质的值不准；

（8）引用于数据计算的常量和其他参量不准；

（9）测量方法和测量程序的近似性和假定性；

（10）从表面上看完全相同的条件下，被测量重复观测值的变化。

由此可见，测量不确定度一般来源于随机性和模糊性，前者归因于条件不充分，后者归因于事物本身概念不明确。这就使得测量不确定度一般由许多分量组成，其中一些分量可以用测量列结果（观测值）的统计分布来进行评价，并且以实验标准[偏]差表征；而另一些分量可以用其他方法（根据经验或其他信息的假定概率分布）来进行评价，并且也以标准[偏]差表征。所有这些分量，应理解为都贡献给了分散性。若需要表示某分量是由某原因导致时，可以用随机效应导致的不确定度和系统效应导致的不确定度，而不要用"随机不确定度"和"系统不确定度"这两个已过时或淘汰的说法。例如：由修正值和计量标准带来的不确定度分量，可以称之为系统效应导致的不确定度。

当不确定度由方差得出时，取其正平方根。当分散性的大小用说明了置信水准的区间的半宽度表示时，作为区间的半宽度取负值显然也是毫无意义的。当不确定度除以测量结果时，称之为相对不确定度，这是个量纲为 1 的量，通常以百分数或 10 的负数幂表示。

在测量不确定度的发展过程中，人们从传统上理解它是"表征（或说明）被测量真值所处范围的一个估计值（或参数）"，也有一段时期理解为"由测量结果给出的被测量估计值的可能误差的度量"。这些含义从概念上来说是测量不确定度发展和演变的过程,与现定义并不矛盾,但它们涉及真值和误差这两个理想化的或理论上的概念,实际上是难以操作的未知量,而可以具体操作的则是测量结果的变化,即被测量之值的分散性。

1.6.2 标准不确定度和标准[偏]差

以标准[偏]差表示的测量不确定度,称为标准不确定度(standard uncertainty),用符号"u"表示。它是指不确定度以标准差表示,用来表征被测量之值的分散性。这种分散性可以有不同的表示方式,例如:用 $\dfrac{\sum\limits_{i=1}^{n}(x_i-\overline{x})}{n}$ 表示时,由于正残差与负残差可能相互抵消,反映不出

分散程度;用 $\dfrac{\sum\limits_{i=1}^{n}|x_i-\overline{x}|}{n}$ 表示时,则不便于进行解析运算。只有用标准[偏]差表示的测量结果的不确定度,才称为标准不确定度。

当对同一被测量做 n 次测量,表征测量结果分散性的量 s 按下式算出时,称它为实际标准[偏]差:

$$s=\sqrt{\frac{\sum\limits_{i=1}^{n}(x_i-\overline{x})^2}{n-1}} \tag{1-23}$$

式中　x_i——第 i 次测量的结果;

　　$\overline{x}$——所考虑 n 次测量结果的算术平均值。

对同一被测量做有限的 n 次测量,其中任何一次的测量结果或观测值,都可视作无穷多次测量结果或总体的一个样本。数理统计方法就是要通过这个样本所获得的信息(例如算术平均值 $\overline{x}$ 和实验标准[偏]差 s 等),来推断总体的性质(例如期望 μ 和方差 σ^2 等)。期望是通过无穷多次测量所得的观测值的算术平均值或加权平均值,又称为总体均值 μ,显然它只是在理论上存在并可表示为

$$\mu=\lim_{n\to\infty}\frac{1}{n}\sum_{i=1}^{n}X_i \tag{1-24}$$

方差 σ^2 则是无穷多次测量值 x_i 与期望 μ 之差的平方的算术平均值,它也是在理论上存在并可表示为

$$\sigma^2=\lim_{n\to\infty}\left[\frac{1}{n}\sum_{i=1}^{n}(x_i-\mu)^2\right] \tag{1-25}$$

$\overline{x}$ 为 μ 的无偏估计,s^2 为 σ^2 的无偏估计。这里的"无偏估计"可理解为:$\overline{x}$ 比 μ 大的概率,与 $\overline{x}$ 比 μ 小的概率是相等的或皆为 50%;而且当 $n\to\infty$ 时,$(\overline{x}-\mu)^2$ 值得注意的是:s^2 为 σ^2 的无偏估计,但 s 不是 σ 的无偏估计,而是偏小估计,即($s-\sigma$)为负值的概率,大于($s-\sigma$)为正值的概率。

s 是单次观测值 x_i 的实验标准[偏]差，$s/\sqrt{n}$ 才是 n 次测量所得算术平均值 $\bar{x}$ 的实验标准[偏]差，它是 $\bar{x}$ 分布的标准[偏]差的估计值。为易于区别，前者用 $s(x)$ 表示后者用 $s(\bar{x})$ 表示，故有 $s(\bar{x})=s(x)/\sqrt{n}$。

通常用 $s(x)$ 表征测量仪器的重复性，而用 $s(\bar{x})$ 评价以此仪器进行 n 次测量所得测量结果的分散性。随着测量次数 n 的增加，测量结果的分散性 $s(\bar{x})$ 与 $\sqrt{n}$ 成反比地减少，这是由于对多次观测值取平均后，正、负误差相互抵偿所致。所以，当测量要求较高或希望测量结果的标准[偏]差较小时，应适当增加 n；但当 $n>20$ 时，随着 n 的增加，$s(\bar{x})$ 的减小速度减慢。因此，在选取 n 的多少时应予以综合考虑或权衡利弊，因为增加测量次数就会拉长测量时间、加大测量成本。在通常情况下，取 $n\geqslant 3$，以 $n=4\sim20$ 为宜。另外，应当强调 $s(\bar{x})$ 是平均值的实验标准[偏]差，而不能称它为平均值的标准误差。

1.6.3　不确定度的 A 类、B 类评定及合成

由于测量结果的不确定度往往由许多原因引起，对每个不确定度来源评定的标准[偏]差，称为标准不确定度分量，用符号 U_i 表示。对这些标准不确定度分量有两类评定方法，即 A 类评定和 B 类评定。

1. 不确定度的 A 类评定

用对观测列进行统计分析的方法来评定标准不确定度，称为不确定度的 A 类评定，有时也称 A 类不确定度评定。

通过统计分析观测列的方法，对标准不确定度进行的评定，所得到的相应的标准不确定度称为 A 类不确定度分量，用符号 U_A 表示。

这里的统计分析方法，是指根据随机取出的测量样本中所获得的信息，来推断关于总体性质的方法。例如：在重复性条件或复现性条件下的任何一个测量结果，可以看作无限多次测量结果（总体）的一个样本，通过有限次数的测量结果（有限的随机样本）所获得的信息（诸如平均值 $\bar{x}$、实验标准差 s），来推断总体的平均值（即总体均值 μ 或分布的期望值）以及总体标准[偏]差 σ，就是所谓的统计分析方法之一。A 类标准不确定度用实验标准[偏]差表征。

2. 不确定度的 B 类评定

用不同于对观测列进行统计分析的方法来评定标准不确定度，称为不确定度的 B 类评定，有时也称 B 类不确定度评定。

这是用不同于对测量样本统计分析的其他方法，进行的标准不确定度的评定，所得到的相应的标准不确定度称为 B 类标准不确定度分量，用符号 U_B 表示。它以根据经验或资料及假设的概率分布估计的标准[偏]为表征，也就是说其原始数据并非来自观测列的数据处理，而是基于实验或其他信息来估计，含有主观鉴别的成分。用于不确定度 B 类评定的信息来源一般有：

（1）以前的观测数据；

（2）对有关技术资料和测量仪器特性的了解和经验；

（3）生产部门提供的技术说明文件；

（4）校准证书、检定证书或其他文件提供的数据、准确度的等级或级别，包括目前仍在使用的极限误差、最大允许误差等；

（5）手册或某些资料给出的参考数据及其不确定度；

（6）规定实验方法的国家标准或类似技术文件中给出的重复性限 r 或复现性限 R。

不确定度的 A 类评定由观测列统计结果的统计分布来估计，其分布来自观测列的数据处理，具有客观性和统计学的严格性，这两类标准不确定度仅是估算方法不同，不存在本质差异，它们都是基于统计规律的概率分布，都可用标准[偏]差来定量表达，合成时同等对待。只不过 A 类是通过一组与观测得到的频率分布近似的概率密度函数求得，而 B 类是由基于时间发生的信任度（主观概率或称为先验概率）的假定概率密度函数求得。对某一项不确定度分量究竟用 A 类方法评定，还是用 B 类方法评定，应由测量人员根据具体情况选择。特别应当指出：A 类、B 类与随机、系统在性质上并无对应关系，为避免混淆，不应再使用随机不确定度和系统不确定度。

3. 合成标准不确定度

当测量结果是由若干个其他量的值求得时，按其他各量的方差和协方差算得的标准不确定度，称为合成标准不确定度。

在测量结果是由若干个其他量求得的情形下，测量结果的标准不确定度等于这些其他量的方差和协方差适当和的正平方根，它被称为合成标准不确定度。合成标准不确定度是测量结果标准[偏]差的估计值，用符号 U_c 表示。

方差是标准[偏]差的平方，协方差是相关性导致的方差。当两个被测量的估计值具有相同的不确定度来源，特别是受到相同的系统效应的影响（例如使用了同一台标准器）时，它们之间即存在着相关性。如果两个都偏大或都偏小，称为正相关；如果一个偏大而另一个偏小，则称为负相关。由这种相关性所导致的方差，即为协方差。显然，计入协方差会扩大合成标准不确定度，协方差的计算既有属于 A 类评定的、也有属于 B 类评定的。人们往往通过改变测量程序来避免发生相关性，或者使协方差减小到可以略计的程度，例如：通过改变所使用的同一台标准等。如果两个随机变量是独立的，则它们的协方差和相关系数等于零，但反之不一定成立。

合成标准不确定度仍然是标准[偏]差，它表征了测量结果的分散性。所用的合成的方法，常被称为不确定度传播律，而传播系数又被称为灵敏系数，用 C_i 表示。合成标准不确定度的自由度称为有效自由度，用 V_{eff} 表示，它表明所评定的可靠程度。通常在报告以下测量结果时，可直接使用合成标准不确定度 $U_c(y)$，同时给出自由度 V_{eff}：

（1）基础计量学研究；

（2）基本物理常量测量；

（3）复现国际单位制单位的国际比对。

1.6.4　扩展不确定度和包含因子

1. 扩展不确定度

扩展不确定度是确定测量结果区间的量，合理赋予被测量之值分布的大部分可包含于此区间。它有时也被称为展伸不确定度或范围不确定度。

实际上扩展不确定度是由合成标准不确定度的倍数表示的测量不确定度，通常用符号 U 表示。它是将合成标准不确定度扩展了 k 倍得到的，即 $U = ku$，这里 k 值一般为 2，有时为 3，取决于被测量的重要性、效益和风险。

扩展不确定度是测量结果的取值区间的半宽度，可期望该区间包含了被测量之值分布的大部分。而测量结果的取值区间在被测量值概率分布中所包含的百分数，被称为该区间的置信概率或置信水准，用符号 p 表示。这时，扩展不确定度用符号 U_p 表示，他给出的区间能包含被测量可能值的大部分（比如 95% 或 99% 等）。

按测量不确定度的定义，合理赋予的被测量之值的分散区间理应包含全部的测得值，即100% 地包含于区间内，此区间的半宽通常用符号 a 表示。若要求其中包含 95% 的被测量之值，则此区间称为概率为 $p = 95\%$ 的置信区间，其半宽就是扩展不确定度 U_{95}。类似的，若要求 99%的概率，则半宽度为 U_{99}。这个与置信概率区间或统计包含区间有关的概率，即为上述的置信概率。显然，在上面列举的三个半宽之间存在着 $U_{95} < U_{99} < a$ 的关系，至于具体小多少或大多少，还与赋予被测量之值的分布情况有关。

归纳上述内容，可将测量不确定度的分类简单表示为如图 1.5 所示。

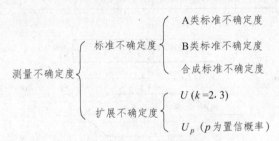

图 1.5　测量不确定度的分类

2. 包含因子和自由度

为求得扩展不确定度，对合成标准不确定度所乘的数字因子，称为包含因子，有时也称为覆盖因子。

包含因子的取值决定了扩展不确定度的置信程度。鉴于扩展不确定度的 U 与 U_p 两种表示方式，包含因子也有 k 与 k_p 两种表示方式，它们在称呼上并无区别，但在使用时，k 一般为 2 或 3，而 k_p 则为给定置信概率 p 所要求的数字因子。在被测量估计值接近于正态分布的情况下，k_p 就是 t 分布（学生分布）中的 t 值。评定扩展不确定度 U_p 时，已知 p 与自由度 v 即可"查表得到 k_p，进而求得 U_p。参见（JJF1059—1999）《测量不确定度评定与表示》的附录 A："t 分布在不同置信概率 p 与自由度 v 的 $t_p(v)$ 值"。

自由度一词，在不同领域有不同的含义。这里对被测量若只观测一次，有一个观测值，则不存在选择的余地，即自由度为 0。若有两个观测值，显然就多了一个选择。换言之，本来观测一次即可获得被测量值，但人们为了提高测量的质量（品质）或可信度而观测 n 次，其中多测的（$n-1$）次实际上是由测量人员根据需要自由选定的，故称之为"自由度"。

在 A 类标准不确定度评定中，自由度用于表明所得到的标准[偏]差的可靠程度。它被定义为"在方差计算中，和的项数减去对和的限制数"。按贝塞尔公式计算时，取和符号后的项数等于 n，而 n 个观测值与其平均值 $\bar{x}$ 之差（残差）的和显然为零，即 $\sum(x_i - \bar{x}) = 0$。这就是一个限制条件，即限制数为 1，故自由度 $v = n - 1$。通常，自由度等于测量次数 n 减去被测量的个数 m，即 $v = n - m$。实际上，自由度往往用于求包含因子 k_p，如果只评定 U 而不是 U_p，则不必计算自由度及有效自由度。

1.6.5 测量不确定度的评定和报告

1. 测量不确定度的评定流程

图 1.6 简单展示了测量不确定度评定的全部流程。在标准不确定度分量评定环节中，JJF 1059—1999 建议列表说明，即列出标准不确定度一览表，以便一目了然。

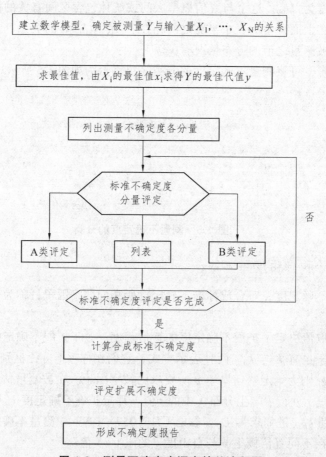

图 1.6 测量不确定度评定的总流程图

2. 测量不确定度的报告

扩展不确定度主要有两种报告形式：

（1）扩展不确定度用 U 表示，即

$$U = kU_c(y) \qquad\qquad (1\text{-}26)$$

式中，k 为包含因子。k 值一般取 $2 \sim 3$，在大多数情况下，取 $k = 2$，当取其他值时，应说明其来源。用 U 表示时，可以期望在（$y - U$）至（$y + U$）的区间内，包含了测量结果可能值的大部分。

（2）扩展不确定度用 U_p 表示，即

$$U_p = k_p U_c(y) = t_p(V_{\text{eff}})U_c(y) \qquad\qquad (1\text{-}27)$$

式中，k_p 为包含因子，它与 y 的分布有关。当可以按中心极限定理估计接近正态分布时，k_p 采用 t 分布临界值（或简称 t 值，可由（JJF1059—1999）《测量不确定度评定与表示》的附录 A 表格中查得）。$k_p = t_p(V_{\text{eff}})$，一般采用的 p 为 99% 和 95%。在大多数情况下，采用 $p = 95\%$。对某些测量标准的检定或校准，根据有关规定，可采用 $p = 99\%$。当 V_{eff} 充分大时，可以近似认为 $k_{95} = 2$，$k_{99} = 3$，从而分别得出 $U_{95} = 2U_c(y)$，$U_{99} = 3U_c(y)$。

当以 U 报告最终测量结果时，常采用以下两种形式之一，但均须指明 k 值。例如：

$U_c(y) = 0.35$ mg，取包含因子 $k = 2$，$U = 2 \times 0.35$ mg $= 0.70$ mg，则有：

① $m = 100.021\ 47$ g，$U = 0.70$ mg；$k = 2$；

② $m = (100.021\ 47 \pm 0.000\ 70)$ g；$k = 2$。

当以 U_p 报告最终测量结果时，可采用以下 4 种形式之一，但均须指明有效自由度 V_{eff}。例如：$U_c(y) = 0.35$ mg，$V_{\text{eff}} = 9$，按 $p = 95\%$，查（JJF 1059—1999）《测量不确定度评定与表示》的附录 A 表得 $k_p = t_{95}(9) = 2.26$；$t_{95} = 2.26 \times 0.35$ mg $= 0.79$ mg，则：

① $m = 100.021\ 47$ g，$U_{95} = 0.79$ mg，$V_{\text{eff}} = 90$；

② $m = 100.021\ 47(79)$ g，$V_{\text{eff}} = 9$，括号内为 U_{95} 之值，其末位与前面结果内末位数对齐；

③ $m = 100.021\ 47(0.000\ 79)$ g；$V_{\text{eff}} = 9$，括号内为 U_{95} 之值，与前面结果有相同计量单位。

④ $m = (100.021\ 47 \pm 0.000\ 79)$g；$V_{\text{eff}} = 9$，括号内第二项为 U_{95} 之值。

报告最终测量结果时，应注意有效位数：通常 $U_c(y)$ 和 U（或 U_p）最多取 2 位有效数字，且 y 与 $U_c(y)$ 或 U（或 U_p）的修约间隔应相同。不确定度也可以相对形式 $U_{\text{rel}}(y)$ 或 U_{rel} 报告。

1.7　量值溯源

1.7.1　计量及其溯源性

计量是为实现单位统一、量值准确可靠而进行的科技、法制和管理活动，准确性、一致性、溯源性及法制性是计量工作的重要特点。

准确性是指测量结果与被测量真值的一致程度。由于实际上不存在完全准确无误的测量，因此在给出量值的同时，必须给出适应应用目的或实际需要的不确定度或误差范围。否则，所进行的测量的质量（品质）就无从判断，量值也就不具备充分的实用价值。所谓量值的准确，即是在一定的不确定度、误差极限或允许误差范围内的准确。

一致性是指在统一计量单位的基础上，无论在何时、何地，采用何种方法，使用何种计量器具，以及由何人测量，只要符合有关的要求，其测量结果就应在给定的区间内。也就是说，测量结果应是可重复、可再现（复现）、可比较的，换言之，量值是确实可靠的。计量的核心是对测量结果及其有效性、可靠性的确认，否则，计量就失去其社会意义。计量的一致性不仅限于国内，也适用于国际。例如，国际比对结果应在等效区间或协议区间内。

溯源性是指任何一个测量结果或计量标准的值，都能通过一条具有规定不确定度的连续比较链，与计量基准联系起来。这种特性使所有的同种量值，都可以按这条比较链通过校准向测量的源头追溯，也就是溯源到同一个计量标准（国家基准或国际基准），从而使准确性和一致性得到技术保证。否则，量值出于多源或多头，必然会在技术上和管理上造成混乱。所谓"量值溯源"，是指自下而上通过不间断的校准而构成溯源体系；而"量值传递"，则是自上而下通过逐级检定而构成检定系统。

法制性来自于计量的社会性，因为量值的准确可靠不仅依赖于科学技术手段，还要有相应的法律、法规和行政管理。特别是对国计民生有明显影响、涉及公众利益和可持续发展或需要特殊信任的领域，必须有政府主导建立起法制保障。否则，量值的准确性、一致性及溯源性就不可能实现，计量的作用也难以发挥。

由此可见，计量不同于一般的测量。测量时为确定量值而进行的全部操作，一般不具备，也不必具备计量的上述4个特点。所以，计量属于测量而又严于一般的测量，在这个意义上可以狭义地认为，计量是与测量结果置信度有关的、与不确定度联系在一起的、规范化的测量。实际上，科技、经济和社会愈发展，对单位统一、量值溯源的要求越高，计量的作用也就越显重要。

1.7.2　溯源等级图

溯源等级图是一种代表等级顺序的框图，用以表明计量器具的计量特性与给定量的基准之间的关系。有时也称为溯源体系表，它是对给定量或给定型号计量器具所用的比较链的一种说明，以此作为其溯源性的证据。

建立量值溯源等级图的目的，是要对所进行的测量在其溯源到计量基准的途径中，尽可能减少环节和降低测量不确定度，并保证给出最大的可信度。为实现溯源性，用等级图的方式应给出：① 不同等级标准器的选择；② 等级间的连接及其平行分支；③ 标准器特性的重要信息，如测量范围、不确定度或准确度等级或最大允许误差等；④ 溯源链中比较用的装置和方法。

等级图是逐级分等的，即用 $(n-1)$ 等级校准 n 等级，或由 n 等级向 $(n-1)$ 级溯源。试图固定两个等级间的不确定度之比是不现实的。根据被测量的具体情况，这个比率通常处于 3~10，对某些量，准确度提高 2 倍也是可观的进步，但对另一些量，甚至可能达到 10 倍。

在等级图中应注意区别标准器复现量值的不确定度，以及经标准器校准所得测量结果的不确定度。要指明不确定度是合成不确定还是扩展不确定度。当表示为扩展不确定度，要给出包含因子 k 或置信概率 p。等级图中所反映的信息，应与有关法规、规程或规范的要求一致。

对持有某一等级计量器具的部门或企业，至少应按溯源等级图提供其上一等级标准器特性的有关信息，以便实现其向国家基准的溯源。

1.7.3 检定系统表

通过一条具有规定不确定度的不间断的比较链，使测量结果或测量标准的值能够与规定的参考标准（通常是与国家测量标准或国际测量标准）联系起来的特性，称为溯源性。

根据溯源等级图的概念，不同国家可以采取不同形式的比较链（常被称为校准链），并附有足够的文字信息，以保证不同国家建立的校准链有相当程度的一致性，便于溯源到国家基准并与国家基准相联系。

在我国，目前还是用国家计量检定系统表来代表国家溯源等级图。它是一种法定技术文件，由国务院计量行政部门组织制定并批准分布。这种系统表通常用图表结合文字的形式表达，其要求基本上与溯源等级图方式相一致。我国规定：一项国家计量基准对应一种检定系统表，并由该项基准的保存单位负责编制，经一定的审批手续，由国家计量行政部门批准发布。

国家计量检定系统表的代号为 JJF×××—××××，其中 JJF 为计量技术规范的缩写，×××为检定系统表颁布的序号，××××为其颁布的年号。目前已颁布了近 100 个检定系统表。国家计量检定系统表具有一定的法律地位，它规定了我国量值传递（也可认为是量值溯源的逆过程）体系。按检定系统表进行检定，既可确保被检计量器具的准确度，又可避免用过高准确度的计量标准检定低准确度的计量器具，也可指导企业、事业单位实现计量器具量值的溯源。

国家检定系统框图分 3 大部分——计量基准器具、计量标准器具及工作计量器具。在分割这 3 部分的点划线中说明其检定的方法，比如是直接测量还是间接测量或比对；在每一部分内部各级标准器间，也以一定方式表示其相互关系及比较的方法。该框图的第一级应为国家基准（或原级标准）。

实际上，现有的国家计量检定系统表仅适用于目前属于检定范畴的，已经建立了国家基准的计量器具的量值传递。对于大量的进行校准的计量器具，尚需制定出国家溯源等级图。

1.7.4 校准和检定

在规定条件下，为确定测量仪器或测量系统所指示的量值，或实物量具或参考物质所代表的量值，与对应的由标准所复现的量值之间关系的一组操作，称为校准。

校准的主要含义有 2 点，即：

（1）在规定的条件下，用一个可参考的标准，对包括参考物质在内的测量器具的特性赋值，并确定其示值误差；

（2）将测量器具所指示或代表的量值，按照校准链，将其溯源到标准所复现的量值。

校准的主要目的有 4 点，即：

（1）确定示值误差，并可确定是否在预期的公差范围之内；

（2）得出标称值偏差的报告值，可调整测量器具或对示值加以修正；

（3）给任何标尺标记赋值或确定其他特性值，或给参考物质特性赋值；

（4）实现溯源性。

校准的依据是校准规范或校准方法，可做统一规定也可自行规定。校准的结果可记录在校准证书或校准报告中，也可用校准因数或校准曲线等形式表示。

计量器具的检定，则是查明和确认计量器具是否符合法定要求的程序，它包括检查、加标记和（或）出具检定证书。

检定具有法制性，其对象是法制管理范围内的计量器具。由于各国的管理体制不同，法制计量管理的范围不同。1987 年，国家计量局发布的《中华人民共和国依法管理的计量器具目录》有 12 大类；同年国务院发布了《中华人民共和国强制检定的工作计量器具检定管理办法》，该办法中附有强制检定的工作计量器具目录，即用贸易结算、安全防护、医疗卫生、环境监测 4 个方面的工作计量器具 55 项，国家计量局又发布明细目录 111 种。1999 年，国家质量技术监督局根据国务院的授权又增补了强检工作计量器具 4 项 6 种。从国际法制计量组织的宗旨及其发布的国际建设看，其认定的法制管理范围基本上与我国的强制检定管理范围相当。随着我国改革开放及经济的发展，强化检定法制性的同时，对大量的非强制检定的计量器具为达到统一量值的目的，以采用校准为主要方式。一个被检定过的计量器具也就是根据检定结果，已被授予法制特性的计量器具。强制检定应由法定计量检定机构或者授权的计量检定机构执行。此外，我国对社会公用计量标准，部门和企业、事业单位的各项最高计量标准，也实行强制检定。

检定的依据是按法定程序审批公布的计量检定规程。我国《计量法》规定："计量检定必须按照国家计量检定系统表进行。国家计量检定系统表由国务院计量行政部门制定。计量检定必须执行计量检定规程。国家计量检定规程由国务院计量行政部门制定。没有国家计量检定规程的由国务院有关主管部门和省、自治区、直辖市人民政府计量行政部门分别制定部门计量检定规程和地方计量检定规程，并向国务院计量行政部门备案。"因此，任何企业和其他实体是无权制定检定规程的。

对检定结果，必须做出合格与否的结论，出具证书并加盖印记。从事检定的工作人员必须是经考核合格，并持有有关计量行政部门颁发的检定员证。

校准和检定的主要区别，可归纳为如下 5 点，即：

（1）校准不具备法制性，是企业自愿溯源行为；检定具有法制性，属于计量管理范畴的执法行为。

（2）校准主要确定测量器具的示值误差；检定是对测量器具的计量特性及技术要求的全面评定。

（3）校准的依据是校准规范、校准方法，可做统一规定也可自行制定；检定的依据是检定规程。

（4）校准不判断测量器具合格与否，但当需要时，可确定测量器具的某一性能是否符合预期的要求；检定要对所检的测量器具做出合格与否的结论。

（5）校准结果通常是发校准证书或校准报告；检定结果合格的发检定证书，不合格的发不合格通知书。

在我国，一直没有把校准作为是实现单位统一和量值准确可靠的重要方式，却用检定来代替它。这一观念目前正在转变中，而且越来越多地为人民所接受，它在量值溯源中的地位将被确立。

1.8　电子基础元器件的检测方法

测量方法的选择直接关系到后续测量工作能否正常进行。电子基础元器件的检测方法可按照多种方式进行分类。

按测量手段可分为：直接测量、间接测量、联立测量；

按测量方式可分为：偏差式测量、零位测量、微差式测量；

按传感器是否与被测介质接触可分为：接触测量、非接触测量；

按被测量变化程度可分为：静态测量、动态测量；

按是否向被测对象施加能量可分为：主动测量、被动测量；

按检测是否在实际生产过程中进行可分为：在线测量、离线测量。

1.8.1　按照测量手段分类

按照测量手段可将电子元器件检测分为直接测量、间接测量和联立测量。

用预先按已知标准量定度好的测量仪器对待测量直接进行测量，从而得到被测量值的方法称为直接测量法。例如：用电压表测量电路两端的电压、用电流表测量电路中的电流、用电子计数器测量频率等，都属于直接测量。

对一个与被测量有确定函数关系的物理量进行直接测量，然后通过代入该函数关系的公式、曲线或表格，求出被测量值的方法，称为间接测量法。当被测量不便于直接测量或间接测量的结果比直接测量更准确时，多采用间接测量方法，例如：要在不断开电路的情况下，测量图 1.7 中流过负载 R_L 的电流，由于负载电阻 R_L 已知，通过电压表 V 测得 R_L 两端的电压 U 后，即可由欧姆

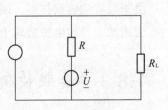

图 1.7　间接测量法测电流

定律 $I = U/R_L$ 算出流过负载的电流。

当某个被测量与多个未知量有关时，可针对各未知量的特征，将直接测量和间接测量相互结合的方法获得测量结果，称为联立测量（组合测量）。例如，在 $0 \sim 650\ ^\circ\text{C}$ 温度区间内，工业用铂热电阻的阻值（R_t）与温度（t）的关系近似为 $R_t = R_0\,(\,1 + At + Bt^2\,)$，其中，$R_0$ 是元件在 $0\ ^\circ\text{C}$ 时的电阻值。测量电阻温度系数 A、B 和初始值 R_0 的过程中，可直接测量 R_0 值，再测出 2 组不同温度下的 R_t 后，即可联立方程求解 A、B。

1.8.2　按照测量方式分类

按照测量方式可将电子元器件检测分为偏差式测量、零位测量、微差式测量。

测量过程中用测量仪表指针的位移（即偏差）决定被测量的方法称为偏差式测量法。应用该方法时，标准量具不装在仪表内，而是事先用标准量具对仪表刻度进行校准。它以间接方式实现与标准量的比较，例如用磁电式电流表测电路支路中的电流。偏差式测量法速度快、原理简单，但属于间接比较，精度较低。

零位测量又称为补偿式测量或平衡式测量，其原理是在测量仪器达到平衡时，用已知基准量度量待测量。如图 1.8 所示，U 为标准电压源，R_1 和 R_2 是标准分压电阻，A 为电流表。测量时，通过调节 R_1 和 R_2 的比例，使电流表指示为零，这时，根据式（1-27），测量结果 U_x 只与标准电压源和标准电阻有关，与测量仪表无关，准确度较高。

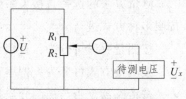

图 1.8　零位法测量电压

$$U_x = U\,\frac{R_2}{R_1 + R_2} \tag{1-28}$$

惠斯通电桥的工作原理也属于零位测量。电桥有 4 个桥臂，设其阻值分别为 R_1、R_2、R_3、R_4，当满足条件 $R_1 \cdot R_3 = R_2 \cdot R_4$ 时，电桥平衡，搭接在桥路中的检流计无电流流过。设 R_1 为待测电阻，R_2、R_3 为高精度固定电阻，R_4 为可调精密电阻。在测量时，调节 R_4，当检流计指零时，有 $R_1 = R_4$。零位测量可获得较高精度，但在检测中需要对标准量进行动态调节，难以适应快速变化的信号。

微差式测量综合了偏差式测量和零位测量的特点，将未知被测量与已知标准量进行比较，取得差值，然后用偏差法测得此差值。微差式测量过程中，标准量直接与被测量进行比较，由于二者的值很接近，因此不需要调整标准量，只需测量二者差值。在自动检测领域中广泛应用的不平衡电桥就属于微差式测量法，具有反应快、精度高的优点。

1.8.3　按照被测量性质分类

按被测量性质分类，电子元件检测可分为：时域测量、频域测量和数据域测量。

时域测量主要是针对被测对象参数随时间变化的特性,这时,把被测信号看成是一个时间的函数。例如:电压、电流的测量,它们有瞬态量和稳态量。使用示波器显示被测信号的瞬时被形,测量它的幅度、宽度、上升沿和下降沿等参数。时域测量还包括一些周期性信号的稳态参量的测量,如正弦交流电压,虽然它的瞬时值会随时间变化,但是交流电压的振幅和有效值是稳态值,可用指针式仪表测量。

通过频域测量可反映被测对象的参数或特性随频率变化而变化的过程,即频域测量。例如,测量放大器的增益、相移等参数随频率变化的过程,即可获取该放大器的幅频特性与相频特性。

数据域测量是对数字系统逻辑特性进行的测量。例如:用逻辑分析仪对数字量进行测量,它具有多个输入通道,可以同时观测许多单次并行的数据。如微处理器地址线、数据线上的信号,可以显示时序波形,也可以用"0"、"1"显示逻辑状态。

1.8.4　按检测是否在生产过程中进行分类

接触检测是指在测量过程中敏感元件与被测介质产生实际物理上的接触。在接触检测过程中,敏感元件或多或少的要对被测量产生一定影响。

非接触检测,是指利用物理、化学及声、光学的原理,使被测对象与敏感元件之间不发生物理上的直接接触而对被测量进行检测的方法。一般而言,非接触检测属于检查检测。

1.8.5　检测方法的选择

选择检测方法前,应综合考虑被测量特性、精度要求、环境条件和测量仪器设备等因素,根据实际情况确定测量方法和检测仪器设备。

选择测量方法可遵循以下原则:

(1)测量方法必须能够达到测量要求,包括测量的精确度。

(2)在保证测量要求的前提下,选用简便的测量方法。

(3)所选用的测量方法不能损坏待测元器件。

(4)所选用的测量方法不能损坏元器件检测仪器。

例如,在测量金属膜线性电阻时,由于其阻值不随流经它的电流大小的变化而变化,可选用电桥直接测量,方法简单,准确度高。测量非线性电阻(如二极管、灯丝电阻等)时,由于这类电阻的阻值随流经它的电流大小的变化而变化,应采用伏安法进行间接测量并绘制曲线图,由曲线求得对应不同电流值时的电阻。

同理,测量线性电感时,可选用交流电桥直接测量,测量非线性电感时应采用间接法测量。

又如,测量市电 220 V 的电压,可用指针式电压表(或万用表)直接测量;而测量电源的电动势时,不能进行直接测量,这是因为指针式电压表的内阻较小,接入后电压表指示的电压是电源的端电压,而不是电动势,测量标准电池的电动势时,更不能用电压表或万用表,其原因一方面是由于电压表或万用表的内阻都不是很大，接入后，标准电池通过电压表或万用表的电流会远远超过标准电池所允许的额定值；另一方面是标准电池电动势的有效数字要求较多，一般为 6 位，指针式电压表达不到要求。因此，测量标准电池电动势应该选用电位差计用平衡法进行测量，平衡时，标准电池不供电。

再如，用万用表欧姆挡测量晶体管 PN 结电阻时，应选用 R×100 或 R×1K 挡，而不能选用 R×1 挡或高阻挡。因为使用 R×1 挡测量时，万用表内部电池提供的电流较大，可能会烧毁晶体管，而高阻挡内部配有高电动势的电池，高电压可能使晶体管击穿。

综上所述，检测电子元器件的各项参数时，需综合测量方法和测量仪器，否则将得到错误的数据，也可能损坏被测元器件和测量仪器仪表。

1.8.6　电子基础元器件检测的发展方向

随着科学技术的飞速进步，电子元器件检测已从单一参数检测发展到综合参数检测，从手动检测发展到自动检测。数字时代的到来，促使高性能电子计算机与传统测量仪器深入结合，产生了具有自动选择量程，自动测量、分析、记录数据，自动计算结果、修正误差、检查故障等功能的新一代测量仪器和测试系统，为电子元器件检测注入了新活力。

电子工业的迅猛发展，要求电子元器件检测的速度更快、精度更高，频率范围更宽、数据处理更强，因此，检测系统和仪器的自动化、智能化势在必行，由智能仪器以及计算机与软件系统控制的测量仪器所组成的自动测试系统，将是今后电子元器件检测技术和设备的重要发展方向。

第 2 章 电阻器的检测

2.1 电阻器的基础知识

2.1.1 电阻器的基本概念

1. 简 介

电阻在物理学中表示导体对电流阻碍作用的大小，主要用于分压、分流、限流、负载，还可以与其他元件组合成耦合、滤波、反馈、补偿电路。电阻器是电子线路中最基础、应用范围最广的电子元件。电阻器即在电路中对电流起阻碍作用的元件，用 R 表示，其原理公式为 $R = \rho L/S$，ρ 表示材料系数；L 表示电阻体的长度；S 表示电阻体的横截面面积。根据电阻公式，电阻的阻值（R）与其材料系数（ρ）和长度（L）成正比，与横截面面积（S）成反比。

2. 工作原理

电阻器为无源元件，主要起分流和分压作用，可构成简单的串并联电路，其工作原理如图 2.1 和图 2.2 所示。

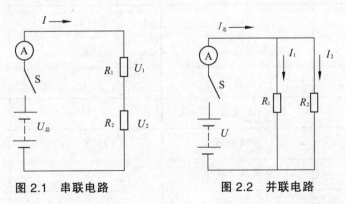

图 2.1 串联电路   图 2.2 并联电路

图 2.1 中，$U_1 = I \times R_1$，$U_2 = I \times R_2$，$U_总 = U_1 + U_2$，R_1 与 R_2 串联达到分压的目的，即将 U 总分成 U_1 和 U_2；图 2.2 中，$I_1 = U/R_1$，$I_2 = U/R_2$，$I_总 = I_1 + I_2$，R_1 与 R_2 并联达到分流的目的，即将 $I_总$ 分成 I_1 和 I_2。

2.1.2 电阻器的命名

电阻器包括普通电阻器、电位器和敏感电阻器三个部分，他们分别采用不同的命名方法。

1. 普通电阻的命名

根据国家标准（GB/T 2470—1995）《电子设备用固定电阻器、固定电容器型号命名方法》的规定，普通电阻器型号由四部分组成，每部分代表不同的含义。

1）命名标准（见图 2.3）

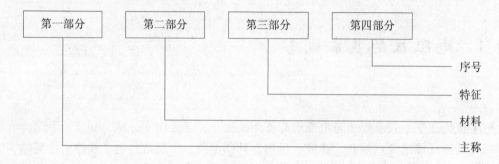

图 2.3　普通电阻器型号标示

第一部分是产品的主称，用一个字母表示。普通电阻器的主称用字母 R 表示。

第二部分通常是产品的主要材料，一般用一个字母表示。普通电阻器的材料字母代号如表 2.1 所示。

表 2.1　普通电阻器第二部分（材料）字母代号及含义

字母代号	材料	字母代号	材料
C	沉积膜或高频瓷	S	有机实心
F	复合膜	T	碳膜
H	合成膜	U	硅碳膜
I	玻璃釉膜	X	线绕
J	金属膜（箔）	Y	氧化膜
N	无机实心		

第三部分是产品的主要特征，一般用一个数字或一个字母表示。普通电阻器的特征数字或字母代号如表 2.2 所示。

表 2.2　普通电阻器第三部分（特征）代号及含义

代号	特征	代号	特征
1	普通型	8	高压型
2	普通型	9	特殊型
3	超高频型	C	防潮型
4	高阻型	G	高功率型
5	高温型	T	可调型
7	精密型	X	小型

第四部分是序号，一般用数字来表示。

注：① 对材料、特征相同，仅尺寸和性能指标略有差别但基本上不影响互换性的产品可以给同一序号。

② 对材料、特征相同，仅尺寸和性能指标略有差别但已明显影响互换性时（但该差别并非是本质的，而属于在技术标准上进行统一的问题），仍给同一序号，但在序号后面用一个字母作为区别代号，此时该字母作为该型号的组成部分。但在统一该产品技术标准时，应取消区别代号。

2）普通电阻器命名示例

例如，RH91 型特殊合成膜电阻器（见图 2.4）。

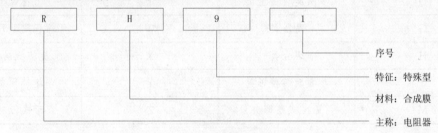

图 2.4　RH91 型特殊合成膜电阻器命名

2. 电位器的命名

根据国家标准（SJ/T 10504—93）《电子设备用电位器型号命名方法》的规定，电位器型号由四部分组成，每部分代表不同的含义。

1）命名标准（见图 2.5）

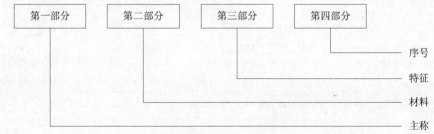

图 2.5　电位器型号标示

第一部分是产品的主称，用一个字母表示。电位器的主称用字母 W 表示。

第二部分通常是产品的主要材料，一般用一个字母表示。电位器的材料字母代号如表 2.3 所示。

表 2.3　电位器第二部分（材料）字母代号及含义

字母代号	材料	字母代号	材料
D	导电塑料	N	无机实心
F	复合膜	S	有机实心
H	合成碳膜	X	线绕
I	玻璃釉膜	Y	氧化膜
J	金属膜（箔）		

第三部分是产品的主要特征，一般用字母表示。电位器的特征字母代号如表 2.4 所示。

表 2.4　普通电阻器第三部分（特征）代号及含义

代号	特征	代号	特征
B	片式类	P	旋转功率类
D	多圈旋转精密类	T	特殊类
G	高压类	W	螺杆驱动预调类
H	组合类	X	旋转低功率类
J	单圈旋转精密类	Y	旋转预调类
M	直滑式精密类	Z	直滑式低功率类

第四部分是序号，一般用数字来表示。

注：除了这四部分的代号外，有时在电位器型号中还加有其他代号。例如，规定失效率等级代号用一个字母"K"表示，它一般加在类别代号与序号之间。

2）电位器命名示例

例如，WXD2 型多圈线绕式电位器（见图 2.6）。

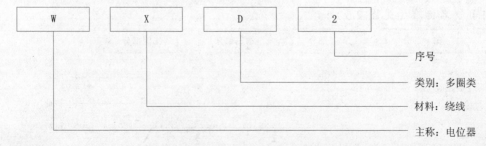

图 2.6　WXD2 型多圈线绕式电位器命名

3. 敏感电阻的命名

根据国家标准（SJ/T 11167—1998）《敏感元器件及传感器型号命名方法》的规定，敏感电阻器型号由四部分组成，每部分代表不同的含义。

1）命名标准（见图 2.7）

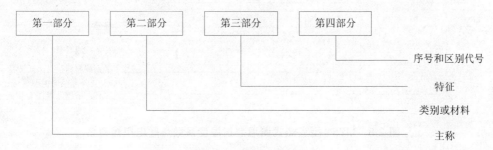

图 2.7　敏感电阻标示

第一部分是产品的主称，用一个字母表示。敏感元器件的主称用字母 M 表示。

第二部分通常是产品的主要材料，一般用字母表示。敏感电阻器的材料字母代号如表 2.5 所示。

表 2.5　敏感电阻器第二部分（材料）字母代号及含义

字母代号	材料	字母代号	材料
F	直热式负温度系数热敏电阻器	C	磁敏电阻器
FP	旁热式负温度系数热敏电阻器	G	光敏电阻器
Z	直热式正温度系数热敏电阻器	L	力敏电阻器
ZB	箔热敏电阻器	Q	气敏电阻器
ZT	铜热敏电阻器	S	湿敏电阻器
ZN	镍热敏电阻器	Y	压敏电阻器
ZH	合金热敏电阻器		

第三部分是产品的主要特征，一般用一个数字或一个字母表示。敏感电阻器的特征数字或字母代号如表 2.6 所示。

表 2.6　敏感电阻器第三部分（特征）代号及含义

代号	特征	代号	特征
1	补偿型	5	测温型
2	限流或稳压型	6	控温型
3	启动或微波测量型	7	消磁或抑制型
4	加热型		

第四部分是序号，一般用数字来表示。

2）敏感电阻器命名示例

例如 MZ51 型直热式测温型正温度系数热敏电阻器（见图 2.8）。

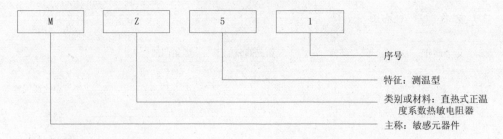

图 2.8　MZ51 型直热式测温型正温度系数热敏电阻器命名

2.1.3　常用电阻器

常用的电阻器包括普通电阻、可调电阻、热敏电阻、光敏电阻、压敏电阻等。

1．普通电阻

普通电阻在电路中通常用字母"R"表示，电路符号如图 2.9 所示，常见的普通电阻实物图如图 2.10 所示。

图 2.9　普通电阻电路表示符号

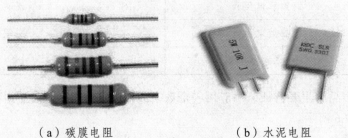

（a）碳膜电阻　　　　　　　　　（b）水泥电阻

图 2.10　普通电阻器实物图

2．可调电阻

可调电阻也叫可变电阻，是电阻的一类，其电阻值的大小可以人为调节，以满足电路的需要。可调电阻按照电阻值的大小、调节的范围、调节形式、制作工艺、制作材料、体积大小等可分为许多不同的型号和类型。常见的可调电阻主要是通过改变电阻接入电路的长度来改变阻值的。常用可调电阻电路符号如图 2.11 所示，可调电阻实物图如图 2.12 所示。

图 2.11　可调电阻电路符号

图 2.12　可调电阻实物图

3. 热敏电阻

热敏电阻是敏感元件的一类，是阻值随温度变化的电阻器。按照温度系数不同分为正温度系数热敏电阻器（PTC）、负温度系数热敏电阻器（NTC）以及临界温度热敏电阻（CTR）。热敏电阻器的典型特点是对温度敏感，不同的温度下表现出不同的电阻值。正温度系数热敏电阻器（PTC）在温度越高时电阻值越大。在工业上可做温度的测量与控制，也用于汽车某部位的温度检测与调节，还大量用于民用设备；负温度系数热敏电阻器（NTC）在温度越高时电阻值越低，广泛用于测温、控温、温度补偿等方面；临界温度热敏电阻（CTR）具有负电阻突变特性，在某一温度下，电阻值随温度的增加急剧减小，具有很大的负温度系数，能够用于控温报警等电路。热敏电阻的电路符号如图 2.13 所示，常见的热敏电阻实物如图 2.14 所示。

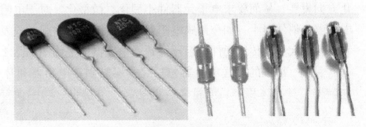

θ

图 2.13　热敏电阻电路符号　　　　图 2.14　常见的热敏电阻实物图

4. 光敏电阻

光敏电阻指利用半导体的光电导效应制成的一种电阻值随入射光的强弱而改变的电阻器。又称光导管，常用的制作材料为硫化镉，另外还有硒、硫化铝、硫化铅和硫化铋等材料。这些制作材料具有在特定波长的光照射下，其阻值迅速减小的特性。这是由于光照产生的载流子都参与导电，在外加电场的作用下作漂移运动，电子奔向电源的正极，空穴奔向电源的负极，从而使光敏电阻器的阻值迅速下降，主要应用于各种光控电路中。典型的光敏电阻电路符号和实物如图 2.15 所示。

（a）电路符号　　　　　　　（b）实物外形

图 2.15　光敏电阻

5. 压敏电阻

压敏电阻（VDR，Voltage Dependent Resistor）是在一定电流电压范围内电阻值随电压而变的电阻器。它是一种限压型保护器件。利用压敏电阻的非线性特性，当过电压出现在压敏电阻的两极间，压敏电阻可以将电压钳位到一个相对固定的电压值，从而实现对后级电路的保护。主要应用于电源系统、安防系统、电动机保护等电路中。常见的压敏电阻实物图与电路符号如图 2.16 所示。

U

（a）电路符号　　　　　　　（b）实物图

图 2.16　压敏电阻

6. 新型电阻器和发展趋势

随着社会的发展和进步，各类通信设备、电子设备均向小型化、微型化方向发展，从而要求电子元器件小型化、微型化。对于电阻而言，片式电阻器已悄然诞生，如今片式电阻器的发展已成为电阻行业发展的主流，它将替代大量的传统插件电阻器。片式电阻器的实物图如图 2.17 所示。

目前，常见的片式电阻器包括片式厚膜固定电阻器和片式薄膜固定电阻器，具有体积小、质量轻、精度高、易携带、功率大等优点。

图 2.17　片式电阻

2.2　电阻器检测技术

2.2.1　电阻器检测标准

电阻器的执行标准有很多，包括 GB/T 2423.1—2001《电工电子产品环境试验　第 2 部分：试验方法试验 A：低温》；GB/T 5729—2003《电子设备用固定电阻器　第 1 部分：总规范》和 GJB 360B—2009《电子及电气元件试验方法》等，在电阻器的检测中，检测过程和检测方法必须符合相应的标准要求，才能确保检测结果的准确性。

2.2.2 电阻器主要技术指标及检测方法

1. 电阻器的主要参数

电阻器的主要参数包括标称阻值、额定功率、允许误差和温度系数等。

1) 标称阻值

标示在电阻器上的电阻值称为标称值，电阻值的基本单位是欧姆，用"Ω"表示，为了对不同数量级的电阻值进行标注，常用的单位还有千欧（kΩ）、兆欧（MΩ）等。它们之间的换算关系为：

$$1\,kΩ = 1\,000\,Ω，\quad 1\,MΩ = 1\,000\,kΩ$$

电阻的标称阻值是按国家规定的阻值系列进行标注的，因此，必须按国家规定的阻值范围去选用。

2) 额定功率

电阻器的额定功率指在特定条件下（在标准大气压和规定的环境温度下），假设周围空气不流通，在长期连续工作而不损坏或基本不改变电阻器性能的情况下，电阻器上允许的消耗功率。功率用符号 P 表示，其基本单位为瓦特，用"W"表示。电阻器的额定功率也有标称值系列，常用的电阻器功率标称值有 1/16 W、1/8 W、1/4 W、1/2 W、1 W、2 W、5 W、10 W，其中 1/8 W 和 1/4 W 的电阻器最为常见。

电阻器的额定功率选择，一般不能过大，也不能过小。过大势必增大电阻的体积，过小则不能承受规定的功率。一般情况下所选用的电阻值应使额定功率大于实际消耗功率的两倍左右，以确保电阻器的可靠性。

3) 允许误差

电阻器的实际阻值对于标称值的最大允许偏差范围称为允许误差，通常也称为阻值精度，用百分数（%）来表示。电阻的实际阻值与标称阻值的偏差，除以标称阻值所得的百分数就是电阻的误差。误差越小，表明电阻的精度越高。通常，普通电阻器的允许偏差为 ±5%、±10%、±20%，而高精度的允许偏差为 ±1%、±0.5%、±0.1%，普通电阻器的允许误差与精度等级对应关系如表 2.7 所示。

表 2.7 电阻器允许误差与精度等级对照表

允许误差	±0.5%	±1%	±5%	±10%	±20%
精度等级	005	01	I	II	III

4) 温度系数

温度每变化 1 ℃ 所引起电阻值的相对变化值，叫做电阻器的温度系数，通常也称为电阻温度特性（TCR）。电阻值随温度升高而增大的称为正温度系数（PTC），反之称为负温度系数（NTC）。温度系数越小，电阻器的热稳定性越好。温度系数的常用单位为 ppm/°C，ppm 表示百万分之几。

例如：标称阻值为 1 kΩ的电阻，温度系数为 ±100 ppm/°C，表示为温度变化 1 °C，电阻值的变化为 ±0.1 Ω。

2. 电阻器的检测方法

由于电阻器试验项目的不同，检测方法也有所不同，电阻器的常用检测项目有阻值、精度、额定功率、极限电压、电阻温度特性（TCR）、工作温度等。本节以片式膜固定电阻器的直流电阻阻值和电阻温度特性项目，介绍其检测的方法。

1）直流电阻测试

目的：对电阻器的直流电阻进行测量。

测量设备：数字多用表。要求测量仪表的测量误差不得超过被测试电阻规定误差的 1/10。如被测电阻的误差为 ±5%，则电桥或测试仪器的误差不得超过 ±5‰。

测量温度：直流电阻测试温度为 25 °C 或修正到 25 °C。

测量电压：为确保所测量的阻值满足精度要求，且必须根据电阻器的功率、阻值选择合适的测量电压，此项由相关标准对其进行规定。标值直流电阻测试电压如表 2.8 所示。

表 2.8　标准直流电阻测试电压

标称阻值 /Ω	最大直流测试电压/V			
	10～24 mW	25～99 mW	100～225 mW	226～1 000 mW
5.60～9.88	0.2	0.3	0.7	1.0
10.0～98.8	0.3	0.3	1.0	1.0
100～988	1.0	1.0	1.0	3.0
1 000～9 880	3.0	3.0	3.0	10.0
10 000～98 800	10.0	10.0	10.0	30.0
≥100 000	30.0	30.0	30.0	100.0

测量步骤：首先，为减小测量仪表与试验样品间连接线带来的误差，应使用合适的测试技术。如连接线尽量短、粗；接触点应用利刃，以刺破氧化层；适当增大接触面；接触点或面应紧密结合等。其次，按产品的阻值、功率选择相对应的测量电压（大部分仪表可以自行调节测量电压，只需按挡位选择即可）。最后，将测量表笔打在电阻器两端保持时间稳定后读数，稳定时间不超过 5 s，将测量仪表显示的测量值与所测量的电阻值进行对比，在精度范围内为合格，反之为不合格。

例如：50 kΩ/1W 的电阻在进行阻值测量时，应在数字多用表电阻挡中选择 kΩ挡对 50 kΩ 的电阻进行阻值测量。

2）电阻温度特性的测试

目的：用已确定电阻器在试验温度下的直流电阻值对基准温度下直流电阻值的相对变化程度。即确定试验温度与基准温度之间的每 1 ℃ 温差引起电阻值的相对变化量。用电阻温度系数（RTC）来表征。温度系数较大的电阻器应用在电路中，将使电路性能不稳定，甚至破坏电路的正常工作。

测量电阻的仪器精度及精确测量试验样品实际感受的温度值，是准确测试电阻温度系数的重要因素。除此之外，应采用正确的测量技术、合适材料的测量导线及优良的夹具等，以便在整个试验范围内最大限度地减少因接触电阻、导线电阻、并联低绝缘电阻、寄生电动势和湿气凝结等引起的电阻测量误差。

测量设备：负温箱、高温烘箱或高低温冲击箱。要求：试验箱内温度的均匀性为 ± 2 ℃。

测试温度：第一温度系列为 25 ℃、0 ℃、– 15 ℃、– 25 ℃、– 55 ℃ 及 – 65 ℃，温度误差为 ± 3 ℃。

第二温度系列为 25 ℃、50 ℃、75 ℃、100 ℃、125 ℃、150 ℃、175 ℃、200 ℃、275 ℃及 350 ℃，温度误差为 ± 3 ℃。一般的试验顺序为：先在 – 55 ℃ 环境下保持相应的时间后立即对电阻的阻值进行测量；之后在常温下恢复；最后在 125 ℃ 环境下保持相应的时间后立即对电阻的阻值进行测量，最后将样品从试验箱内取出后试验结束。

测量步骤：

（1）将试验样品焊接在规定的试验基板上或连接在规定的试验夹具上，然后将固定好的试验样品连接到电阻测量仪器上，所用的测量导线应牢固地连接在试验样品和测量仪器上，保证电接触良好。

（2）根据有关标准的规定，确定第一系列的最低温度和第二系列的最高温度，按顺序不间断地进行每个系列测试温度的电阻阻值测量。或根据有关标准规定，分别选择上述第一系列和第二系列的测试温度点进行阻值测量。但是，从第一温度系列测试结束到第二温度系列测试开始之间的过渡时间不得超过 24 h。

（3）测量每个试验样品的电阻值应在箱内温度稳定到测试温度 ± 0.5 ℃ 内之后 30 ~ 45 min 进行。或者箱温稳定后每隔 5 min 进行预测，如果电阻值变化量在误差范围内，则容许在此周期结束之前进行电阻值测量。若无其他规定，检测温度的误差应在标称测试温度与标称基准温度之差的 ± 1% + 0.5 ℃ 之内。电阻值的测量应按相关标准进行。然而对电阻小于100 Ω 的试验样品必须采用四端测量，确保测量结果的准确性。

（4）每种测试温度的电阻温度系数，应按下式计算：

$$RTC(\% / ℃) = \frac{R_2 - R_1}{R(t_2 - t_1)} \times 100\%$$　　　　　　　　　　　（2-1）

式中　R_1——基准温度下的电阻值，Ω；

　　　R_2——测试温度下的电阻值，Ω；

　　　t_1——基准温度，℃；

　　　t_2——测试温度，℃。

2.3　电阻器检测实例

2.3.1　检测指标

电阻器的主要技术指标包括标称阻值、额定功率、允许误差和电阻温度系数等，最常见的检测指标有标称阻值和电阻温度系数（TCR）。

2.3.2　仪器选择

电阻器的检测结果是否准确，关键在于检测设备选择得是否正确。常见的电阻检测仪表就是数字多用表，如图2.18所示为Agilent 34401A数字多用表，该表可用于电阻器阻值、电阻工作电压、工作电流的测量。

图2.18　数字多用表

2.3.3　检测步骤

1. 电阻器标称阻值的检测步骤

1）检测仪表选择

在对电阻器标称阻值的检测过程中，根据阻值的大小、精度的高低对仪表进行选择，若阻值范围为100 Ω～1 MΩ，可选择通用的阻值测量仪表，对阻值低于100 Ω的电阻器应采用专用的低阻值测量仪表；对阻值高于1 MΩ的电阻器应选用专用的高阻测量仪表。

2）温、湿度设定

在电阻器的检测过程中，温度是影响阻值检测结果的关键因素之一，尤其是高精度(± 1‰以上）、超低阻（1 Ω以下）和超高阻（10 MΩ以上）的产品，对测量环境（温、湿度）相当敏感。因此，一般要求电阻器的检测温度为（25 ± 5）℃，相对湿度为40% RH～60% RH。

3）电阻测量挡位选择

根据所检测电阻的标称值，选择相应的阻值测量范围，如 10 kΩ的电阻器，应在测量仪表中选择10 kΩ或100 kΩ，确保阻值测量的准确性。

4）仪表校零

校零是测量电阻器时必不可少的工作，它是将测量仪表的两支测量表笔短接，再按仪表的校零键，从而去除仪表的线阻、内阻和接触电阻所造成的测量误差，提高阻值测量的准确度。

5）阻值测量

按上述步骤完成后，将测量仪表的两个测量表笔分别与电阻器的两端相接触，保持 1～5 s，在测量仪表的显示屏上即可显示出被测电阻的阻值。

2．电阻器电阻温度特性的检测步骤

1）产品安装

电阻器电阻温度特性的检测一般分为破坏性检测或非常破坏性检测两种，其产品的安装方式也有所不同。一种为焊接后检测，即将产品安装在规定的电路板上，通过引出引线进行检测；另一种方式就是采用压力式接触夹具，即将产品采用机械的方式进行固定，但不损伤电阻器的引线，通过对固定夹具引出导线，最终达到对电阻器进行测量电阻温度特性的目的。

2）检测仪表选择

在对电阻器标称阻值的检测过程中，根据阻值的大小、精度的高低对仪表进行选择。

3）试验温度的选择

对电阻温度特性进行检测，最重要的是对温度的选择，一般电阻温度特性选择 – 55 ℃ 和 125 ℃，而决定试验温度的关键就是试验箱的性能，通常要求试验箱的温度误差为 ± 2 ℃。

4）阻值测量

将测量仪表的两个表笔分别与电阻器两端的引出线相接触，分别在负温（– 55 ℃）下和正温（125 ℃）下对电阻器的阻值进行测量。同样，在测量电阻值之前必须对仪表进行校零，确保所测量的电阻温度特性值的准确性。

5）电阻温度特性值计算

根据式（2-1），分别计算在负温下和正温下的 RTC 值。

2.3.4 检测结果及不确定度评定

根据电阻阻值和电阻温度特性的测量标准，将所测量的结果进行对比，看其是否在标准或用户要求所规定的范围之内，从而判定所测量的技术参数是否合格。

第3章 电容器的检测

3.1 电容器的基础知识

1. 电容器的基本概念

电容器是由两个相互靠近的金属电极板，中间夹一层电介质构成的。从物理学上讲，它是一种静态电荷存储介质。电容（或称电容量）则是表征电容器容纳电荷本领的物理量。电容器的两极板间的电势差增加 1 V 所需的电量，叫做电容器的电容。电容器是一种针对交流信号进行处理的元器件，利用电容器对不同频率交流信号呈现的容抗变化，构成各种功能的电容电路。

2. 电容器的作用

电容器的作用是储存电荷、隔直、耦合交流信号，具体应用为：

（1）并联于电源两端用作滤波。

（2）并联于电阻两端旁路交流信号。

（3）串联于电路中，隔断直流通路，耦合交流信号。

（4）与其他元件配合，组成谐振回路，产生锯齿波、定时等。

3. 电容器的符号（见图 3.1）

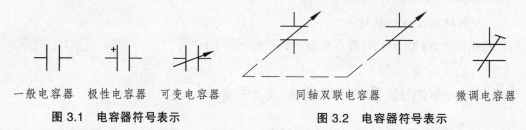

一般电容器　　极性电容器　　可变电容器　　　　　同轴双联电容器　　　　　　微调电容器

图 3.1　电容器符号表示　　　　　　　　　　**图 3.2　电容器符号表示**

3.2 电容器的型号和命名

国产电容器的型号一般由四部分组成（不适用于压敏、可变、真空电容器），依次分别代表主称、介质材料、类别和序号，如表 3.1 所示。

表 3.1　国产电容型号命名及含义

第一部分：主称		第二部分：介质材料		第三部分：类别					第四部分：序号
字母	含义	字母	含　义	数字或字母	含　义				
					瓷介电容器	云母电容器	有机电容器	电解电容器	
C	电容器	A	钽电解	1	圆形	非密封	非密封	箔式	用数字表示序号，以区别电容器的外形尺寸及性能指标
		B	聚苯乙烯等非极性有机薄膜（常在"B"后面再加一个字母，以区分具体材料，例如"BB"为聚丙烯，"BF"为聚四氟乙烯）	2	管形	非密封	非密封	箔式	
				3	叠片	密封	密封	烧结粉非固体	
		C	高频陶瓷	4	独石	密封	密封	烧结粉，固体	
		D	铝电解	5	穿心		穿心		
		E	其他材料电解	6	支柱等				
		G	合金电解	7				无极性	
		H	纸膜复合	8	高压	高压	高压		
		I	玻璃釉	9			特殊	特殊	
		J	金属化纸介	G	高功率型				
		L	涤纶等极性有机薄膜（常在"L"后面再加一字母，以区分具体材料。例如："LS"聚碳酸酯）	T	叠片式				
		M	铌电解	W	微调型				
		O	玻璃膜						
		Q	漆膜	J	金属化型				
		T	低频陶瓷						
		V	云母纸	Y	高压型				
		Y	云母						
		Z	纸介						

3.3　电容器的容量标示

电容器的单位是法拉，用 F 表示，法拉这一单位太大，平时使用微法（用 μF 表示）和皮法（用 pF 表示），三者换算关系如下：$1\,\mu F = 10^6\,pF$，$1F = 10^6\,\mu F = 10^{12}\,pF$。

1. 直标法

用数字和单位符号直接标出。如 1 μF 表示 1 微法，有些电容用 "R" 表示小数点，如 R56 表示 0.56 微法。

2. 文字符号法

用数字和文字符号有规律的组合来表示容量。如 p10 表示 0.1pF，1p0 表示 1pF，6p8 表示 6.8pF，2 μ2 表示 2.2 μF。

3. 色标法

用色环或色点表示电容器的主要参数，如图 3.2 所示。电容器的色标法与电阻相同。

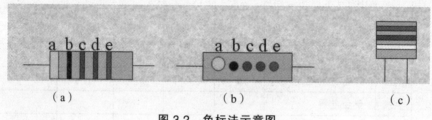

图 3.2　色标法示意图

电容器偏差标志符号：H 表示 + 100% ~ 0；R 表示 + 100% ~ 10%；T 表示 + 50% ~ 10%；Q 表示 + 30% ~ 10%；S 表示 + 50% ~ 20%；Z 表示 + 80% ~ 20%。

3.4　电容器的分类

电容器种类繁多，有按介质材料分的，也有按容量是否可变分的。

1. 介质材料分类

（1）有机介质：复合介质、纸介质、塑料介质（涤纶、聚苯乙烯、聚丙烯、聚碳酸酯、聚四氟乙烯）、薄膜复合。

（2）无机介质：云母电容、玻璃釉电容（圆片状、管状、矩形、片状电容、穿心电容）、陶瓷（独石）电容。

（3）气体介质：空气电容、真空电容、充气电容。

（4）电解质：普通铝电解、钽电解、铌电解。

2. 容量是否可调分类

（1）固定电容器。

（2）可变电容器（空气介质、塑膜介质）。

（3）微调电容器（陶瓷介质、空气介质、塑膜介质）。

3.5　电容器的主要参数

1. 标称容量与允许误差

实际电容量和标称电容量允许的最大偏差范围，一般分为 3 级：Ⅰ 级 ± 5%，Ⅱ 级 ± 10%，Ⅲ 级 ± 20%。在有些情况下，还有 0 级，误差为 ± 20%。

精密电容器的允许误差较小，而电解电容器的误差较大，它们采用不同的误差等级。

常用的电容器其精度等级和电阻器的表示方法相同。

2. 额定工作电压

额定工作电压是指，在规定的工作温度范围内，电容器在电路中连续工作而不被击穿的加在电容器上的最大有效值，又称耐压。对于结构、介质、容量相同的器件，耐压越高，体积越大。

3. 温度系数

电容的温度系数是指在一定温度范围内，温度每变化 1 ℃，电容量的相对变化值。一般常用 α_C 表示电容器随温度变化的特性：

$$\alpha_C = \frac{1}{C} \cdot \frac{C_2 - C_1}{t_2 - t_1} = \frac{1}{C} \cdot \frac{\Delta C}{\Delta t} \tag{3-1}$$

一般情况下，温度系数越小越好（见表 3.2）。

表 3.2　电容额定电压系列（单位：V）

1.6	4	6.3	10	16
25	（32）	40	（50）	63
100	（125）	160	250	（300）
400	（450）	500	630	1 000
1 600	2 000	2 500	3 000	4 000
5 000	6 300	8 000	10 000	15 000
20 000	25 000	30 000	35 000	40 000
45 000	50 000	60 000	80 000	100 000

注：带括弧者仅为电解电容所用。

4. 漏电流和绝缘电阻

由于电容器中的介质并非完全的绝缘体，因此，任何电容器工作时，都存在漏电流。漏电流过大，会使电容器性能变坏甚至失效，电解电容还会爆炸。

绝缘性能常用绝缘电阻表示，一般电容器绝缘电阻都在数百 MΩ到数 GΩ数量级。相对而言，绝缘电阻越大越好，漏电电流越小。

5. 损耗因数

在电场的作用下，电容器在单位时间内发热而消耗的能量即为损耗。这些损耗主要来自介质损耗和金属损耗。包括有功损耗 P 和无功损耗 P_q。有功损耗与无功损耗之比即为损耗因数，通常用损耗角正切值 $\tan\delta$ 来表示。$\tan\delta$ 越小，则电容质量越好，一般为 $10^{-4} \sim 10^{-2}$ 数量级。

6. 频率特性

电容器的频率特性是电容器的电参数随电场频率而变化的性质。

在高频条件下工作的电容器，由于介电常数在高频时比低频时小，电容量也相应减小，损耗也随频率的升高而增加。另外，在高频工作时，电容器的分布参数，如极片电阻、引线和极片间的电阻、极片的自身电感、引线电感等，都会影响电容器的性能。这使得电容器的使用频率受到限制。

不同品种的电容器，最高使用频率不同。小型云母电容器在 250 MHz 以内；圆片型瓷介电容器为 300 MHz；圆管形瓷介电容器为 200 MHz；圆盘形瓷介可达 3 000 MHz；小型纸介电容器为 80 MHz；中型纸介电容器只有 8 MHz。

3.6 常见电容器介绍

1. 纸介电容器

纸介电容器用两片金属箔做电极，夹在厚度为 0.008 ~ 0.012 mm 的电容纸中，卷成圆柱形或者扁柱形芯子，然后密封在金属壳或者绝缘材料（如火漆、陶瓷、玻璃釉等）壳中制成。纸介电容外形如图 3.3 所示。

型号分类：

（1）CZ32 型瓷管密封纸介电容器；

（2）CZ40 型密封纸介电容器；

（3）CZ82 型高压密封纸介电容器。

优点：比率电容大，电容范围宽，工作电压高，制造工艺简单，价格便宜，体积较小，能得到较大的电容量。

缺点：稳定性差，固有电感和损耗都比较大，只能应用于低频或直流电路，通常不能在高于 3 ~ 4 MHz 的频率上运用，目前已被合成膜电容取代，但在高压纸介电容中还有一席之地。

图 3.3　纸介电容器

注：① 金属化纸介电容结构和纸介电容基本相同，它是在电容器纸上覆上一层金属膜来代替金属箔。金属化纸介电容体积小，容量较大，多用在低频电路中。

② 油浸纸介电容是把纸介电容浸在经过特别处理的油里，能增强它的耐压。其特点是电容量大、耐压比普通纸质电容器高，稳定性较好，适用于高压电路，但体积较大。

2. 云母电容器

云母电容器可分为箔片式和被银式。用金属箔或在云母片上喷涂银层做电极板，极板和云母一层一层叠合后，再压铸在胶木粉或封固在环氧树脂中即可制成，形状多为方块状。

优点：采用天然云母作为电容极间的介质，耐压高，性能相当好，介质损耗小，绝缘电阻大，温度系数小。

缺点：由于受介质材料的影响，容量不能做得太大，一般在 10 ~ 10 000 pF，且造价相对其他电容要高。

应用：云母电容是性能优良的高频电容之一，广泛应用于对电容的稳定性和可靠性要求高的场合，并可用作标准电容器。

3. 有机薄膜电容器

薄膜电容器结构和纸介电容相同，是以金属箔作为电极，将其和聚乙酯，聚丙烯，聚苯乙烯或聚碳酸酯等塑料薄膜从两端重叠后，卷绕成圆筒状的构造。

根据塑料薄膜的种类又被分别称为聚乙酯电容（又称 Mylar 电容），聚丙烯电容（又称 PP 电容），聚苯乙烯电容（又称 PS 电容）和聚碳酸电容。

薄膜电容器具有很多优良的特性，是一种性能优秀的电容器。其主要特性如下：无极性，绝缘阻抗很高，频率特性优异（频率响应宽广），而且介质损失很小；容量范围为 3 pF ~ 0.1 μF，直流工作电压为 63 ~ 500 V，漏电电阻大于 10 000 Ω。

应用：薄膜电容器被大量使用在模拟电路上。尤其是在信号交链的部分，必须使用频率特性良好，介质损失极低的电容器，方能确保信号在传送时，不致有太大的失真情形发生。近年来音响器材为了提升声音的品质，PP 电容和 PS 电容被使用在音响器材的频率与数量越来越高。

4. 电解电容器

电解电容器以金属作为正极，以电解质作为负极，以金属氧化膜作电介质。其使用温度一般为 – 200 ~ 850 ℃。电解电容器外形如图 3.4 所示。

电解电容器有以下几种：

（1）铝电解电容 CD：以铝为正极，液体电解质作负极，氧化铝膜为介质，温度范围多为 – 20 ~ 850 ℃。温度超过 850 ℃ 时，漏电流增加；低于 – 200 ℃ 时，容量变小，耐压为 6.3 ~ 450 V，容量 10 ~ 680 μF。目前已生产出无极性铝电解电容，如 CD71、CD03、CD94。价廉，用途广。

图 3.4 电解电容器

（2）钽电解电容 CA：寿命、可靠性好于铝电解电容等，体积小于铝电解电容等，上限温度可达 2 000 ℃，但耐压不超过 160 V，价格贵。

（3）铌电解电容器：介电常数大于钽电解电容器，体积更小，稳定性比钽稍差。

5. 可变电容器

可变电容器以空气或固体薄膜为介质，以两组相互平行的金属片作为电极，固定不动的一组称为定片，能随转轴一起转动的一组叫做动片。

常用的可变电容器有以下几种：

（1）空气介质可变电容器 CB。

空气介质可变电容器空气为介质，以两组金属片作电极，动片可随轴旋转 180°，根据金属片的形状，可做成直线式（电容直线式，波长直线式，频率直线式）、对数电容式等。

可做成单联、双联或多联，每联的最外层一片定片有预留的几个细长缺口，在使用时，通过改变与动片的间距，达到微调的目的，以获得较好的同轴性。

（2）固体介质可变电容器 CBG 或 CBM。

固体介质可变电容器常以云母和聚苯乙烯薄膜作为介质，体积小，质量轻，常用于收音机，可做成等容、差容、双联、三联和四联电容器。

6. 贴片陶瓷电容器（见图 3.5）

（1）精度误差：在 ± 0.1 pF ~ + 80% / – 20%。

（2）耐压 6.3 ~ 630 V，应用于电子设备、移动通信设备、办公自动设备、自动电子、检测设备、混合集成电路等。

（3）陶瓷薄片层绝缘，先进的分层技术，使高层的元件具有较高的电容值。

（4）单体结构使之具有良好的机械性能，可靠性极高。

（5）良好的尺寸精度保证了自动安装的准确性。

图 3.5　贴片陶瓷电容器

7. 玻璃釉电容器

玻璃釉电容器的介质是由玻璃釉粉加压制成的薄片。釉粉有不同的配制工艺方法，因而可获得不同性能的介质，也就可以制成不同性能的玻璃釉电容器。玻璃釉电容器具有介质介电系数大、体积小、损耗较小等特点，耐温性和抗湿性也较好。

玻璃釉电容器适用于半导体电路和小型电子仪器中的交、直流电路或脉冲电路。

8. 涤纶电容器

涤纶电容器如图 3.6 所示，它用两片金属箔做电极，夹在极薄绝缘介质中，卷成圆柱形或者扁柱形芯子，介质是涤纶。涤纶薄膜电容，介电常数较高，体积小，容量大，稳定性较好，适宜做旁路电容。

额定温度：+ 125 ℃；

标称值偏差：± 5%（j）、± 10%（k）；

耐电压：2ur（1s）；

绝缘电阻：≥30 000 Ω；

图 3.6　涤纶电容器

损耗角正切：≤ 0.01（1 kHz）；

优点：精度、损耗角、绝缘电阻、温度特性、可靠性及适应环境等指标都优于电解电容、瓷片电容。

缺点：容量、价格比及体积比都大于以上两种电容。

用途：（1）程控交换机等各种通信器材，视听、影音设备等；

（2）直流和 vhf 级信号隔直、旁路、耦合电路；

（3）滤波、降噪、脉冲电路中。

9. 新型电容器

随着新技术、新工艺、新材料的开发和应用，各种各样的新型电容器也不断地涌现出来，并实现了商业化和规模化生产。从技术发展路线看，新型电容器主要由先进的集成技术、封装技术和制造技术以及新兴纳米材料技术等发展方向演变而出。无论是什么类型的新型电容器，薄膜的、陶瓷的、电解质的还是电化学的，万变不离其宗，这些电容器均未脱离法拉第电容的基本原理。以下简单介绍片上电容器、超级电容器等几种较为典型的新型电容器。

集成化新型电容器主要有片上电容器（Capacitors on Chip），这种类型的电容器主要是通过溅射、化学气相沉积等方法，将薄膜电介质材料制备到硅基上，嵌入到集成电路芯片中。片上电容器在高速集成电路中的主要作用是退耦（Decoupling），其主要特点是电容量不大，一般在 pF 级，但工作频率可达到 GHz。集成化新型电容器除了片上电容器外，还有一种重要的类型，就是嵌入式电容器（Embedded Capacitors）。和片上电容器类似，嵌入式电容器通过各种印刷、烧结等方法将电容材料"埋入"电路板中，片上电容器是集成在芯片中，而嵌入式电容器只不过是集成在电路板罢了。通常地，这类电容器已和芯片或电路板集成为一个整体，无法对其进行单独的测试。

随着可再生能源技术发展需求，作为储能作用的超级电容器（Supper Capacitors）是电容器发展的一个重要方向，各种超大容量新型电容器也因此不断涌现出来，主要表现为容量超大，NESS 公司开发的超级电容器单只电容量已达到 5 000 F。电极材料是超级电容器的关键材料，决定着电容器的主要性能指标，如能量密度、功率密度和循环稳定性等。因此，各种新型电极材料的应用自然成为超级电容器推陈出新的主要途径。目前，纳米结构的活性炭、碳纳米管、氧化钌、聚苯胺等已经被用于超级电容器的电极材料，但其性能指标很难满足不断发展的微型能源系统的实际使用要求。

近日，美国加州大学洛杉矶分校工程及应用科学学院理查德·卡奈尔教授研究团队开发了以石墨烯为基础的新型微型超级电容器，该电容器不仅具有小巧的外形，更重要的是可以在极短的时间内完成充电，其充放电的速度比标准电池快数百倍甚至上千倍。

3.7 固定电容器的主要特性

电容器的特性比电阻器要复杂得多，电路分析中，对电容器作用的分析也相当困难。掌握电容器的特性是分析有电容器电路参与电路工作原理的关键所在，很多情况下对电路工作原理的分析不正确或者根本无从下手，其主要原因就是对元器件的特性不了解，所以掌握电容器的主要特性及其相应变化，是分析有电容器参与电路工作原理的基础。

1）隔直特性

电容器不能让直流电流通过，这是电容器的重要特性之一，这一特性称为电容器的隔直特性。

2）通交特性

电容器有让交流电流通过的特性，称为电容器的通交特性。

3）隔直通交和储能特性

理论上电容器并不消耗能量，电容器中所充到的电荷只会储存在电容器中，只要外电路中不存在让电容器放电的条件，电荷就会一直储存在电容器中，电容器的这一特性称为储能特性。

隔直通交特性就是电容器的隔直特性和通交特性的叠加。电容器在直流电路中，由于电流电压方向不变，待电容器充满电荷之后，电路中便无电流的流动，所以认为电容具有隔直作用。电容器的隔直通交往往联系起来，即电容器具有隔直通交的作用。

4）容抗特性

尽管电容器的作用是通交流、隔直流，但在交流电路中，电容器仍具有一定的阻碍交流电流流动的作用，这种阻碍作用与电容器的电容量成反比关系，电容量越小，阻碍作用越大，电容量越大，阻碍作用越小，这种阻碍作用称为容抗 X_C。

容抗用 X_C 表示，其计算公式如下：

$$X_C = \frac{1}{2\pi f C} \tag{3-2}$$

式中，2π 为常数；X_C 为容抗；f 为交流信号频率；C 为电容器电容。

这一公式表明了容抗、容量和频率三者之间的关系。

3.8　电容器的检测

电容器的常规参数有电容量、损耗角正切、等效串联电感以及直流漏电流（绝缘电阻），特殊参数主要有等效串联电感、自谐振频率等。下面介绍电容器各种参数的测量方法。

3.8.1　电容器的常规检测

1. 电容量测量

电容量是电容器最基本的参数，表示电容器电荷储存的能力。

电容量有很多的检测方法，根据不同的电容量范围，主要有数字电桥法和充放电法。数字电桥法可称为交流测量法，主要用于测量电容量在 10 万微法以下的电容器。类似的，我们也可称充放电法为直流测量法，主要用于测量电容量在 10 万微法以上的电容器。以下分别介绍两种测试方法所对应的测试仪器和检测方法。

1）电桥法

数字电桥的测量原理基于阻抗测量方法。我们知道，当一个交流回路中含有电阻和电容时，电路对交流电流的阻碍作用表现为两者的综合阻碍作用，这种综合阻碍作用称为阻抗 Z。当电阻 R_s 和电容 C_s 串联连接时，阻抗 Z 的计算表达式为

$$Z = R_s + jX_C = R_s - j\frac{1}{\omega C_s} \tag{3-3}$$

即

$$Z = |Z|\angle\theta = |Z|\cos\theta + j|Z|\sin\theta \tag{3-4}$$

式中，$\omega = 2\pi f$；θ 为相位差。

当电阻 R_p 和电容 C_p 并联连接时，阻碍作用用导纳 Y 表示，Y 的计算表达式为

$$Y = G + jB = G - j\omega C_p \tag{3-5}$$

式中，$Y = 1/Z$，$\omega = 2\pi f$，$B = \omega C_p$，$G = 1/R_p$。

根据待检测元器件实际使用的条件和组合上的差别，设有两种等效电路检测模式：串联模式和并联模式。以安捷伦公司 Agilent 4284A 为例，串联模式以检测元器件的阻抗 Z 为基础，其基本原理如图 3.7 所示；并联模式以检测元器件的导纳 Y 为基础，其基本原理如图 3.8 所示。

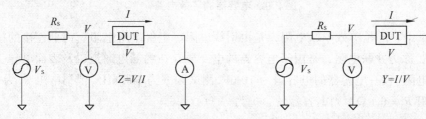

图 3.7　阻抗测量的简化电路模型（串联）　　　图 3.8　阻抗测量的简化电路模型（并联）

图 3.7 和图 3.8 中的 V_s 为仪器内部的正弦波信号源，R_s 为信号源的内阻，V 为数字电压表，A 为数字电流表。除此之外，仪器内部还装有在图中未画出的数字鉴相器。当用户将待测元器件（DUT）接到仪器的测试端口上之后，数字电流表将测出流过待测元器件的电流 I，数字电压表将测出待测元器件两端的电压 V，数字鉴相器将测出电压与电流 I 之间的相位角 θ。检测结果被存储在仪器内部微型计算机的三个存储单元中。有了 V、I、θ 三个数据，LCR 仪器内部的 MCU 计算机系统就会根据测量出来的数据自动地算出用户所要检测的参数。

在 LCR 测试仪中，一般可以选择两个参数同时测量，一个称为主参数，另一个称为副参数，副参数通常称为寄生参数。对于电容器，可以选择的常规的阻抗参数有电容量、损耗角正切和等效电阻，其具体的搭配方式和计算方法如表 3.3 所示。

表 3.3　电容器组合参数的计算模式和计算内容

选择参数		计算模式	计算方法
C_p	D	并联	$\lvert Y \rvert = I/V$，$C_p = \lvert Y \rvert \sin\ (\theta/2\pi f)$，$D = \tan\theta$
C_p	Q	并联	$\lvert Y \rvert = I/V$，$C_p = \lvert Y \rvert \sin\ (\theta/2\pi f)$，$Q = 1/\tan\theta$
C_p	G	并联	$\lvert Y \rvert = I/V$，$C_p = \lvert Y \rvert \sin\ (\theta/2\pi f)$，$G = \lvert Y \rvert \cos\theta$
C_p	R_p	并联	$\lvert Y \rvert = I/V$，$C_p = \lvert Y \rvert \sin\ (\theta/2\pi f)$，$R_p = 1/\ (\lvert Y \rvert \cos\theta)$
C_s	D	串联	$\lvert Z \rvert = V/I$，$C_s = \lvert Z \rvert \sin\ (\theta/2\pi f)$，$D = \tan\theta$
C_s	Q	串联	$\lvert Z \rvert = V/I$，$C_s = \lvert Z \rvert \sin\ (\theta/2\pi f)$，$Q = 1/\tan\theta$
C_s	R_s	串联	$\lvert Z \rvert = V/I$，$C_s = \lvert Z \rvert \sin\ (\theta/2\pi f)$，$R_s = \lvert Z \rvert \cos\theta$

从表 3.3 可以看出，在测量电容器的各类阻抗参数时，可以选择的计算模式（等效电路模式）有并联模式和串联模式。对于相同的电容器，选择不同的计算模式将会得到不同的测量结果，因此应根据被测电容器的容量大小选择相应的计算模式。以下简单介绍一下电容器组合参数的选择方法。

在工程实际中，电容器并不是理想的纯电容，而是伴有等效串联电阻、等效并联电阻以及等效串联电感等寄生参数。在不考虑等效电感的条件下，单个电容器的等效电路如图 3.9 所示。

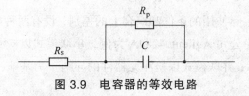

图 3.9　电容器的等效电路

在图 3.9 中，R_s 是等效串联电阻，是由引线电阻、电极本身电阻、内部连接的接触电阻等组成的。R_p 称为并联电阻，是由于电容器的电介质存在的漏电通道以及表面电导引起，也可称为泄漏电阻。设一电容器的电容量为 10 μF，测试频率为 100 kHz，泄漏电阻 R_p 为 10 MΩ，等效串联电阻 $R_s = 0.1\ \Omega$，则电容器的容抗为

$$X_C = 1/(\omega C) = 1/(2\pi f C) = 0.159\ \Omega \qquad (3\text{-}6)$$

由于 R_p 与 X_C 的连接关系是并联，且 R_p 远远大于 X_C，R_p 对于 X_C 的分流作用几乎为零，因此 R_p 对 C 的影响完全可以忽略。而 R_s 与 X_C 的连接关系是串联，$R_s = 0.1\ \Omega$，其量值与 X_C 相当，对 X_C 具有较大的影响，因此不能忽略 R_s 对 X_C 的影响，即在选择测量计算模式时，应该选择串联模式，即对于大容量电容器，在测量其电容量时，应选择 C_s 计算模式，否则测量到的数据会有较大的误差。根据安捷伦公司的推荐，当在规定测试频率下电容器的阻抗值小于 1 kΩ 时选择串联模式，当阻抗值大于 10 kΩ 时选择并联模式。对阻抗值 1 ~ 10 kΩ 的电容器，可根据生产厂家的建议选择计算模式。

2）充放电法

根据 IEC 标准，目前法拉级双电层电容器主要有两种测量方法，一种是恒电流放电法，

一种是恒电阻充电法。两种方法的不同之处在于恒流放电法的计算数据来源于放电周期，而恒电阻充电法是通过对电容器充电期间的电压、时间参数进行测量获得。两种测量方法均基于时间常数与电容量的关系进行测量，即

$$\tau = RC \tag{3-7}$$

式中，R 是充放电回路电阻，C 是电容量，τ 是时间常数。

（1）恒电流放电法。

恒电流放电法的测试原理是根据电容器的放电时间常数确定的。当电容器放电时，其放电时间常数 τ 与电容量 C 之间的关系服从关系式（3-7）。放电时，回路电阻 R 为

$$R = u(t)/i(t) \tag{3-8}$$

将公式（3-7）、公式（3-8）合并，得电容量 C 为

$$C = \tau/R = \tau \cdot i(t)/u(t) \tag{3-9}$$

在电容器放电过程中，某时刻 t_1 对应电压为 U_1，达到 t_2 时刻其电压为 U_2，则经历的时间 Δt 为

$$\Delta t = t_2 - t_1 \tag{3-10}$$

电压差 ΔU 为

$$\Delta U = U_1 - U_2 \tag{3-11}$$

当放电电流取恒定值 I 时，由公式（3-9）可得

$$C = I \cdot (t_2 - t_1)/(U_1 - U_2) \tag{3-12}$$

式中　C——电容量，F；

　　　I——放电电流，A；

　　　U_1——起始测量放电电压，V；

　　　U_2——终止测量放电电压，V；

　　　t_1——起始测量时间，s；

　　　t_2——终止测量时间，s。

根据公式（3-12），可以得到如图 3.10 所示的测试电路原理图。

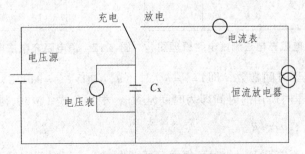

图 3.10　恒电流放电法测试电路原理图

测试时，先对电容器进行充电，充电达到额定电压并经过规定的时间后，对电容器进行恒流放电，放电过程中实时监测并记录放电电流和被测样品电压，放电一定时间后锁定测试时间点的电压和电流，根据公式（3-11）计算被测样品的电容量。

根据恒流放电法，很容易搭建超大容量测试系统，组成一个法拉级超大容量测试系统需要直流充电电压源、电压表、电流表和恒流放电器。对于充电电压源，由于超大容量电容器的电压一般为 2～5 V，属于低压，因此选择低压精密直流电源，电压输出精度为 ±1 mV。根据测试原理，电压表应选择带有时间记录功能的仪器，可使用示波器或者专用电压数据采集模块，以记录电压随时间变化的曲线。直流电子负载则作为电流表和恒流放电器，用于设定放电电流值并进行恒流。

对于恒流放电法，除了自行搭建测试系统外，目前也有了商业化的测试仪器设备，性能比较好的是日本菊水公司的 PFX2400 型超级电容测试仪，最大可以同时测量 12 个通道的超级电容器。

（2）恒电阻充电法。

恒电阻充电法的测试原理是根据电容器的充电时间常数与电容量的关系确定的。当电容器充电时，其充电时间常数 τ 与电容量之间的关系服从关系式（3-7），因此很容易设计合适的电路进行测试，测试电路较为简单，采用一般的 RC 电路即可实现。IEC 标准推荐的电路框图如图 3.11 所示。

测量前，对电容器短路放电 30 min 以上，确保放电充分。电容器充电时，其两端电压随时间变化的规律服从以下关系式：

$$u_C(t) = E(1 - e^{-t/\tau}) \tag{3-13}$$

其变化规律如图 3.12 所示：

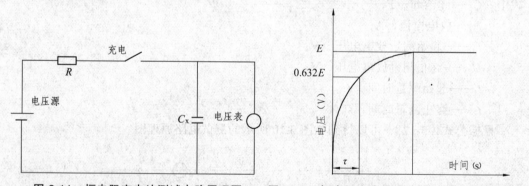

图 3.11   恒电阻充电法测试电路原理图   图 3.12   恒电阻充电法电容器两端电压变化曲线

当充电时间等于时间常数，即 $t = \tau = RC$ 时，$u_C = E(1 - e^{-1}) = 0.632E$。也就是说，当电压达到 0.632 倍起始电压时所用的时间即为时间常数 τ，根据公式（3-7）得

$$C = \tau / R \tag{3-14}$$

由于阻值 R 已预先设定，此时可根据公式（3-14）计算出电容量。在选择充电电阻 R 的阻值时，应使时间常数 τ 在 60.～120 s。

通过对测试原理进行分析可知，决定测试精度的因素主要有起始电压（即样品是否放电充分）、电阻精度、电压精度和时间测量精度。该法测试前需要对电容器进行长时间的放电，同样存在测量时间长的问题。与此同时，在测量不同电容量范围的产品时，需要配置阻值不同的充电电阻器。此外，由于充电曲线按指数规律变化，是非线性曲线，势必会存在较大的取值误差，且对电压测量精度也有较高的要求。相对于恒电流放电法，该测试方法的优点是测试电路相对简单。

2. 损耗角正切或品质因数的检测

损耗角正切（$\tan\theta$）是表征电容器消耗有功功率的电气参数。对于容量在 pF 级的电容器，由于其损耗特别小，一般用品质因数 Q 表示。两种直接的关系为

$$Q = 1/\tan\theta \tag{3-15}$$

对损耗角正切或品质因数，其测量方法主要是阻抗测量法，一般是作为 LCR 测试仪的辅助参数，和电容量一起测量与显示，其具体的测试原理这里就不再赘述。

3. 等效电阻的检测

等效电阻分为等效串联电阻和等效并联电阻，其测量原理和方法参考电容量的测试。测试时，等效电阻一般作为副参数和电容量一起测量和显示。

由于电容量、损耗角正切、品质因数以及等效电阻等参数均属于阻抗参数，一般都使用同一台仪器完成测试工作，常用的测试仪器主要是 LCR 测试仪，典型的仪器型号国外的有美国安捷伦公司的 4263B、4284A 以及 4980A 等，日本日置公司的 3532 型，国内做得较好的有江苏常州同惠的 TH 系列 LCR 测试仪。总的来说，安捷伦公司的 LCR 测试仪技术水平最高，测量精度和稳定性较好，是阻抗参数测试的首选。近年来国内 LCR 测试仪的技术水平得到了较大的提升，与国外品牌相比，其主要优势是价格不高，在对测试精度和稳定性要求不高的场合完全可以满足要求。

上述仪器是专业的测试仪器，在条件不允许的情况下，也可以使用简易仪器对电容器进行测量，比如带电容量测试功能的数字多用表，或者手持式电容表。这些仪器的优点是携带方便，价格便宜，但是测量范围和测量精度不高，不适用于专业的场合。

对于专业的 LCR 测试仪，在对电容器的电容量、损耗角正切、品质因数、等效电阻等阻抗类参数进行测量时，要注意以下事项：

（1）测试条件的选择。

测试前应按照相应的标准规范设定仪器的测试频率、测试信号电压、直流偏置电压、积分时间，并选取合适的计算模式。对于不同的电容器类型，一般选取不同的测试条件。测试频率选择为：电解电容器：100 ~ 120 Hz；其他电容器：$C_a < 1$ nF，100 kHz，1 MHz 或 10 MHz（<1 MHz 应是基准的）；1 nF<C_a<10 μF，1 kHz 或 10 kHz（1 kHz 应是基准的）；$C_r > 10$ μF，50 Hz（60 Hz）或 100 Hz（120 Hz）。测试信号电平一般均设定为 1 Vrms，对于有极性的电容器，则需要设定 1 ~ 2 V 的直流偏置电压，以避免反向电压。

（2）测量夹具的选择。

主要考虑测量夹具探头与电容器引出端的匹配，测量夹具的频率范围以及温度范围。例如，对片式元件和有引线元件，应选取不同的测量夹具，同时不同的测量夹具其频率范围也不相同，带引线式的测量夹具和无引线的测量夹具频率范围相差很大，带 0.5 m 引线的测量夹具一般的测量频率上限为 100 kHz，无引线的夹具则可以达到 10 MHz。

（3）清零校准。

对于专业的 LCR 测试仪，一般都具有清零校准的功能，因此在测试前应分别进行开路和短路清零，以消除测试夹具引线分布电容和接触电阻等带来的误差，从而使得测量结果更准确。短路清零和开路清零的具体方法一般在仪器的操作手册里有说明，这里就不再详述。

4. 漏电流的测试

对于实际的电容器，其电介质在制造的过程中会因为各种原因导致各种缺陷，因而并不是完全绝缘的。当在电容器的两端施加电压时，电容器会流过很小的电流，一般称为漏电流。不同类型的电容器漏电流水平不尽相同，即使是同种类型的电容器，当电压值、容量值不同时，漏电流值也会有较大的差异。由于电容器的主要作用是通交流隔直流，漏电流的存在会在一定程度上影响阻隔直流的作用，因此漏电流是电容器的一个极为重要的技术指标，对漏电流的测量也显得尤为重要。

漏电流的测试原理相对于阻抗类参数而言相对简单，即由一个稳定的直流电源，对电容器两端施加规定的直流电压，通过一个串联在回路中的 5 位半或 6 位半数字多用表对其回路电流进行测量，测量所得到的值即为电容器的漏电流值，其测试原理框图如图 3.13 所示。

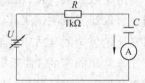

图中 V 为可调直流稳压电源，A 为电流表，C 为被测电容器，为了限制充电电流，一般在测试回路中串联一个限流电阻 R，取值 1 kΩ。对于测试漏电流用的直流稳压电源，一般要求其稳定度高，电压的波动不应导致电容器漏电流读数

图 3.13　漏电流测试原理框图

的变化。根据漏电流测试原理框图，可以自行搭建一个比较专业的电容器漏电流测试系统。电源 V 选用精密可调直流电源，电流表选 5 位半的数字多用表，电流表的分辨率可根据被测电容器的漏电流范围选择，一般要求达到纳安级。可以满足该要求的数字多用表较多，如吉时利公司的 2400 系列、安捷伦公司的 3446X 系列、福禄克公司的 8045 系列等，以及国产普源精电的 DM3068 系列均是较好的选择。至于直流电源，可以选择的型号很多，可以根据电压范围、测试精度等指标选定。

对于漏电流的测量，除了选择直流电源 + 数字多用表的测试方案外，还可以选择专用的漏电流测试仪器完成漏电流的测试任务。这些专门设计的漏电流测试仪集成了直流电源和数字多用表的功能，由于是专门用作漏电流测试，除去了直流电源和数字多用表中的多余功能，因而成本上具有较大的价格优势。国内同惠公司的 268X 系列漏电流测试仪就是典型的专用漏电流测试仪，此外，也可以采用内置电压源的数字多用表作为漏电流测试仪。

测量漏电流时，应该注意以下问题：

（1）充电时间。

流过电容器的电流与时间有如下的关系：

$$i(t) = U/R \times e^{-t/RC} + U/R_p \tag{3-16}$$

式中，U 为测试电压；R 为回路电阻；R_p 为电容器的泄漏电阻；C 为被测电容器的电容量。根据公式（3-16），流过电容器的电流由两部分组成：第一部分是电容器的介质吸收电流，随时间变化。第二部分是介质本身的泄漏电流即漏电流，不随时间变化，是一个恒定值。

从该公式可看出，在充电瞬间，回路电流最大，随着充电时间的延长，该电流呈指数下降，最后趋于零，剩余的不随时间变化的电流部分即为电容器的漏电流值。由此可见，充电时间的不同可能得到不同的漏电流值，因此在测试时应注意充电时间的选择，一般来说，电容量越大，充电时间应越长，否则测试出的电流值并不是电容器最终的漏电流值。对于电解电容器，一般设定充电时间为 5 min。

（2）测试电压。

由公式（3-16）可以看出，漏电流与测试电压成正比关系，测试电压越高，电流值也就越大。因此，在测试漏电流时，应根据被测电容器的额定电压值选择合适的测试电压，避免造成错误判断。

（3）环境温度。

电容器的漏电流与环境温度有密切的关系，一般在常温条件下（25±5）℃ 进行测量。随着环境温度的升高，漏电流会增大。有些特殊的应用会要求电容器具有较低的高温漏电流，因此在测试时根据需要选择合适的环境温度是非常重要的。

（4）绝缘电阻的测试。

绝缘电阻从原理上讲和漏电流属于同一个参数的不同表述，均用于表示电容器电介质的绝缘性能，只是绝缘电阻用电阻参数表示，而漏电流用电流参数表示而已。对于无极性、小容量（如 pF、nF 级）电容器，由于其漏电流非常小，使用电流法表示时不是很方便和直观，因此使用绝缘电阻参数表示其泄漏性能。绝缘电阻与电压和漏电流的关系如下：

$$R_p = U/I \tag{3-17}$$

式中，R_p 为电容器的绝缘电阻；U 为测试电压；I 为漏电流。

由于绝缘电阻参数与漏电流参数同属一个参数，测试注意事项与漏电流测试相同。绝缘电阻测试可供选择的厂家和仪器型号较多，读者可根据测试电压范围、测试电阻范围自行查询。

3.8.2　电容器的特殊检测

电容器除了电容量、损耗角正切（品质因数）、等效串联电阻、漏电流（绝缘电阻）等常规参数外，还有诸如等效串联电感、自谐振频率、温度系数等特殊参数。下面介绍电容器各种参数的测量方法。

1. 等效串联电感（L_s）

作为电容器的特殊参数，L_s 近年来受到越来越多的重视，原因在于各种电子设备的工作频率越来越高，因而对电容器提出了更高的要求，其中一个就是电容器频率特性，而 L_s 是表征电容器频率特性的重要参数之一。

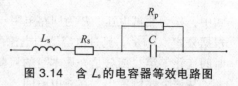

图 3.14　含 L_s 的电容器等效电路图

在图 3.9 中，我们给出了电容器的等效电路，但实际的电容器除了等效串联电阻、泄漏电阻外，还有等效串联电感 L_s，如图 3.14 所示。

L_s 的测量使用电桥方法，其测量原理基于阻抗方法，测试仪器使用 LCR 测试仪，只是在进行测量时应选择 L_s 测量功能，计算模式采用串联模式。

表 3.4　电容器组合参数的计算模式和计算内容

选择参数		计算模式	计算方法
L_s	D	串联	$\lvert Z \rvert = U/I$, $L_s = \lvert Z \rvert \sin(\theta/2\pi f)$, $D = \tan\theta$
L_s	Q	串联	$\lvert Z \rvert = U/I$, $L_s = \lvert Z \rvert \sin(\theta/2\pi f)$, $Q = 1/\tan\theta$
L_s	R_s	串联	$\lvert Z \rvert = U/I$, $L_s = \lvert Z \rvert \sin(\theta/2\pi f)$, $R_s = \lvert Z \rvert \cos\theta$

由于 ESL 一般在谐振频率点以上才体现出来，因此测量频率应比测试电容量时要高，ESL 测量频率的选择一般以高于谐振频率 10 倍为宜。

2. 谐振频率

理想电容的阻抗随着频率的升高而降低，而实际电容的阻抗在频率较低的时候，呈现电容特性，即阻抗随频率的增加而降低，在某一点发生谐振，在这点电容器的等效串联电阻（R_s）、等效串联电感（L_s）和容抗（$1/\omega C$）三者的叠加值最小，该频率点就是谐振频率。在谐振点以上，由于 L_s 的作用，电容阻抗随着频率的升高而增加，这时电容呈现电感的阻抗特性。在谐振频率点以上，由于电容的阻抗增加，对高频噪声的旁路作用随着频率的增加逐步减弱。电容器的谐振频率用以下公式表示：

$$f_0 = 1/(2\pi\sqrt{CL_s}) \tag{3-18}$$

式中　f_0——谐振频率，Hz；
　　　　C——等效电容量，F；
　　　　L_s——等效串联电感，H。

由式（3-18）可见，电容的谐振频率由 L_s 和 C 共同决定，电容值或电感值越大，则谐振频率越低，也就是电容的高频滤波效果越差。L_s 除了与电容器的种类有关外，电容的引线长度是一个十分重要的参数，引线越长，则电感越大，电容的谐振频率越低。因此在实际工程中，要使电容器的引线尽量短。根据 LC 电路串联谐振的原理，谐振点不仅与电感有关，还与电容值有关，电容量越大，谐振点越低。

根据上述分析，谐振频率的测量可以通过测量电容量和 L_s 计算得到，也可以使用阻抗分析仪对电容器的阻抗进行频率扫描测试。

从理论上讲，存在一个谐振频率点，但在实际测试时，很难精确地找到该频率点，更多地表现为一个频率范围，在该频率范围内，电容器的阻抗值最小。

3. 温度系数

电容器的温度系数是指当温度变化 1 ℃时，电容器的相对变化量，用 α 表示，单位为 $10^{-6}/℃$。电容器的温度系数有正温度系数和负温度系数两类，其取决于介质的类型、电容器结构、电极材料等。温度系数 α 的计算方法如下：

$$\alpha = (C_i - C_0)/\ C_0(\theta_i - \theta_0)\qquad\qquad(3\text{-}19)$$

式中，C_i 为试验温度下测得的电容量；C_0 为基准温度（25 ℃）下的电容量；θ_i 为试验温度；θ_0 为基准温度（25 ℃）。

根据公式（3-19），首先在基准温度下测试电容器的电容量，并记录。然后将电容器放置在一个高温箱内，在规定高温下恒定至少 30 min 后，测试并记录该温度下的电容量，将测得的数据代入公式（3-19），即可计算出电容器的温度系数。计算时，应注意把计算结果进行转换，使得其单位为 $10^{-6}/℃$。

3.8.3　阻抗类参数的检测实例

【案例 1】　有一只片式钽电解电容器，额定电压 25 V，标称电容量 10 μF，现要求测量其电容量、损耗角正切、等效串联电阻参数，要求测量误差小于 0.5%。

第一步：根据钽电解电容器的测试标准，选择安捷伦公司的 E4980A 型精密 *LCR* 测试仪，该仪器基本精度为 0.05%，满足要求。

第二步：根据钽电解电容器的测试条件，设定电容量、损耗角正切的测试频率为 100 Hz，测试信号电平 1.0 Vrms，直流偏置电压 2.2 V。

第三步：然后选择计算模式，由于该电容器在 100 Hz 条件下的阻抗为 $Z = 1/(2\pi fC) = 159.2\ \Omega$，根据串联和并联计算模式的选择条件，$Z = 159.2\ \Omega < 1\ \mathrm{k}\Omega$，选择串联计算模式，即选择测试功能项 "*C-D*"。

第四步：选择随仪器配置的顶针式测试夹具，将夹具接到仪器测试接口上，将电容器装入夹具，操作时应注意夹具和电容器的正负极，不要装反。当电容器连接到夹具后，可以看到显示屏显示出测量结果，屏幕中部的第一行为主参数"电容量"，第二行为副参数"损耗角正切"，电容量的单位是 μF，损耗角正切是一个无量纲的参数，在记录数据时，可乘以 100%，变为百分数，例如，损耗角正切显示为"0.015"，我们习惯称损耗角正切值为 1.5%。

【案例 2】　现有一只超级电容器，额定电压 3.0 V，标称电容量 10 F，要求测量其电容量。

由于该电容器电容量为法拉级，不能选用阻抗方法测量原理的 *LCR* 测试仪，此时应选用充放电法的测量仪表。

第一步：根据超级电容器的测试方法，选择精密直流电源、直流电子负载和示波器各一台，测试线若干，按照充放电测试原理图的接线方法连接电容器、电源、电子负载，示波器探头接到电容器两端。

第二步：将电源电压设定为 3 V，电子负载断开，对电容器充电 10 min。

第三步：将电子负载电流设定为 50 mA，断开充电电源，接通电子负载，此时开始放电，用示波器监测放电电压。

第四步：当电容器放电电压低于 1.5 V 时，可以停止示波器数据采集，记录示波器曲线上的关键数据点，即放电曲线上 2.0 V 对应的时间 t_1 和 1.5 V 对应的时间 t_2。

第五步：根据公式 $C = I \times \Delta t / \Delta U = 0.05 \times (t_2 - t_1) / (2.0 - 1.5)$，计算电容量。

【案例 3】　现有一钽电解电容器，规格为 10 V/220 µF，测量其谐振频率。

根据要求，选定安捷伦公司的 E4980A 型精密 LCR 测试仪，为了尽可能降低测量夹具的影响，选用该公司的专用高频无感夹具，对电容器的阻抗进行频率扫描，起始频率为 100 Hz，终止频率为 1 MHz。为了提高测试速度，采用了中国振华新云公司开发的专用频率特性测试软件实现多频自动扫描和曲线绘制。图 3.15 显示出多次测试数据的最大值、最小值和平均值，从测试曲线可以看到，该钽电解电容器的自谐振频率在 400 kHz 左右。

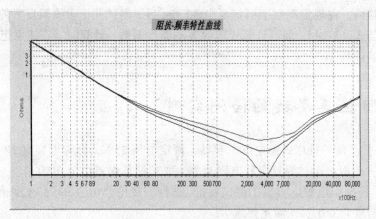

图 3.15　阻抗–频率特性曲线

第 4 章　电感器的检测

4.1　电感器的基础知识

4.1.1　电感器的概述

1. 电感器简介

电感器是一种常用的电子元器件，属于非线性元件，可以储存磁能。由于通过电感的电流值不能突变，所以，电感对直流电流短路，对突变的电流呈高阻态。电感器在电路中的基本用途有：扼流、交流负载、振荡、陷波、调谐、补偿、偏转等。

当电流通过导线时，导线的周围会产生一定的电磁场，并在处于这个电磁场中的导线上产生感应电动势——自感电动势，我们将这个作用称为电磁感应。为了加强电磁感应，人们常将绝缘的导线绕成一定圈数的线圈，我们将这个线圈称为电感线圈或电感器，简称为电感。

2. 电感器工作原理

当电感中通过直流电流时，其周围只呈现固定的磁力线，不随时间而变化。当在线圈中通过交流电流时，其周围将呈现出随时间变化的磁力线。根据法拉第电磁感应定律，变化的磁力线在线圈两端会产生感应电势，此感应电势相当于一个"新电源"。当形成闭合回路时，此感应电势就要产生感应电流。由楞次定律知道，感应电流所产生的磁力线总是力图阻止原来磁力线的变化。由于原来磁力线的变化来源于外加交变电源的变化，故从客观效果看，电感线圈有阻止交流电路中电流变化的特性。电感线圈有与力学中的惯性相类似的特性，在电学上取名为"自感应"，通常在拉开闸刀开关或接通闸刀开关的瞬间，会发生火花，这就是自感现象产生很高的感应电势造成的。

总之，当电感线圈接到交流电源上时，线圈内部的磁力线将随电流的变化而时刻在变化着，致使线圈不断产生电磁感应现象。

4.1.2　电感器的型号和命名

1. 电感器的型号

国产电感器的型号一般由四部分组成，如图 4.1 所示。

第一部分为主称，常用 L 表示线圈，ZL 表示高频或低频阻流圈；

第二部分为特征，常用 G 表示高频；

第三部分为型式，常用 X 表示小型；

第四部分为区别代号，如 LGX 型即为小型高频电感线圈。

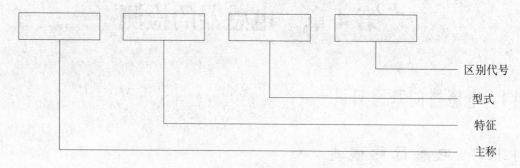

图 4.1　电感器型号组成

2. 电感器的外形及图形符号

各种电感器都具有不同的特点和用途。但它们都是用漆包线、纱包线和镀银裸铜线，并绕在绝缘骨架、铁芯或磁芯上构成的，而且每圈与每圈之间要彼此绝缘。为适应各种用途的需要，电感器制成各式各样的形状。

电感用符号 L 表示。

4.1.3　电感器的主要参数

电感器的主要参数有电感量（L）、允许偏差、阻抗值（Z）、额定电流（I_r）、品质因数（Q）、直流电阻（DCR）、自谐频率（SRF）、标称电流，高频电感还要考虑分布电容等。

1. 电感量（L）

电感量是表示电感器产生自感应能力大小的一个物理量，也称自感系数。电感量的基本单位是亨利，简称亨，用字母"H"表示。在实际应用中，一般常用毫亨（mH）或微亨（μH）作单位。它们之间的相互关系是：1 H = 1 000 mH，1 mH = 1 000 μH。用于不同电路中的电感器，对其电感量的要求也是不同的。例如，用于短波谐振回路中的电感器，其电感量一般为几微亨；用于中波电路中的电感器，其电感量为几百微亨；用于稳压电源电路中的电感器，其电感量为几亨至几十亨。

电感量 L 与所选用的材料性能（μ）、电感器的结构（N、A_e、l_e）有关，电感量的大小主要决定于线圈的直径、匝数及有无铁芯等。

电感量的计算公式如下：

$$L = \mu N^2 \frac{A_e}{l_e}$$

式中　μ 为材料的磁导率；N 为线圈的圈数；A_e 为有效磁通面积；l_e 为有效磁路面积。

2. 允许偏差

允许偏差是指电感器上标称的电感量与其实际电感量的允许误差值。不同用途的电感器，其电感量的允许偏差也是有所不同的。一般用于振荡器谐振回路或滤波电路中的电感器，其电感量的允许偏差为 ±0.2%～±0.5%。可见，这种电路对电感量的精度要求较高；而在电路中起高频阻流及耦合作用的电感器，其电感量允许偏差为 ±10%～±15%。显然，这种电路对电感量允许偏差的要求是比较低的。

3. 额定电流（Ir）

额定电流是电感器在正常工作时所允许通过的最大电流，是由基于该电感器、磁珠在最大的额定环境温度中的最大温升或电感量、阻抗的下降幅度来决定的，额定电流与电感器、磁珠的直流电阻的损失能力有关。因此，可以通过降低直流电阻或增加电感、磁珠尺寸来提高额定电流。其量测单位为安培，通常以允许的使电感值下降 10% 或 30% 时的电流与电感线圈温度升高 20 ℃ 或 40 ℃ 的电流，两者取较小的为该电感器的额定电流。在应用电路中，若流过电感器的实际工作电流大于其额定电流，会使电感器发热，导致性能参数发生改变，甚至还可能因过流而烧毁。因此使用中，电感器的实际工作电流必须小于额定电流。固定电感器的额定电流常用字母标注。

4. 品质因数（Q）

品质因数用来表示线圈损耗的大小，是衡量电感器质量高低的主要参数。它是指电感器在某一频率的交流电压下工作时，所呈现出的感抗与本身直流电阻的比值，用公式表示为

$$Q = 2\pi f L / R$$

式中，f 为工作频率；L 为线圈电感量；R 为线圈的总损耗电阻。

电感器 Q 值的大小，与所用导线的直流电阻、线圈骨架的介质损耗以及铁芯引起的损耗等因素有关。为了提高线圈的品质因数 Q，可以采用镀银铜线，以减小高频电阻；用多股的绝缘线代替具有同样横截面的单股线，以减少集肤效应；采用介质损耗小的高频瓷为骨架，以减小介质损耗。采用磁芯虽增加了磁芯损耗，但可以大大减小线圈匝数，从而减小导线直流电阻，对提高线圈 Q 值有利。

电感器的 Q 值越大，表明电感器的损耗越小，越接近理想的电感，其效率就越高，质量越好。反之，Q 值越小，其损耗越大，效率则越低。

5. 阻抗值（Z）

磁珠阻抗值的单位是欧姆，因为磁珠的阻抗是按照它在某一频率点产生的阻抗值来标称的。阻抗 Z 是片式磁珠中最重要的参数，阻抗 Z 可表示为

$$|Z| = \sqrt{R^2 + X_L^2}$$

阻抗的大小与频率紧密相关，通常产品手册上所给出片式磁珠的阻抗是表示在 100 MHz 频率点的测量值，阻抗值（Z）的误差范围是 ±25%。

6. 直流电阻（DCR）

片式电感器线圈、磁珠在非交流电下测得的电阻，称为电感器的直流电阻。在设计中直流电阻越小越好，其量测单位为欧姆，通常以其最大值为标注。

7. 自谐频率（SRF）

电感器并非是纯感性元件，尚有分布电容分量。由电感器本身固有电感和分布电容而发生谐振时的频率称为自谐频率，其量测单位为 MHz 或 GHz，通常以其最小值为标注。

8. 分布电容

电感器的分布电容是指线圈的匝与匝之间、线圈与磁芯之间、线圈与屏蔽层之间所存在的固有电容。这些电容实际上是一些寄生电容，它们降低了电感器的稳定性。电感器的分布电容越小，电感器的稳定性越好。减小分布电容的方法通常有：用细导线绕制线圈、减小线圈骨架的直径、采用间绕法或蜂房式绕法。

9. 标称电流

标称电流是指线圈允许通过的电流大小，常以字母 A、B、C、D、E 来代表，标称电流分别为 50、150、300、700、1 600 mA。大体积的电感器，标称电流及电感量都在外壳上标明。

4.2 新型电感器

1. 新型电感器的结构及工艺

SPI 新型一体成型粉压式电感器的主要结构特征为：一体成型电感器包括导磁体和漆包线圈，线圈包括主体和延伸部，其特征是在导磁体与线圈之间为一体成型结构，磁体材料紧密填充于线圈主体的内部，并紧密包覆于所述主体的外部，线圈的延伸部在磁体外部形成电感器的电极端。线圈延伸部为扁平结构，分别从磁体的相对两侧伸出，并分别被弯折紧贴至磁体的底面，形成贴片电感器的端电极。SPI 电感器的外形和结构如图 4.2 及图 4.3 所示。

 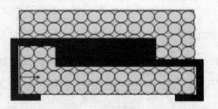

图 4.2　SPI 电感器产品示意图　　　图 4.3　SPI 电感器结构示意图

SPI 一体成型粉压式电感器的制造工艺为：根据所要制造的电感器的电气特性制备线圈

及导磁体粉料；线圈主体放入压铸腔中，线圈延伸部伸至压铸腔外；压铸腔加入所需合金粉料施加压力进行压铸处理，使粉料紧密填充于线圈的内部及包覆外部，线圈的延伸部在磁体外部形成电感器的端电极；压铸完成后从腔体中取出所铸电感器进行烘烤处理，烘烤完成后对电感器的外部进行外部喷漆及油印，如图 4.4 所示。

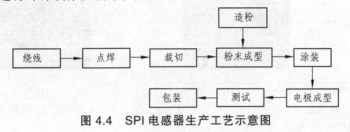

图 4.4　SPI 电感器生产工艺示意图

2. SPI 产品的特性及应用

SPI 电感器的特性如下：

（1）贴片式圆铜线或扁平铜线绕制一体成型结构；

（2）低电阻、低损耗、小体积、大电流设计，在高频和低温环境下保持良好的温升电流及饱和电流；

（3）磁性屏蔽结构，抗电磁干扰强（EMI），超低蜂鸣叫，可高密度安装，工作频率范围高达 1 MHz；

（4）采用快速脱漆工艺，PIN 脚表面光滑、不变形、易上锡，适宜于 SMT 工艺；

（5）组立式结构，结构坚固，产品历久弥新、持久防锈，无铅产品，环保。

SPI 电感器应用于平板及笔记本计算机、车载设备、分配电源系统、DC/DC 转换器、LED 路灯设备、军工、航天等；最适用于计算机和分配电源系统及电压调节模块的 DC-DC 升降压转换应用。

4.3　电感器的检测

4.3.1　测试参数所对应的仪器和夹具（见表 4.1）

表 4.1　电感器各参数测量仪器与夹具

测试参数	仪器和夹具
L_s	a. 频率在（20 Hz～1 MHz）使用 TH2828 和配套 TH26011B 测试； b. 频率在（1 MHz～3 GHz）使用 Agilent E4991A 射频阻抗/材料分析仪和配套 Agilent 16197A 或 Agilent 16192A 夹具测试。 TH2828　　　　　　　　　　TH26011B

续表 4.1

测试参数	仪器和夹具
|Z|	使用 Agilent E4991A 射频阻抗/材料分析仪和配套 Agilent 16192A 夹具测试。 E4991A　　　　　　　　　　16192A
Q	a. 频率在（20 Hz～1 MHz）使用 TH2828 和配套 TH26011B 测试； b. 频率在（1 MHz～3 GHz）使用 Agilent E4991A 射频阻抗/材料分析仪和配套 Agilent 16197A 或 Agilent 16192A 夹具测试
SRF	a. 要求小于 3 GHz 使用 Agilent E4991A 射频阻抗/材料分析仪和配套 Agilent 16197A 或 Agilent 16192A 夹具测试； b. 要求大于 3 GHz 使用 Agilent E5071B 网络分析仪和配套专用夹具测试 E5071B　　　　　　　　　　专用夹具
DCR	使用 HP4338B 毫欧表测试仪和配套 Agilent 16143B 夹具测试 HP4338B　　　　　　　　　　16143B

4.3.2　检测实例

1. 电感量、Q值测量

在测量时先对测试仪器（TH2828 或 E4991A）进行校正，校正完毕，将测试夹具的两个端电极分别接触被测件两个端电极，如图 4.5 所示。

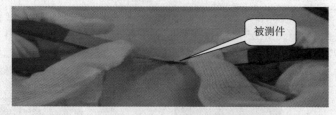

被测件

图 4.5　电感量、Q值测量操作方法

测试结果将直接显示在屏幕的中间，如图 4.6 所示。

图 4.6　电感量、Q 值测量结果

2. 阻抗值测量

使用 Agilent 16192A 夹具测试磁珠产品的阻抗。

链接 Agilent 16192A 测试夹具后，调用"磁珠"的测试程序，设置测试带宽，将当前测试程序设置为（1 ～ 100 MHz），根据要求设置测试频率点，将被测产品的两个端头固定在夹具的测试端头上。

此时，仪器将自动测量和分析测试结果，在屏幕的右上角可以直接读出被测件的电性能指标：① 表示测试频点，② 表示测试结果，如图 4.7 所示。

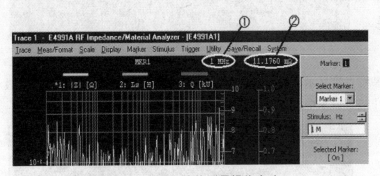

图 4.7　产品阻抗值测量操作方法

3. 直流电阻（DCR）测量

先将测试仪器（HP4338B）短路校准完毕，再将测试夹具的两个端电极分别接触被测件两个端电极，如图 4.8 所示。

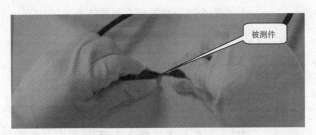

图 4.8　直流电阻测量操作方法

DCR 测试结果将直接显示在测试仪器屏幕的左边，如图 4.9 所示。待稳定后记录测试结果，等待时间一般为 1 s。

图 4.9   直流电阻测量结果

4. 自谐频率（*SRF*）测量

将被测件放置在测试夹具的指定测试位置上，如图 4.10 所示。

图 4.10   自谐频率测量操作方法

测试结果将直接显示在测试仪器（E5071B）屏幕的左边，插入损耗的最小值所对应的频率即为该器件的自谐频率，如图 4.11 所示。

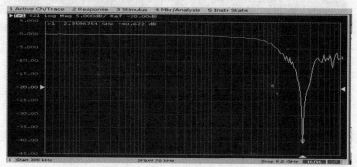

图 4.11   自谐频率测量结果

4.3.3   电感器的特殊检测

1. 电感器、磁珠关键参数三温测试

为了确认现有电感器、磁珠产品在规定条件下能正常工作，甚至过分严酷环境条件下也能满足基本工作的要求，需对产品在不同环境温度下的关键参数变化情况进行检测。

测试参数应为试验样品的主要参数，电感器的三温参数为电感量 L 及品质因数 Q 值，磁珠的三温测试参数为 $|Z|$、DCR 值。

2. 测试环境条件（见表 4.2）

表 4.2　特殊电感器测量温度环境

常温测试环境温度	低温测试环境温度	高温测试环境温度
25 ℃±5 ℃	低于 0 ℃	高于 60 ℃

3. 试验设备及夹具（见表 4.3）

表 4.3　实验设备及夹具

序号	设备名称	序号	设备名称
1	TH2828、4991 测试仪	4	耐高、低温测试夹具
2	低温试验箱	5	温度计
3	高试验温箱	6	测试导线

4. 三温测试方法

在常温环境下完成初始测试后对试验样品进行编号，把测试产品分别放在较为稳定的低温环境下进行储存，储存时间应不少于 10 min，然后进行电感量或阻抗值的检测。低温测试完成后取出产品放入稳定的高温环境下，储存时间不少于 10 min，待产品表面温度与所在环境温度相同时进行检测。

片式电感器（NL453232 型）温度特性曲线如图 4.12 所示。

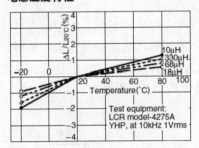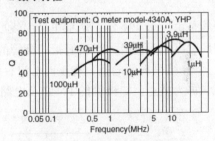

图 4.12　片式电感器（NL453232 型）温度特性曲线

第5章　二极管的检测

5.1　二极管的基础知识

5.1.1　二极管的基本概念

　　二极管也叫半导体二极管，是半导体器件中最基本的一种器件，它是由一个 PN 结、两根电极引线以及外壳封装构成的。二极管的最大特点是：单向导电性。其主要作用包括：稳压、整流、检波、开关、光/电转换等。二极管的规格品种很多，按所用半导体材料的不同，可以分为锗二极管、硅二极管、砷化镓二极管；按结构工艺不同，可分为点接触型二极管和面接触型二极管；按用途分为整流二极管、开关二极管、稳压二极管、检波二极管、发光二极管、钳位二极管等；按频率分，有普通二极管和快恢复二极管等；按引脚结构分，有二引线型、圆柱形（玻封或塑封）和小型塑封型。贴片式二极管有短引线和无引线两种。

5.1.2　二极管的工作原理

　　二极管是由一个 PN 结、两根电极引线以及外壳封装构成的，P 型区引出线为二极管正极，N 型区引出线为负极，当我们把二极管的 P 型区引出线接电源正极、N 型区引出线接电源负极时，PN 结呈现低电阻，有正向电流，称为导体；反之，PN 结呈现高电阻，有极小的反向电流，称为截止。二极管的 PN 结及电路符号如图 5.1 所示。

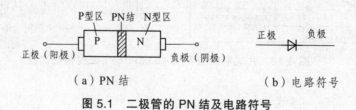

（a）PN 结　　　　　　　　　　　　（b）电路符号

图 5.1　二极管的 PN 结及电路符号

5.1.3　晶体管的型号和命名

　　1. 国产普通二极管的型号命名法

　　依据国家标准 GB 249—89《半导体分立器件型号命名方法》，国产二极管的型号命名分为五个部分，如下所示。

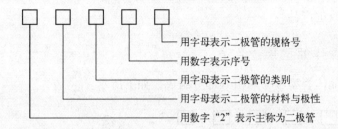

用字母表示二极管的规格号
用数字表示序号
用字母表示二极管的类别
用字母表示二极管的材料与极性
用数字"2"表示主称为二极管

五个部分的具体意义如下。

第一部分：用数字 2 表示半导体器件有效电极数目。

第二部分：用大写字母 A、B、C、D 表示半导体器件的材料和极性。A 表示 N 型锗材料；B 表示 P 型锗材料；C 表示 N 型硅材料，D 表示 P 型硅材料。

第三部分：用汉语拼音字母表示半导体器件的类型。P 表示小信号管（普通管）；V 表示混频检波管（微波管）；W 表示电压调整管和电压基准管（稳压管）；C 表示变容管（参量管）；Z 表示整流管；L 表示整流堆；S 表示隧道管；N 表示阻尼管；U 表示光电器件；K 表示开关管。

第四部分：用数字表示序号。

第五部分：用汉语拼音字母表示规格号。

2. 日本产晶体管型号命名法

日本生产的晶体管型号命名由五至七部分组成，通常只用到前五个部分，如下所示。

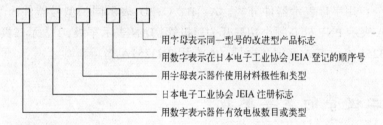

用字母表示同一型号的改进型产品标志
用数字表示在日本电子工业协会 JEIA 登记的顺序号
用字母表示器件使用材料极性和类型
日本电子工业协会 JEIA 注册标志
用数字表示器件有效电极数目或类型

五个部分的具体意义如下。

第一部分：用数字表示器件有效电极数目或类型。0 表示光电（即光敏）二极管三极管及上述器件的组合管；1 表示二极管；2 表示三极或具有两个 PN 结的其他器件；3 表示具有四个有效电极或具有三个 PN 结的其他器件，依此类推。

第二部分：日本电子工业协会 JEIA 注册标志。S 表示已在日本电子工业协会 JEIA 注册登记的半导体分立器件。

第三部分：用字母表示器件使用材料极性和类型。A-PNP 型高频管；B-PNP 型低频管；C-NPN 型高频管；D-NPN 型低频管；F-P 控制极可控硅；G-N 控制极可控硅；H-N 基极单结晶体管；J-P 沟道场效应管；K-N 沟道场效应管；M-双向可控硅。

第四部分：用数字表示在日本电子工业协会 JEIA 登记的顺序号。两位以上的整数从 11 开始，表示在日本电子工业协会 JEIA 登记的顺序号；不同公司性能相同的器件可以使用同一顺序号；数字越大，越是近期产品。

第五部分：用字母表示同一型号的改进型产品标志。A、B、C、D、E、F 表示这一器件是原型号产品的改进产品。

3. 美国产晶体管型号命名法

美国生产的晶体管型号命名由五部分组成，如下所示。

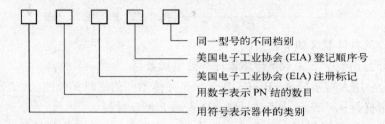

五个部分的具体意义如下。

第一部分：用符号表示器件用途的类型。JAN 表示军级、JANTX 表示特军级、JANTXV 表示超特军级、JANS 表示宇航级、（无）表示非军用品。

第二部分：用数字表示 PN 结数目。1 表示二极管；2 表示三极管；3 表示三个 PN 结器件；n 表示 n 个 PN 结器件。

第三部分：美国电子工业协会（EIA）注册标志。N 表示该器件已在美国电子工业协会（EIA）注册登记。

第四部分：美国电子工业协会登记顺序号。多位数字表示该器件在美国电子工业协会登记的顺序号。

第五部分：用字母表示器件分档。A、B、C、D 表示同一型号器件的不同档别。如：JAN2N3251A-表示 PNP 硅高频小功率开关三极管，JAN 表示军级；2 表示三极管；N 表示 EIA 注册标志；3251 表示 EIA 登记顺序号；A 表示 2N3251A 档。

5.1.4　二极管的主要参数

（1）额定正向工作电流：额定正向工作电流是指二极管长期连续工作时允许通过的最大正向电流值。因为电流通过二极管时会使管芯发热，温度上升，温度超过最大允许限度时，就会使管芯发热而损坏，所以，二极管使用中不要超过其额定正向工作电流值。

（2）最大反向工作电压 U_R：指工作时加在二极管两端的反向电压不得超此值，否则二极管可能被击穿。

（3）反向电流 I_R：指在室温条件下，在二极管两端加上规定的反向电压时，流过管子的反向电流。通常希望 I_R 值越小越好。反向电流越小，说明二极管的单向导电性越好。

（4）最高工作频率 f_M：最高工作频率是指二极管在正常工作条件下的最高频率，主要取决于 PN 结结电容的大小。结电容越大，则二极管允许的最高工作频率越低。

在选择二极管时必须要考虑这些参数，切勿使工作时的电压、电流、功率超过手册中规定的极限值，并根据设计原则选取一定的余量，以免烧坏管子。

5.1.5　常用的二极管

1．整流二极管

整流二极管是一种用于将交流电转变为直流电的半导体器件，具有明显的单向导电性，可用半导体锗或硅等材料制造。硅整流二极管的击穿电压高，反向漏电流小，高温性能良好。这种器件的结面积较大，能通过较大的电流（可达上千安），但工作频率不高，一般在几十千赫以下。整流二极管主要用于各种低频半波整流电路，如果要达到全波整流则需连成整流桥使用。选用整流二极管时，主要应考虑其最大整流电流、最大反向工作电流、截止频率及反向恢复时间等参数。常用的型号有 2CZ 型、2DZ 型等，还有用于高压和高频整流电路的高压整流堆，如 2CGL 型、DH26 型、2CL51 型等。整流二极管的外壳封装常采用金属壳封装、塑料封装和玻璃封装三种形式。整流二极管实物如图 5.2 所示。

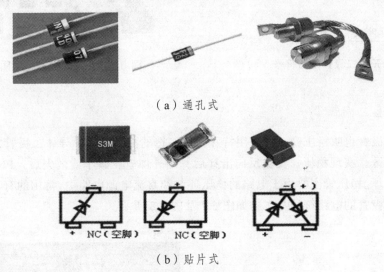

（a）通孔式

（b）贴片式

图 5.2　整流二极管实物图

2．检波二极管

检波二极管为点接触型，其结电容小，一般为锗管。检波二极管的主要作用是把高频信号中的低频信号检出，广泛应用于半导体收音机、收录机、电视机及通信等设备的小信号电路中，其工作频率较高，处理信号幅度较弱。检波二极管常采用玻璃外壳封装，主要型号有 2AP 型和 1N4148（国外型号）等，其电路符号及实物如图 5.3 和图 5.4 所示。

正极　　　负极

图 5.3　检波二极管电路符号　　　　　图 5.4　检波二极管实物图

3. 开关二极管

在脉冲数字电路中，用于接通和关断电路的二极管叫做开关二极管，它的特点是反向恢复时间短，能满足高频和超高频应用的需要。开关二极管有接触型、平面型和扩散台面型几种，一般 $I_F < 500$ mA 的硅开关二极管，多采用全密封环氧树脂或陶瓷片状封装，引脚较长的一端为正极。开关二极管的电路符号及实物如图 5.5 和图 5.6 所示。

正极　　负极

图 5.5　开关二极管电路符号　　　　　　**图 5.6　开关二极管实物图**

4. 稳压二极管

稳压二极管也叫稳压管，它是用特殊工艺制造的面结型硅半导体二极管，其特点是工作于反向击穿区，实现稳压；其被反向击穿后，当外加电压减小或消失后，PN 结能自动恢复而不至于损坏。稳压管主要用于电路的稳压环节和直流电源电路中，常用的有 2CW 型和 2DW 型。稳压二极管的电路符号及实物如图 5.7 及图 5.8 所示。

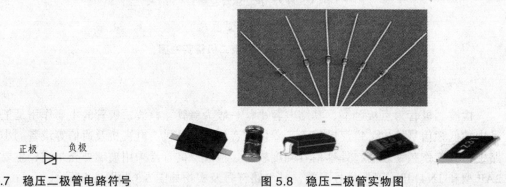

正极　　负极

图 5.7　稳压二极管电路符号　　　　　　**图 5.8　稳压二极管实物图**

5. 发光二极管

发光二极管（LED）是除了具有普通二极管的单向导电特性之外，还可以将电能转化为光能的器件。发光二极管外加正向电压时，它处于导通状态，当正向电流流过管芯时，发光二极管就会发光，将电能转化成光能。常见的发光二极管的发光颜色有红色、黄色、绿色、橙色、蓝色、白色等。发光二极管的电路符号和实物如图 5.9 及图 5.10 所示。

正极 ⚡ 负极

图 5.9　发光二极管电路符号

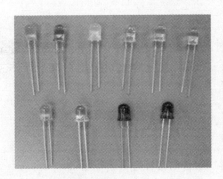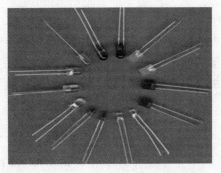

（a）通孔式

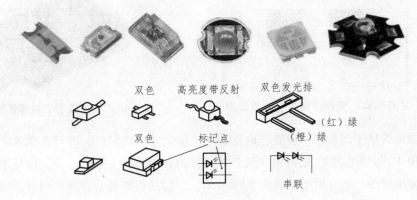

双色　　高亮度带反射　　双色发光排

（红）绿
（橙）绿

双色　　标记点

串联

（b）贴片式

图 5.10　发光二极管实物图

6. 光敏二极管

　　光敏二极管是当受到光照射时反向电阻会随之变化的二极管。随着光照的增强，光敏二极管反向电阻由大到小变化，常用作光电传感器件。光敏二极管的电路符号和实物如图 5.11 及图 5.12 所示。

正极 ⚡ 负极

图 5.11　光敏二极管电路符号

（a）通孔式　　　　　　　　　　　　　　　　（b）贴片式

图 5.12　光敏二极管实物图

5.2　新型二极管

1. 变容二极管

变容二极管又称可变电抗二极管，是一种利用 PN 结电容（主要是 PN 结势垒电容）与其反向偏置电压 V_R 的依赖关系及原理制成的二极管，其电容值对应用在该半导体二极管器件两端电极上的电压很敏感，其电路符号等效结构和实物如图 5.13 ~ 图 5.15 所示。

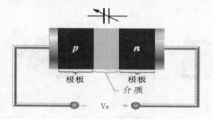

图 5.13　变容二极管电路符号

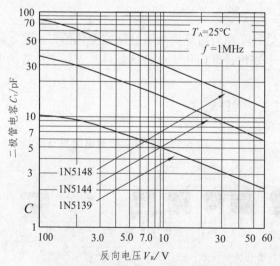

图 5.14　变容二极管等效结构图　　　　图 5.15　贴片变容二极管实物图

变容二极管属于反偏压二极管，改变其 PN 结上的反向偏压，即可改变 PN 结电容量。其反向偏压 V_R 与结电容 C_T 之间的关系是非线性的，但总体上来说，反向偏压增加，电容减少；反向偏压减少，电容增加，如图 5.16 所示。变容二极管通常在高频调谐、通信等电路中作可变电容器使用。其主要电学参数通常有：零偏电容 C_{T0}、零偏优值 Q_0、反向击穿电压 V_{BR}、反向漏电流 I_R、中心反向偏压 V_{RC}、标称电容 C_T、电容变化范围 ΔC_T（以皮法为单位）以及截止频率 f 等。

图 5.16　变容二极管的 C_T-V_R 特性

　　变容二极管是特殊二极管的一种。当外加正向偏压时，从 P 区向耗尽区注入空穴，从 N 区向耗尽区注入电子，分别与 PN 结两侧的电子和空穴产生复合，使 PN 结耗尽区变窄，有大量电流产生，此时则主要由空穴和电子的注入而产生扩散电容效应；当外加反向偏压时，P 区从耗尽区抽走空穴，N 区从耗尽区抽走电子，致使 PN 结的耗尽区变宽，此时则主要由耗尽区内空穴和电子被抽走而产生耗尽层电容效应。但因加正向偏压时 PN 结的正向电流会较大，会有较大的功率耗散产生，且变容效应（扩散电容）不显著，所以在电路应用中一般均采用变容二极管反向偏压配置。

　　变容二极管是根据所提供的电压变化而改变结电容的半导体器件。也就是说，可作为可变电容器，也称为压控变容器，可以在自动频率控制、扫描振荡、锁相环、高频调谐、通信等电路中作可变电容器使用。如应用于 FM 调谐器、TV 调谐器等电路中，如图 5.17 所示。

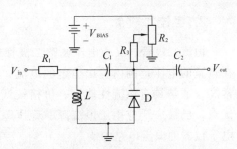

图 5.17　变容二极管作用于调谐电路示例

　　变容二极管的封装外形主要有玻璃外壳封装（简称玻封）、玻璃钝化封装（简称玻钝）、塑料封装（简称塑封）、金属气密性封装（简称金封）、陶瓷气密性封装（简称瓷封）和以上封装形式的无引线表面贴封装等多种封装形式。

　　变容二极管具有与衬底材料电阻率有关的串联电阻。对于不同用途，应选用不同 C_T-V_R 特性的变容二极管，如有专用于谐振电路调谐的电调变容二极管、适用于参放的参放变容二极管，以及用于固体功率源中倍频、移相的功率阶跃变容二极管等。

　　变容二极管的主要参数如表 5.1 所示。

表 5.1　变容二极管的主要参数

型号	电容量(工作电压)		电容比率	工作频率
	最小值	最大值		
303B	3～5 p(25 V)	18 p(3 V)	>6	1 000 MHz
2AC1	2 p(25 V)	27 p(3 V)	>7	50 MHz
2CC1	3.6 p(25 V)	20 p(3 V)	4~6	50 MHz
2CB14	3 p(25 V)	18～30 p(3 V)	5~7	50 MHz
2CC-32	2.5 p(25 V)	25 p(3 V)	4.5	>800 MHz
ISV-101	12 p(10 V)	32 p(2.5 V)	2.4	100 MHz
AM-109	30 p(9 V)	460 p(1 V)	15	AM
BB-112	17 p(6 V)	12 p(3 V)	1.8	AM
ISV-149	30 p(8 V)	540 p(1 V)	18	AM
S-153	2.3 p(9 V)	16 p(2 V)	7	>600 MHz
MV-209	11 p(9 V)	33 p(1.5 V)	3	UHF
KV-1236	30 p(8 V)	540 p(1 V)	20	AM
KV-1310	43 p(8 V)	93 p(2 V)	2.3	>100 MHz

续表 5.1

型号	电容量(工作电压)		电容比率	工作频率
	最小值	最大值		
IS149	30 p(8 V)	540 p(1 V)	18	AM
S208	2.7 p(9 V)	17 p(4 V)	>4.5	>900 MHz
MV2105	6 p(9 V)	22 p(4 V)	2.5	UHF
DB300	6.8 p(25 V)	18 p(3 V)	1.8	50 MHz
BB112	10 p(25 V)	180 p(3 V)	>16	AM

2. 恒流二极管

恒流二极管，又称电流调整二极管或稳流二极管。近年来问世的半导体恒流器件，都能在较宽的电压范围内输出恒定的电流，即动态阻抗非常高，通常具有恒流性能好、价格较低、使用简便等优点，已被广泛应用于恒流源、稳压源、放大器以及电子仪器的恒流电路中。

恒流二极管通常属于两端结型场效应恒流器件，其伏安特性如图 5.18 所示。

恒流二极管的主要参数如下：

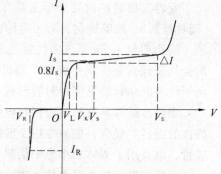

图 5.18　恒流二极管的伏安特性

I'_s——恒定电流，是在工作电压（V_s）下通过器件的电流，参数范围一般为 0.1 ~ 60 mA。

I_R——最大反向电流，是恒流二极管允许通过的最大反向电流。

V_L——恒定启动电压（极限电压），电流值为 $0.8\,I_s$ 时对应的电压。

V_K——恒流区最小工作电压，即工作电压区的最小值。

V_E——恒流区最大工作电压，即工作电压区的最大值。

ΔI——恒流电流变化量，即工作电压区对应的恒定电流最大变化量。

$V_K \sim V_E$——工作电压区。

V_R——最大反向电压，通过结的反向电流等于规定值 I_R 时的反向电压。

K_c——电流调整精度，表征恒定电流值受电压变化影响的参数。定义为恒定电流变化量与工作电压区之比，单位为微安/伏（μA/V），计算公式为

$$K_c = \frac{\Delta I}{V_E - V_K} \tag{5-1}$$

a_{is}——温度系数，在两个规定温度之间，恒定电流的变化率与这两个温度差之比，是表征恒定电流值受温度影响的参数。

P_z——恒流二极管在恒流区的功耗 $P_Z = I_s \times V$，V 是恒流区工作电压。最大功耗 $P_{Zm} = I_s \times V_E$。

Z_H——动态电阻，在规定的工作电压（V_s）和规定的交流信号下，器件两端产生的交流电压与交流电流之比。

恒流二极管在正向工作时有一个恒流区，在此区域内 I_s 不随 V 的变化而变化；而其反向

工作特性则近似于普通二极管的正向特性。主要参数有：恒定电流（I_s）、工作电压（V_S）、最大反向电流（I_R）、恒定启动电压（极限电压）（V_L）、恒流区最小工作电压（V_K）恒流区最大工作电压（V_E）、恒流电流变化量（ΔI）、工作电压区（$V_K \sim V_E$）、最大反向电压（V_R）、电流调整精度（K_c）、温度系数（a_{is}）、功耗（P_Z）、动态电阻（Z_H）等。

3. PIN 二极管

PIN 二极管是在 P 型半导体和 N 型半导体材料之间制作一层较薄的低掺杂的本征（Intrinsic）半导体层，形成 P-I-N 型结构，其实物和结构图分别如图 5.19 和图 5.20 所示。

图 5.19　PIN 二极管实物图

图 5.20　PIN 二极管结构

由于 P 区和 N 区之间有本征层的存在，PIN 二极管与普通 PN 结二极管在电特性方面有较大的不同。PIN 二极管主要包括 PIN 光电二极管和 PIN 开关二极管两大类。

PIN 开关二极管开关利用 PIN 管在直流正向、反向偏压下呈现近似导通或断开的阻抗特性，实现对控制信号通道开关的作用。PIN 二极管的直流伏安特性和普通 PN 结二极管类似，但是在高频甚至微波频段却有很大的差别。PIN 二极管的 I 层总电荷主要由偏置电流产生，与高频信号的电流瞬时值关系不明显，由此对高频信号呈现线性电阻的特性，其阻值由直流偏置决定。正偏时阻值小，接近于短路；反偏时阻值大，接近于开路。由此，PIN 二极对高频信号不产生非线性整流作用，这是和一般二极管的根本区别。PIN 二极比较适合于作高频和微波控制器件，常被应用于高频开关（或微波开关）、移相、调制、限幅等电路中。

当 PIN 二极管加负电压（或零偏压）时，PIN 二极管等效于一个电容加一个电阻；加正电压时，PIN 二极管等效于一个小电阻。图 5.21 给出了 PIN 二极管在正向导通时的电荷分布情况。

图 5.22 表示 PIN 二极管反向关断时的电流波形。

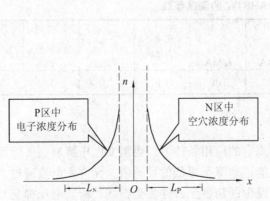

图 5.21　PIN 二极管正向导通时的电荷分布

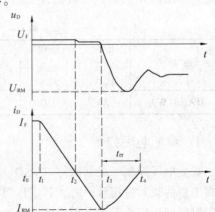

图 5.22　PIN 二极管反向关断时电流波形

PIN 二极管的关断过程可分为两个阶段：从 $t = t_0$ 到 $t = t_1$，二极管处于低阻抗状态，其电压近似为 0；在 $t = t_1$ 时刻，二极管中 I 区域边缘的剩余电荷变为 0，二极管开始呈现高阻抗状态。

一般情况下，t_{rr}、I_{rr} 及测试条件 di/dt、I_{RM} 均在器件的产品手册上列出。根据测试条件，τ_{rr} 可由下式获得

$$\tau_{rr} = (t_{rr} - I_{rr}/a)/\ln 4 \tag{5-2}$$

其中，$a = -di/dt$。

根据图 5.22 所示的反向电流波形，q_M 在 $t \leq t_1$ 阶段的表达式为

$$q_M(t) = a\tau_a \left[t_0 + \tau_a - t - \tau_a \exp\left(-\frac{t}{\tau_a} \right) \right] \tag{5-3}$$

当 $t = t_1$ 时，$i(t_1) = -I_{rr} = -q_M(t_1)/t$，$\tau_a$ 可由下式解出

$$I_{rr} = a(\tau_a - \tau_{rr}) \left[1 - \exp\left(-\frac{t_1}{\tau_a} \right) \right] \tag{5-4}$$

然后参数 t 可由 τ_a、t 及 τ_{rr} 的关系式算出。

从以上的讨论可以看出，该模型的参数可以方便地从产品手册中得到：首先计算 τ_{rr}，再解得 τ_a，最后求参数 t。

PIN 二极管的主要参数为：

（1）插入损耗：开关在导通时衰减不为零，称为插入损耗。

（2）隔离度：开关在断开时其衰减也非无穷大，称为隔离度。

（3）开关时间：由于电荷的存储效应，PIN 管的通断和断通都需要一个过程，这个过程所需时间。

（4）承受功率：在给定的工作条件下，PIN 二极管能够承受的最大输入功率。

（5）电压驻波系数：仅反映端口输入、输出匹配情况。

（6）谐波：PIN 二极管也具有非线性，因而会产生谐波，谐波落在使用频带内则会引起干扰。BAR81W 的测试参数如表 5.2 所示。

表 5.2　BAR81W 的测试参数

型号	反向电压 V_R/V	正向电压 V_F/V	正向电流 I_F/mA	反向电流 I_R/nA	电容 C_T/pF	正向电阻 R_F/Ω	电阻测试条件 I_F/mA	功耗 P_d/mW
BAR81W	30	1.0	20	100	1.0	1.0	5	100

4. 瞬变电压抑制二极管

瞬变电压抑制二极管简称 TVSD。在规定的应用条件下，当瞬变电压抑制二极管承受一个高能量的瞬时过压脉冲时，其工作阻抗能迅速降至很低的导通值，允许大电流通过，并将电压钳制到预定水平，从而有效地保护电路中的精密元器件免受损坏。瞬变电压抑制二极管

有能力承受的反向瞬变脉冲功率可达数千瓦，其钳位响应时间约为 1 ps（10^{-12}s）。它允许的正向浪涌电流，在 T_A =（25 ± 5）°C，t = 10 ms 半正弦波信号的条件下，可达 50 ~ 200 A。瞬态电压抑制二极管是电子电路中最重要的电子元器件之一，已广泛地应用于通信、计算机、家用电器、电动玩具、节能照明等领域。单向瞬变电压抑制二极管只在反方向吸收瞬时大脉冲功率，而双向瞬变电压抑制二极管可在正反两个方向吸收瞬时大脉冲功率。双向瞬变电压抑制二极管常用于交流电路，而单向瞬变电压抑制二极管一般用于直流电路。

单向瞬变电压抑制二极管的典型伏安特性如图 5.23 所示。从 V-I 特性可以看出，它与普通二极管极为相似，反向击穿的拐点 $V_{(BR)}$ 为近似直角硬击穿。从击穿拐点 $V_{(BR)}$ 到 V_C 值所对应的曲线段表明，当有瞬时过压脉冲施加时，器件的电流急骤增加，而电压增加较少。在 I_P 电流和 1 ms 指数波的条件下，可将电压钳位到 V_C 以下水平。

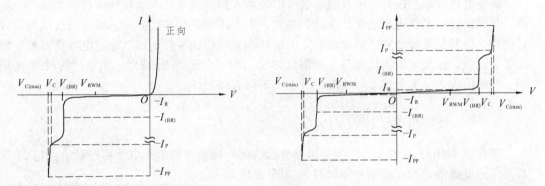

图 5.23　单向瞬态电压抑制二极管的典型 *V*-*I* 特性　　图 5.24　双向瞬变电压抑制二极管的典型 *V*-*I* 特性

双向瞬变电压抑制二极管的 V-I 特性曲线如图 5.24 所示，如同两只单向 TVS 背靠背组合，其正反两个方向都具有相同的雪崩击穿特性和钳位特性，正反两面击穿电压的对称关系为：$0.9 \leqslant V_{(BR)(正)}/V_{(BR)(反)} \leqslant 1.1$，一旦加在它两端的干扰电压超过击穿电压 $V_{(BR)}$ 就会立刻被抑制掉，因此，双向瞬变电压抑制二极管在交流回路中应用十分方便。

瞬态电压抑制二极管主要性能参数的最大额定值见表 5.3。

表 5.3　TVSD 主要性能参数的最大额定值

型号	$P_{PR}^{①}$ /W	$P_R^{②}$ /mV	I_P/A	I_{FSM}/A	T_{OP}/°C	T_{stg}/°C
	T_A = 25 °C	T_A = 25 °C	t_P = 1 ms, t_r = 10 μs	t = 10 ms, 半正弦		
BSY5907	1500	1000	150	200	− 55 ~ 150	− 55 ~ 175
BSY5643	1500	1000	38.5	200	− 55 ~ 150	− 55 ~ 175
BSY5646	1500	1000	29.0	200	− 55 ~ 150	− 55 ~ 175
BSY5648	1500	1000	24.0	200	− 55 ~ 150	− 55 ~ 175
BSY5649	1500	1000	22.2	200	− 55 ~ 150	− 55 ~ 175
BSY5650	1500	1000	20.4	200	− 55 ~ 150	− 55 ~ 175

① t_P = 1 ms、t_r = 10 μs。②当 T_A>25 °C 时，器件按 8 mW/°C 的速率线性降额。

瞬态电压抑制二极管的主要电性能参数的电特性如表 5.4 所示（T_A = 25 °C，除非另有规定）。

表 5.4　TVSD 主要性能参数的电特性表

型号	$V_{(BR)}/V$			$I_{(BR)}/mA$	$I_{Rmax}/\mu A$	V_{RWM}/V	$V_{C(max)}/V$	I_{Pmax}/A	I_{ZMmax}/mA
	min	nom	max						
BSY5907	6.00	6.38	6.75	1.0	300	5.0	9.5	150	140
BSY5643	24.3	27	29.7	1.0	5.0	21.8	39.1	38.5	35
BSY5646	32.4	36	39.6	1.0	5.0	29.1	52.0	29.0	26
BSY5648	38.7	43	47.3	1.0	5.0	34.8	61.9	24.0	22
BSY5649	42.3	47	51.7	1.0	5.0	38.1	67.8	22.2	20
BSY5650	45.9	51	56.1	1.0	5.0	41.3	73.5	20.4	18

　　瞬变电压抑制二极管的电性能参数可以分最大额定值参数和电特性参数两大类。一般来说，最大额定值参数是产品设计保证类参数，大多不能进行直接测试，必须通过试验装置进行验证，而且试验验证通常都带有一定的破坏性。电特性参数则可以通过电特性参数的测试仪器、设备，在规定的测试条件（如测试方法、测试电流/电压/波形、测试持续时间/间隔时间、测试温度、环境温度、环境湿度等）下进行直接测试。

5. 碳化硅二极管

　　碳化硅（SiC）材料是当今半导体业界公认的一种重要的未来电子器件材料，是 21 世纪最具广阔发展潜力的新型半导体材料，如图 5.25 所示。促进碳化硅二极管发展的重要因素之一是碳化硅二极管具有优良的高电压、大功率和高温工作性能；另一个重要因素是硅（Si）材料在电子行业的开发应用已长达 60 年以上，以硅晶体作为基片的二极管性能和能力研究已基本完整。

　　硅（Si）和碳化硅（SiC）以及其他半导体材料在电气特性和物理特性上有很多相同之处，但也存在很大不同（见表 5.5）。

图 5.25　SiC 晶片上的各种尺寸芯片图

表 5.5　几种重要半导体材料（常温晶体）的基本性能比较

材料 特性	硅 Si	锗 Ge	碳化硅 SiC	砷化镓 GaAs
原子序数	14	32	14/6	31/33
原子量	28.09	72.59	40.10	144.63
熔点/°C	1410	937.4	2500（升华）	1238
沸点/°C	2355	2830		
比重（在 25°C 时）/(g/cm³)	2.33	5.32		5.32
晶体结构	金刚石	金刚石	金刚石	闪锌矿
晶格常数/Å	5.43	5.66		5.65
禁带宽度/eV	1.12	0.67	3.3	1.43
临界电场/(V/μm)	30	8	300	50
热导率/(W/cm·K)	1.50	0.6	5.0	0.50

　　实际上，碳化硅并不是一种最近才发现的新材料，它的颗粒状物料俗名叫金刚砂，常被用作研磨料、切割料和耐热材料而为人们所熟知。关于碳化硅的第一份文献报告是来自于 1842 年瑞典人之手，表 5.6 简要介绍了碳化硅材料研究应用的发展经历。碳化硅晶体实际上是原子的复合体，而不是简单的单晶体。预计未来数十年内，碳化硅器件会取得突破性的研究发展。碳化硅的物理特性取决于晶体中的碳硅原子比例和排列结构，最普通和最典型的是 6 方晶系的金刚大石结构，可简要分为 6H、4H 和 3C 等数类碳化硅。

表 5.6　碳化硅（SiC）材料的简要发展历程

年代	主 要 事 件
1905 年	第一次在陨石中发现碳化硅
1907 年	第一只碳化硅发光二极管诞生
1955 年	理论和技术上取得重大突破，LELY 提出生长高品质碳化硅晶体概念，从此 SiC 作为重要的电子材料进入大量研究
1958 年	在波士顿召开第一次国际性碳化硅的学术交流会议
1978 年	首次出现采用 LELY 改进技术的碳化硅晶粒提纯生长方法
1987 年至今	以 CREE 的研究成果为基础，建立了首条碳化硅生产线，供应商开始提供商品化的碳化硅基片

　　SiC 可称之为宽禁带半导体材料，其器件物理特性与硅器件有很大不同：① 大约 10 倍的电场强度；② 大约高 3 倍的热导率；③ 大约宽 3 倍禁带宽度；④ 大约高 1 倍的饱和漂移速度等。

　　理论分析预测，碳化硅二极管的最高工作温度可达 500 ℃（甚至可能会更高），而硅二极管的现实最高工作温度一般是 125 ℃ 或 150 ℃（最高工作结温一般取 175 ℃）。另外，碳化硅的导热率达 5W/cm·K，超过了铜的导热率，是硅的导热率（1.5 W/cm·K）的 3 倍多。碳化硅二极管工作时产生的热量更易于快速传递，这无疑对二极管电性能的充分发挥更为有利，是大功率二极管和高温工作二极管十分理想的主体材料。

　　当前，最高电压为 4.5 kV 的碳化硅二极管已经报道开发成功并应用于实践。亦已有 SiC 光控二极管的灵敏度比 Si 同类器件高 4 个数量级的文献报道。但这些目前多属于实验室样品，真正具有商业价值并能有一定生产量供应的大功率碳化硅二极管仍然很少。最主要原因是 SiC 材料的质量仍不够理想，生产设备昂贵，生产工艺的制约因素很多，生产成品率低，产品成本太高。SiC 器件和 Si 器件的性能主要差异参见表 5.7。

表 5.7　Si 二极管与 SiC 二极管的性能差异比较

材料性能	Si 器件	SiC 器件
电流密度/(A/cm^2)	30	100 ~ 300（可达 500）
最高工作温度/℃	150	300 ~ 500
最高工作结温/℃	175	>500
器件耐压	x	$5x \sim 10x$
通态损耗	x	$x/4 \sim x/10$
开关损耗	x	$x/10 \sim x/100$

6. 隧道二极管

隧道效应是 1958 年日本江崎玲於奈在研究重掺杂锗 PN 结时发现的，故隧道二极管也称为江崎二极管，由重掺杂的 P$^+$区和 N$^+$区形成 PN 结的二极管，即可构成隧道二极管。当重掺杂时，N$^+$区半导体的费米能级进入了导带，P$^+$区半导体的费米能级进入了价带。在没有外加电压的热平衡状态时，N$^+$区和 P$^+$区的费米能级应相等。N$^+$区导带底比 P$^+$区价带顶还低，因此，在 N$^+$区的导带和 P$^+$区的价带中出现具有相同能量的量子态。在重掺杂情况下，杂质浓度大，势垒区很薄，由于量子力学的隧道效应，N$^+$区导带的电子可能穿过禁带，到 P$^+$区价带，P$^+$区价带电子也可能穿过禁带到 N$^+$区导带，从而有可能产生隧道电流。随着长度越短，电子穿过隧道的概率越大，隧道效应产生的电流就越显著。

要发生隧道效应必须具备以下三个条件：

① 费米能级位于导带和满带内；

② 空间电荷层宽度必须很窄（0.01 μm 以下）；

③ 半导体 P$^+$型区和 N$^+$型区中的空穴和电子在同一能级上有交叠的可能性。

隧道二极管是在极低正向电压下具有负电阻的半导体二极管，以隧道效应产生的电流为主要电流分量，其伏安特性如图 5.26 所示。

曲线中最大电流点 M，称为峰点；最小电流点 N，称为谷点，当在隧道二极管上加正电压时，通过隧道二极管的电流将先随电压的增加而很快变大，但在电压达到某一值后，忽而变小，小到一定值后又急剧变大。

隧道二极管是一种多数载流子器件，不受少数载流子存储的影响，也不受漂移传输时间的限制。因此，隧道

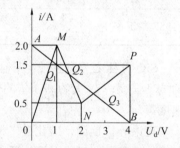

图 5.26　隧道二极管伏安特性

二极管具有开关特性好、速度快、工作频率高、功耗小和噪声低等特点；但是热稳定性较差，可用于微波混频、检波、振荡等电路中。例如，用于卫星微波设备、超高速开关逻辑电路、触发器和存储电路等。

典型隧道二极管的主要参数如表 5.8 所示。

表 5.8　隧道二极管的主要参数

单位	峰点电压 U_p/mV	谷点电压 U_v/mV	峰点电流 I_p/mA	峰谷电流比	谷点电容 C_v/pF
2BS4A	80	280	4	≥5	10~15

7. 反向二极管

反向二极管又称为反向隧道二极管，是一种反向导电性高于正向导电性的一种二极管。

反向二极管的核心是一个高掺杂的 PN 结，但结的一边是简并的，另一边是掺杂浓度稍低一点、接近简并而又不完全简并（即 Fermi 能级不进入能带）的半导体。这种二极管在较低工作电压时，其正向电流很小（正向特性与普通的 PN 结相似，是少数载流子的扩散电流，不出现隧道电流），而反向电流很大（是隧道电流）。

因为 PN 结的隧道击穿电压比其正向导通电压还低，故这种二极管的伏安特性曲线，在较小电压范围内与普通 PN 结二极管的恰好相反，因而称为反向二极管。

8. 异质结二极管

异质结二极管是由两种不同元素或不同成分材料构成二极管的结。在异质结的两边，材料的禁带宽度是不同的。

按照异质结两侧材料的导电类型，异质结可分为同型异质结（PP 结或 NN 结）和异型异质（PN 或 PN）结。但通常形成异质结需要具备以下条件：两种不同的半导体材料有相似的晶体结构、相近的原子间距和热膨胀系数。形成异质结的工艺通常有合金、外延、真空淀积等技术，适宜于制作超高速开关器件、太阳能电池以及半导体激光器等。

因为半导体异质结构能将电子与空穴局限在中间层内，从而，电子与空穴的复合率增加，发光的效率较大；同时改变量子井的宽度亦可以控制发光的频率。现在的半导体发光组件，大都是由异质结构所组成的。半导体异质结构发光组件，较其他发光组件，具有高效率、省电、耐用等优点，因此广泛应用于刹车灯、交通信号灯、户外展示灯等。值得一提的是在 1993 年，日本的科学家研发出蓝色光的半导体组件，使得光的三原色红、绿、蓝，皆可用半导体制作，因此各种颜色都可用半导体发光组件得到，难怪大家预测家庭用的灯泡、日光灯，即将被半导体发光组件所取代。

半导体激光二极管的基本构造，与上述的发光组件极为类似，只不过是激光二极管必须考虑到受激发光（stimulated emission）与共振的条件。使用半导体异质结构，因电子与空穴很容易掉到中间层，因此载流子数目反转（population inversion）较易达成，这是具有受激发光的必要条件，而且电子与空穴因被局限在中间层内，其结合率较大。此外，两旁夹层的折射率与中间层不同，因而可以将光局限在中间层，致使光不会流失，而增加激光强度，因而利用异质结构制作激光二极管，有很大的优点。第一个室温且连续发射的半导体异质结构激光二极管，是在 1970 年由阿法洛夫领导的研究群所制作出来的，克拉姆则在 1963 年发展了有关半导体异质结构雷射的原理。半导体雷射二极管的应用范围相当广泛，如激光唱片、高速光纤通信、激光打印机、激光笔等。

5.3　二极管的检测

二极管检测技术是以几何学、光学、电子学、热学等测量理论为基础，以各种检测测量仪器、设备为手段，以被测二极管性能参数为对象的检验测量技术的简称。从二极管产品的发展来看，任何一项新的二极管用材料技术、生产工艺技术及产品应用技术的出现，必将出现一种新的二极管产品，也将出现一种与新的二极管产品相适应的新的测量方法和仪器。虽然新的二极管需要新的测量方法、测量仪器，但所有的新的测量方法、测量仪器，都是基于经典的测量方法和仪器，经发展改进而成的。因此，经典测量方法和仪器是被逐渐发展了，而不是被取代了。因此，在本节中仍用较多的篇幅阐述经典的二极管测量技术。

二极管产品有不同的频率特性，因而形成了低频、高频、甚高频及微波测量等不同测量方法及仪器。对于一般二极管的电性能参数测量，通常可以分为以下几种：

（1）直流电性能参数的测量，包括电压、电流和功率等；

（2）交流电性能参数的测量，包括频率、频谱、时间、相位等；

（3）电路参数的测量，包括电阻、电感、电容、阻抗和损耗等；

（4）电路特性的测量，包括放大量、衰减、频率特性、噪声系数等。

而在微波频率范围内，由于分布参数的影响，其测量技术发展成一门独特的微波测量技术。早期的研究主要集中于功率、波长和频率、频谱和波形、驻波系数和阻抗、衰减和 Q 值等测量方法及仪器。对于微波二极管的反射特性，由于传输特性比较侧重于幅值方面，因而忽视了对相位的研究。但由于相控阵雷达及其他新技术的出现，在微波测量技术中发展了网络分析技术。特别是超高速脉冲发生器和采样技术的出现，使得时域测量技术进入了微波测量之中，出现了通过快速傅氏变换后得出频域散射参数的时域自动网络分析仪。

集成电路技术的快速发展，使计算机技术及网络技术得到了广泛的应用。除了人们熟悉的频域及时域的测量，又开辟了数据域测量的新领域。诸如逻辑分析仪、计算机测试系统等日益显示出现代电子测量技术的优越性。在市场上出现的新型电子仪器，常常将计算机技术、宽频技术、数字显示及处理技术等结合起来，进一步推动了电子产品的快速发展。

在现代电子测量技术中，已基本形成一种根据物理学原理而建立起来的自校准技术。它利用计算机的数据存储和处理能力，将一些标准件接入系统中进行测量，其测量结果与标准件所给出的数值差别，即为系统本身的固有误差。将以上误差信息储存起来，在以后测量时，通过计算机储存的误差信息修正被测件的测试数据，得到准确的测量结果。

5.3.1　二极管的常规检测

二极管的常规检测项目主要有外观检查、外形尺寸检测、极性检测、正向电压 V_F 检测、反向漏电流 I_R 检测、反向击穿电压 $V_{(BR)}$ 检测等。

1. 外观检查

1）外观检查方法

二极管的外观检查一般是参照（ GB/T 4589.1—2006/IEC 60747-10：1991 ）《半导体器件　第10 部分：分立器件和集成电路总规范》中 4.3.1.1 外部目检的要求，严格按照相对应的二极管产品详细规范中外观检查的要求来进行。检查项目包括：

① 生产商标志及其清晰情况；

② 产品型号或印章标志及清晰情况；

③ 产品质量保证等级代码及其清晰情况；

④ 产品生产批号或代码标志及其清晰情况；

⑤ 负极标志或引出端识别情况；

⑥ 外观完整性（主要是有无毛边、毛刺、飞边、附着物、划痕、变形等机械缺陷以及麻点、变色等光学缺陷）。

2）外观检查设备

二极管的外观检查设备通常有放大镜、体视显微镜等，如图 5.27 所示。

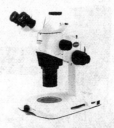

图 5.27　台式放大镜和体视显微镜

3）注意事项

① 外观检查一般应放在二极管检测的第一步进行，以避免其他检测操作过程对二极管外观造成的划痕、变形等影响。

② 外观检查一般要求戴细纱手套或指套操作，不能直接用手接触待检样品，以避免手汗对二极管外观造成的玷污等影响。

③ 外观检查时的照明条件必须满足待检二极管详细规范中的相应规定。

⑤ 当使用放大镜或体视显微镜进行外观检查时，放大镜或体视显微镜的放大倍率必须满足待检二极管详细规范中的相应规定。常用的放大倍率有 5×、10×、30× 等。

2. 外形尺寸检测

1）外形尺寸检测方法

二极管的外形尺寸检测一般要参照（GB 7581—87）《半导体分立器件外形尺寸》和（GB/T 4589.1—2006/IEC 60747-10：1991）《半导体器件第 10 部分：分立器件和集成电路总规范》中 4.3.2 尺寸的要求，严格按照相应产品详细规范中尺寸检测要求执行。

二极管的外形尺寸检测通常要求在室温条件下，使用经计量检定合格的测量设备，按详细规范的具体规定，检测各项物理尺寸的值，并判定其是否满足相应的尺寸公差规范要求。

2）外形尺寸检测设备

二极管外形尺寸的常用检测设备有千分尺/螺旋测微计、游标卡尺、测量显微镜、投影测量仪等，如图 5.28 所示。

千分尺/螺旋测微计

数显千分尺/螺旋测微计

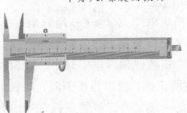
游标卡尺

数显游标卡尺

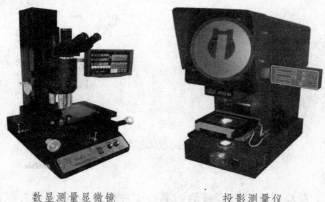

数显测量显微镜　　　　　　　　　投影测量仪

图 5.28　各种测量仪器

3）注意事项

① 外形尺寸检测一般要求戴细纱手套或指套操作，不能直接用手接触待检样品，以避免手汗对二极管外观造成的玷污等影响。

② 外形尺寸检测时的照明条件，必须满足所用测量设备的照明需求，以免影响测量设备的测量精度和测量数据的准确性。

③ 外形尺寸检测设备必须经计量检定合格，并在合格有效期内使用。

④ 实施外形尺寸检测的工作环境必须要满足待检二极管详细规范中的相应规定。多数情况下是要求常温/室温、25 ℃ 或者（25 ± 5）℃ 等。

3. 极性检测

1）极性检测方法

二极管的极性标志一般要参照（GB/T 12560—1999）《半导体器件分立器件分规范》2.4 引出端识别 2.4.1 二极管规定，用下述方法之一清晰地表示二极管的极性：

（1）整流二极管图形符号，箭头指向阴极。

（2）按下述色标：

① A20 外形（IEC191Ⅱ）《半导体器件的机械标准化第 2 部分尺寸》，（GB/T7581—87）《半导体分立器件外形尺寸》中的 D2-04A 和更小外形的二极管：

用一条明显的色带或一色点在这些二极管的阴极端进行标志。但当用色带识别型号时，可采用将第一条色带宽度加倍的方法来识别阴极端。如果二极管的管壳比 AIB（IEC 191-2，GB/T 7581 的 D2-03B）还小，其阴极端色标有可能与型号标志混淆时，后者应省略。

② 比 A20 外形更大的二极管，阴极端应使用红色。

二极管的极性检测是基于二极管具有的单向导电性。通常可使用万用表电阻 $R \times 1$ k 挡位进行测量，其方法是用万用表的红表笔和黑表笔交换测量二极管两引脚之间的电阻，表针较大变化或有示值较小的测量即表示正向导通（二极管正偏时电阻较小，反偏时电阻趋于无穷大）。由于红表笔内接电源负极，黑表笔内接电源正极，所以当正偏时，即表示黑表笔所连接二极管那端引脚为二极管正极，红表笔所连接的一端则为二极管负极。

二极管的极性标志应符合相应的产品详细规范中标识要求。

　　二极管的外形尺寸检测通常要求在室温条件下，使用经计量检定合格的测量设备，按详细规范的具体规定，检测各项物理尺寸的值，并判定其是否满足相应的尺寸公差规范要求。

　　2）极性检测设备

　　常用的二极管极性检测设备是万用表，其外形图如图 5.29 所示。

指针式万用表　　　　　　　　　　　　　　　数字式万用表

图 5.29　两种万用表

　　3）注意事项

　　二极管极性检测一般要求戴细纱手套或指套操作，不能直接用手接触待检样品，以避免手汗对二极管外观造成的玷污等影响。

　　（1）直流测试的一般注意事项如下：

　　① 对于半导体整流二极管正向特性的测量，直流电源的质量并不重要，只要峰-峰的纹波值小于 10%即可。

　　② 对于反向特性的测量，电压源峰-峰的纹波值不应超过 1%，并要特别注意确保不致因为任何电压瞬变而超过整流二极管的电压额定值。

　　（2）交流测试的一般注意事项如下：

　　① 可在电源电路中接入二极管，以保护示波器内的放大器免受无用半周脉冲的影响。

　　② 在测量小的反向电流时，有必要采取适当的预防措施来避免干扰，例如采用屏蔽变压器并适当的接地，还应注意避免杂散电容。

　　③ 应特别注意尽量降低残余电感，对大电流器件尤应如此。

　　（3）温度条件：对于下述所有的电特性测量，都应规定温度条件，应在达到热平衡后进行测量。

　　（4）测试环境条件：采用说明。

　　4．正向电压检测

　　1）直流法

采用直流法检测二极管两端的正向电压 V_F，是在规定的温度 T 和正向电流 I_F 条件下进行的，其检测电原理图如图 5.30 所示。其中，D 为被测二极管；R 为限流电阻器；G 为可调直流电压源。

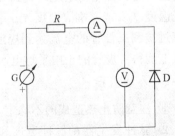

图 5.30　直流法检测二极管正向电压（V_F）

测量时，先将温度设置到规定值 T（环境温度 T_{amb}、管壳温度 T_{case} 或基准点温度 T_{ref}），调节直流电压源，使通过二极管的正向电流达到规定值 I_F，然后从电压表上读得二极管两端的正向电压 V_F。

2）示波器法（V_{FM}）

在规定的条件下，用示波器法测量整流二极管的正向电压瞬时值，电路原理图如图 5.31 所示。其中，D 为被测二极管；R_1 为已校准的取样电阻器；R_2 为低值电阻器；G 为可调交流电压源。

测量时，首先将温度设置到规定值 T（环境温度 T_{amb}、管壳温度 T_{case} 或基准点温度 T_{ref}），然后调节可调交流电压源 G，使被测二极管正向施加正弦半波电流，在示波器上读出显示的电压-电流曲线。

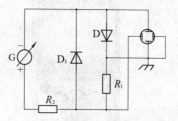

图 5.31　正向电压测试电路（示波器法）

3）脉冲法（V_{FM}）

在规定的条件下，用脉冲法测量整流二极管的正向电压，电路原理图如图 5.32 所示。其中，D 为被测二极管；G_1 为脉冲电压发生器；R_1 为保护电阻器；R_2 为已校准的电流取样电阻器。

测量时，首先将温度设置到规定值 T（环境温度 T_{amb}、管壳温度 T_{case} 或基准点温度 T_{ref}），然后将脉冲发生器电压调节到零，增加脉冲发生器输出电压，使流过二极管的正向电流达到规定值，最后在示波器上读出测量的正向电压。

可用峰值读数仪表代替示波器，但必须是在正向电流达到其峰值时，才测量正向峰值电压的仪表。

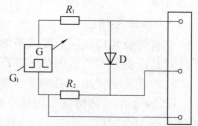

图 5.32　正向电压测试电路（脉冲法）

4）正向平均电压（$V_{F(AV)}$）

在规定的条件下，测量整流二极管的正向平均电压，电路原理图如图 5.33 所示。其中，D 为被测二极管；G_1 为可调高阻抗电流源，以确保正弦半波正向电流流过被测二极管；A 为平均值电流表；V 为平均值电压表；R_1 和 D_1 必须保证当被测二极管和 D_1 反偏时几乎全部偏置电压都加在 D_1 上。

测量时，首先将温度设置到规定值 T（环境温度 T_{amb}、管壳温度 T_{case} 或基准点温度 T_{ref}），然后调节交流电流源，使流过被测二极管的电流达到规定的平均值，在动圈式电压表上测得二极管的正向平均电压。

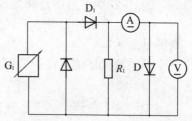

图 5.33　正向平均电压测试电路

5）注意事项

① 注意防止热造成的不稳定。

② 脉冲发生器的脉冲宽度和重复频率的选择应使得测量期间被测管内部的发热可以忽略。

③ 通常取脉冲宽度 100 ~ 500 μs 就可以满足。对于大功率整流二极管，取基本脉冲宽度为 1 ms 或更长的正弦脉冲，可能更适合于建立载流子平衡。

5. 击穿电压（V_{BR}）检测

1）脉冲法

在规定的条件下，用脉冲法测量二极管的击穿电压，电路原理图如图 5.34 所示。其中，D 为被测二极管；R 为已校准的无感电阻器；G 为脉冲恒流源或正弦半波发生器。

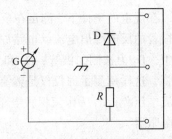

图 5.34　击穿电压测试电路（脉冲法）

测量时，首先将温度设置到规定值 T（环境温度 T_{amb}、管壳温度 T_{case}，或基准点温度 T_{ref}），然后增加脉冲恒流源或正弦半波发生器的输出以获得规定的反向电流值，最后在峰值读数仪表上读出击穿电压。

2）注意事项

脉冲恒流源的脉宽和占空比应使得二极管内部的发热可以忽略不计。

6. 反向电流（I_R）检测

1）直流法（I_R）

在规定的反向电压下，用直流法测量二极管的反向电流，电路原理图如图 5.35 所示。其中，D 为被测二极管；R 为限流电阻器；G 为可调直流电压源。

测量时，首先将温度设置到规定值 T（环境温度 T_{amb}、管壳温度 T_{case}，或基准点温度 T_{ref}），然后调节直流电压源，使被测二极管两端的电压 V_R 达到规定值，从电流表上读得反向电流 I_R。

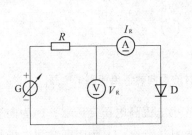
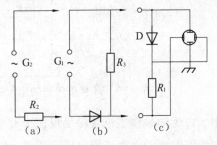

图 5.35　反向电流测试电路（直流法）　图 5.36　反向电流测试电路（示波器法）

2）示波器法（I_R）

在规定的条件下，用示波器法测量二极管的反向电流瞬时值，电路原理图如图 5.36 所示。其中，G_1 为低阻抗交流电压源；G_2 为高阻抗交流电压源；D 为被测二极管；R_1 为已校准的取样电阻器；R_2 为高阻值电阻器，使正反向电流值相等；R_3 为低值电阻器。

根据使用电源的阻抗，分别采用图中（a）或图中（b）与图中（c）的线路连接构成测试电路。

测量时，首先将温度设置到规定值 T（环境温度 T_{amb}、管壳温度 T_{case}，或基准点温度 T_{ref}），然后调节交流电压源使被测二极管两端的反向电压 V_R 达到规定值，在示波器上读出显示二极管的电压-电流曲线。

3）反向峰值电流（I_{RM}）

在规定的条件下，测量在反向重复峰值电压规定值下，二极管的反向峰值电流，电路原理图如图 5.37 所示：其中，D_1 为被测二极管；D_2 和 D_3 为提供负半周通路的二极管，这样使测量的仅仅是整流二极管的反向特性；G_1 为交流电压源；R_1 为限流保护电阻器；R_2 为已校准的电流读数电阻器。

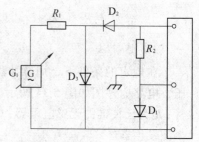

图 5.37　反向峰值电流测试电路

测量时，首先将温度设置到规定值 T（环境温度 T_{amb}、管壳温度 T_{case}，或基准点温度 T_{ref}），然后调节交流电压源，使被测二极管两端的反向重复峰值电压达到规定值，最后在与 R_2 两端连接的示波器上测量通过整流二极管的反向峰值电流。

可以用峰值读数仪表代替示波器，但该仪表必须是在反向电压达到峰值时，才可以测量反向峰值电流的仪表。

7. 具有正向平均电流功耗时的反向峰值电流（I_{RM}）

测量具有正向平均电流功耗时的反向电流，试验电路采用如同耐久性试验的模拟电路，电路原理图如图 5.38 所示。

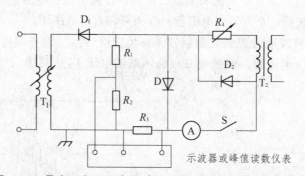

图 5.38　具有正向平均电流功耗时的反向峰值电流测试电路

其中，T_1 为向被测二极管提供反向半波电压的小电流高电压变压器；T_2 为向被测二极管提供正向半波电流的大电流低电压变压器；D 为被测二极管；D_1 为阻断被测二极管正向半波的二极管；D_2 为 T_2 的平衡二极管；A 为测量正向平均电流的电流表；R_1、R_2 为适应测量仪器而设的已校准的分压器；R_3 为已校准的电流取样电阻器；R_4 为提供规定正向电流的可变电阻器；S 为被测二极管正向导通的半周期间，具有 130°～180° 导通角的电子开关或机电开关，开关断开时，流过开关的漏电流必须小于被测二极管的反向电流。

测量时，首先调节 R_4 将正向电流调整到规定值，然后按正确的相位连接变压器 T_1 的输出，并调节输入电压以获得规定的峰值电压，把冷却条件调整到规定的环境、管壳或基准点温度，在示波器或峰值读数仪表上观测反向电流。

5.3.2 二极管的特殊检测

1. 恢复电荷 Q_r 和反向恢复时间 t_{rr} 的检测

1）正弦半波法

在规定的条件下测量二极管的恢复电荷 Q_r 和反向恢复时间 t_{rr}，电路原理图和波形图如图 5.39 和图 5.40 所示。

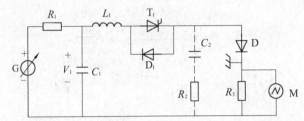

图 5.39　恢复电荷和反向恢复时间测试电路（正弦半波法）

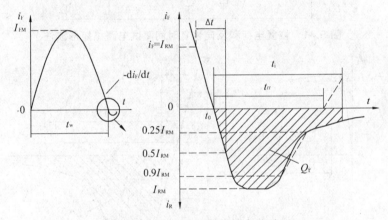

图 5.40　通过二极管 D 的电流波形

其中，C_1 为供给正向电流的电容器（同时见 L_1）；C_2 为抑制高反向感应电压的电容器；D 为被测二极管；D_1 为反向并联二极管；G 为电压源；L_1 为调节正向电流变化率 $-di_F/dt$ 和脉冲宽度（$t_w = \pi$）的电感器；M 为测量仪器（如示波器）；R_1 为抑制 C_1 充电的电阻器；R_2 为抑制高反向感应电压的电阻器；R_3 为已校准的电流读数无感电阻器；T_1 为电子开关（如闸流管）。

测量时，触发闸流管 T_1 通过调节电压源 G，使通过二极管 D 的正向峰值电流 I_{FM} 达到规定值。脉冲宽度 t_w、正向电流变化率 $-di_F/dt$ 和 C_1 两端的电压 V_1 应与规定的条件一致。

测出的恢复电荷为

$$Q_r = \int_{t_0}^{t_0 + t_i} i_R dt \tag{5-5}$$

式中　t_0——电流通过零值的瞬间；

　　　t_i——规定的积分时间，最好等于 t_{rr} 的最大规定值。

反向恢复时间 t_{rr} 的测量为：电流通过零值的瞬时值 t_0 与由于 i_R 值的减小，经过 $0.9I_{RM}$

和 $0.25I_{RM}$ 两点的直线与零电流轴相交所确定的瞬时值之间的时间间隔。

注：正向电流变化率是在零点两侧电流 $i_F = I_{RM}$ 和 $i_R = 0.5I_{RM}$ 之间测量的。

$$-\mathrm{d}i_F / \mathrm{d}t = \frac{3}{2} \cdot \frac{I_{RM}}{\Delta t} \tag{5-6}$$

2）矩形波法

在规定的条件下测量二极管的恢复电荷 Q_r 和反向恢复时间 t_{rr}，电路原理图和波形图如图 5.41 和 5.42 所示。

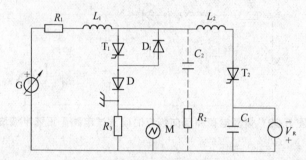

图 5.41　恢复电荷和反向恢复时间测试电路（矩形波法）

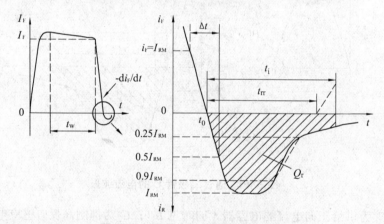

图 5.42　通过二极管 D 的电流波形

其中，C_1 为供给反向恢复电流的电容器；C_2 为抑制高反向感应电压的电容器；D 为被测二极管；D_1 为反向并联二极管；G 为电压源；L_1 为阻断反向电压的电感器（所选的 L_1/R_1 值比 t_w 小得多）；L_2 为调节正向电流变化率 $-\mathrm{d}i_F/\mathrm{d}t$ 的电感器；M 为测量仪器（如示波器）；R_1 为正向电流限流电阻器；R_2 为抑制高反向感应电压的电阻器；R_3 为已校准的电流读数无感电阻器；T_1 和 T_2 为电子开关（如闸流管）。

测量时，触发闸流管 T_1 通过调节电压源 G，给出 T_2 触发前正向电流 I_F 的规定值；在脉冲宽度 t_w 之后触发 T_2，通过外加一个反向电压 V_R 使二极管电流反向；用与电容器相连的反向电压 V_R 和感应线圈 L_2 使正向电流变化率调至规定值。

测得的恢复电荷为

$$Q_r = \int_{t_0}^{t_0+t_i} i \cdot \mathrm{d}t \tag{5-7}$$

式中：t_0——电流通过零时的瞬间；

　　　t_i——规定的积分时间，最好等于 t_{rr} 的最大规定值。

反向恢复时间 t_{rr} 的测量为：电流通过零时的瞬时值 t_0 与由于 i_R 值的减小，经过 $0.9I_{RM}$ 和 $0.25I_{RM}$ 两点的直线与零电流轴相交所确定的瞬时值之间的时间间隔。

注：正向电流变化率是在零点两侧电流 $i_F = I_{RM}$ 和 $i_R = 0.5I_{RM}$ 之间测量的。

$$-\mathrm{d}i_F / \mathrm{d}t = \frac{3}{2} \cdot \frac{I_{RM}}{\Delta t} \qquad (5\text{-}8)$$

2. 正向恢复时间 t_{fr} 和正向恢复峰值电压 V_{FRM} 的检测

1）测量方法

测量整流二极管的正向恢复时间 t_{fr} 和正向恢复峰值电压 V_{FRM}，电路原理图和测试波形图如图 5.43 和 5.44 所示。

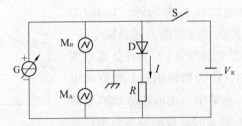

图 5.43　正向恢复时间和正向恢复峰值电压测试电路

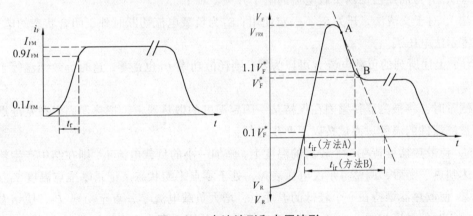

图 5.44　电流波形和电压波形

其中，D 为被测二极管；G 为脉冲电流发生器，其电压（开路输出电压）为 50 V，（最小）或 3 倍的 V_{FRM}，取较大者；R 为已校准的无感电阻器；S 为电子开关，除了在电流脉冲和整个脉冲宽度开始前一个周期外，均关闭；M_A 和 M_B 为示波器或其他监测仪器。

测量时，将温度设置到规定值 T（环境温度 T_{amb}、管壳温度 T_{case} 或基准点温度 T_{ref}），然后通过仪表 M_A 监测电流波形，将脉冲电流源调到规定的上升时间 t_r 和正向电流 I_{FM}；将反向电压 V_R 调到规定值，并适当设置开关 S。

2）注意事项

① 脉冲宽度应足够长以使正向电压达到稳定值 V_F^*。

② 脉冲宽度和脉冲电流发生器的工作周期应使得二极管的内部热量可忽略不计。

③ 正向恢复峰值电压 V_{FRM} 和正向恢复时间 t_{fr} 的测量是按规范中规定的方法，在 M_B 上监测二极管两端的电压波形。

3. 稳态热阻（R_{th}）的检测

1）测量方法

检测整流二极管结到基准点（最好在管壳上）之间的热阻，测量方法是基于：在两次不同的耗散功率 P_1 和 P_2，以及导致两次结温相同的冷却条件下，测量器件两次的基准点温度 T_1 和 T_2，两次结温是否相同可用在基准电流下的正向电压来验证。

$$R_{th} = \frac{T_1 - T_2}{P_1 - P_2} \tag{5-9}$$

测量的基本电路原理图如图 5.45 所示。其中，D 为被测二极管；I_1 为在结产生耗散功率 P 的负载电流，可以是直流电流，也可以是交流电流；I_2 为在负载电流 I_1 周期性切断的短时间内，作为监测用的基准直流电流；W 为指示负载电流 I_1 在结中产生的耗散功率 P 的瓦特表（对于交流法，W 测量的是被测器件的平均耗散功率），S_1 为周期性切断负载电流的电子开关（对于

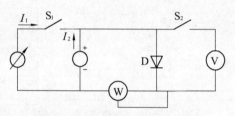

图 5.45 稳态热阻的测试电路

直流法），对于交流法，开关 S_1 不一定使用；S_2 为负载电流切断时处于闭合状态的电子开关；V 为零示法电压表。

注：上述所列的负载电流 I_1 可以为零；则耗散功率 P_1 也是零，这时等效结温等于基准点温度 T_1。

测量时，将被测器件紧固在保持某一固定温度的散热器上，把热偶固定在基准点上，以测量被测器件的温度。测试按以下两步进行：

① 使散热器维持在一个较高的温度上，施加一小的负载电流 I_1，则在结中产生耗散功率 P_1。达到热平衡后，调整零示法电压表 V，处于零点平衡状态。记录基准点温度 T_1。

② 使散热器维持在一个较低的温度上，增大负载电流 I_1，直至功率 P_2，使结温上升到与步骤①时的温度相同。这可由零示法电压表 V 的零平衡来显示。记录基准点温度 T_2。

热阻 R_{th} 可用下式计算：

$$R_{th} = \frac{T_1 - T_2}{P_1 - P_2} \tag{5-10}$$

2）注意事项

① 对于制造厂已经为热测量钻了孔的器件，管壳温度用插入该孔内的热偶测量。热偶截面的直径不应大于 0.25 mm，热偶小球最好用电焊法而不用锡焊或绞扭法形成。小球插入孔内后，轻轻敲击孔边金属将热偶小球盖住。

② 对于其他器件，基准点温度需用热容量可以忽略的温度敏感元件来测量。必要时，用黏合、焊接、夹紧或卡住等方法使热敏元件与器件管壳可靠贴紧，保证热阻可以忽略不计。

③ 当从负载电流 I_1 转换到基准电流 I_2 时，由于器件多余载流子的存在而出现瞬态电压。如果被测器件的管壳包含铁磁性材料，则会产生附加的瞬态电压，因此，这些瞬态效应消失之前，不应闭合 S_2。

4. 瞬态热阻抗（$Z_{(th)t}$）检测

1）测量方法

测量二极管结到基准点（最好在管壳上）之间的瞬态热阻抗，其测量方法是基于：对器件施加加热电流并待其达到热平衡后，记录器件中功率的耗散。随即切断加热电流，并以时间为函数记录基准电流下的正向电压和基准点温度。然后，用在相同基准电流下得到的校准曲线计算随时间变化的等效结温。基本电路原理图如图 5.46 所示。其中，D 为被测二极管；I_1 为在结产生耗散功率 P 的负载电流；I_2 为基准直流电流；S 为切断负载电流 I_1 的开关；W 为指示由负载电流 I_1 在结中产生

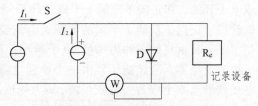

图 5.46　瞬态热阻抗的测试电路

的耗散功率 P 的瓦特表；R_e 为记录装置，如示波器，用于记录由于 I_2 产生的正向电压随时间的变化。

测量时：① 测量由基准电流 I_2 产生的正向电压与由外部加热（如用油槽）改变器件温度而变化的等效结温之间的函数关系，绘制出校准曲线。

② 将被测器件紧固在保持某一固定温度的散热器上。把热偶固定在基准点上以测量被测器件的基准点温度 T_{ref}。施加加热电流 I_1，使被测器件产生耗散功率 P 直到建立热平衡为止。

③ 断开开关 S，切断加热电流 I_1，用记录设备 R_e 记录由基准电流 I_2 产生的正向电压随冷却时间变化的关系。记录该期间的基准点温度。

④ 用校准曲线，将记录的正向电压曲线转换成等效结温（$T_{(vj)}$），则瞬态热阻抗 $Z_{(th)t}$，用下式计算：

$$Z_{(th)t} = \frac{[T_{(vj)}(0) - T_{ref}(0)] - [T_{(vj)}(t) - T_{ref}(t)]}{p} \qquad (5\text{-}11)$$

式中，$T_{(vj)}(0)$，$T_{ref}(0)$ 为开关 S 断开时 $t = 0$ 的温度；$T_{(vj)}(t)$，$T_{ref}(t)$ 为在时间 t 的温度。

5. 正向（不重复）浪涌电流（I_{FSM}）的测量

测量方法：在规定条件下，验证二极管正向（不重复）浪涌电流额定值，电路原理图如图 5.47 所示。

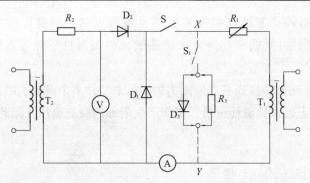

图 5.47   验证正向（不重复）浪涌电流额定值的电路

其中，A 为峰值读数仪表（如电流表或示波器）；D_1 为被试二极管；D_2 为阻断由变压器 T_2 提供正向电压的二极管；R_1 为调节浪涌电流的电阻器，（若电路中接有 D_3 时），其值应大于二极管 D_3 的正向电阻（见下面注解）；R_2 为保护电阻器，此电阻应尽可能小；S 为机电开关或电子开关，在正向（浪涌）半周工作期间，其导通角应接近于 180°；T_1 为通过开关 S 向被试管提供正向（浪涌）半周的低压大电流变压器，其电流波形基本上是宽度约为 10 ms 的正弦半波，其重复频率约为每秒 50 个脉冲；T_2 为通过二极管 D_2 向被试管提供反向半波的高压小电流变压器，若该变压器由一个单独电源馈电，则其相位必须与加在 T_1 上的电源一致，其电压波形基本上应为一正弦半波；V 为峰值读数仪表（如电压表或示波器），如需改进电路，则可在 X 与 Y 点之间接入一个由二极管 D_3 与开关 S_1 串联的支路，或者接入一个由电阻 R_3 与开关 S_1 串联的支路（这些电路是非强制性的）；D_3 为平衡电流的二极管，具有和被试二极管大致相同的正向电阻值；如果用电阻 R_3，则 R_3 的电阻值亦应与被试二极管的正向电阻值相同；S_1 为机电或电子开关，在变压器 T_1 的反向半周期间具有约 180° 的导通角。

试验时，将电压源与电流源调至零，整流二极管按其极性标志插入试验管座，并检查其温度条件，用峰值读数仪表 V 测量，将反向峰值电压调节到规定值，调节 R_1，将由峰值读数仪表 A 上测得的正向浪涌电流调至规定值，按规定的浪涌次数对被试整流二极管施加正向浪涌电流，根据试验后的测量来验证整流二极管承受正向浪涌电流额定值的能力。

6. 反向不重复峰值电压（V_{RSM}）的测量

测量方法：在规定的条件下，验证二极管的反向不重复峰值电压额定值，电路原理图如图 5.48 所示。其中，D_1 为提供半波通路的二极管，仅用来测量被试二极管的反向特性；D_2 为被试二极管；G_1 为交流电压源；S 为机电开关或电子开关（导通角约为 180°），向被试二极管施加反向半周期电源电压；V 为峰值读数仪表。

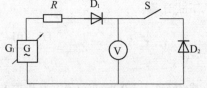

图 5.48   验证反向不重复峰值电压额定值的电路

试验时，偏置条件为零时，把被试整流二极管插入试验管座，断开开关 S 并提高交流电压到反向不重复峰值电压的额定值，检查规定的温度条件，接通开关 S（导通角近似 180°），将规定的反向不重复峰值电压加到被试二极管，根据试验后的测量来验证整流二极管承受反向不重复峰值电压额定值的能力。

注：重复率应保证前一个脉冲的热效应在下一个脉冲到达之前已完全消失。

7. 反向峰值功率（重复或不重复的）（P_{PRM}、P_{RSM}）的测量

1）三角波脉冲法

在规定的条件下,三角波脉冲法验证二极管的反向峰值功率额定值,电路原理图如图 5.49 所示。其中, D 为被试二极管；G_1 为可调交流电压源；D_1 为整流二极管；R_1 为限流电阻器；C 为调节脉冲宽度的可变电容器；R_1 为调节反向开路峰值电压的可变无感电阻器, D_2 为隔流二极管；S_1 为使电容器 C 放电的机电开关或电子开关（如火花放电器或闸流管）；R_3 为电流读数无感电阻器；M_1 为测量反向开路峰值电压的仪器（如示波器）, M_2 为测量反向电流脉冲宽度的仪器（如示波器）, M_1 和 M_2 可以合并（如双踪示波器）。

反向电流脉冲如图 5.50 所示。

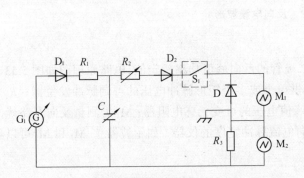

图 5.49　验证二极管的反向峰值功率额定值的
电路（三角波脉冲法）

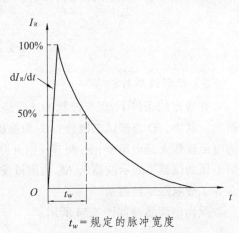

t_w = 规定的脉冲宽度

图 5.50　反向电流波形

2）正弦波脉冲法

在规定的条件下,正弦波脉冲法验证二极管的反向峰值功率额定值,电路原理图如图 5.51 所示。其中, D 为被试二极管；G_1 为可调交流电压源；D_1 为整流二极管；R_1 为限流电阻器；C 为调节脉冲宽度的可变电容器；R_2 为调节反向开路峰值电压的可变无感电阻器；S 为使电容器 C 向变压器 T_r 的初级线圈放电的机电开关或电子开关（如火花放电器或闸流管）；T_r 为高压变压器；PM 为防止 T_r 饱和的预磁化源或其他适当装置；D_2 为隔流二极管；R_3 为电流读数无感电阻器；M_1 为测量反向开路峰值电压的仪器（如示波器）, M_2 为测量反向电流脉冲宽度的仪器（如示波器）, M_1 和 M_2 可以合并（如双踪示波器）。

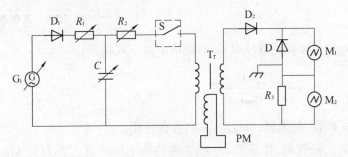

图 5.51　验证二极管反向峰值功率额定值的电路（正弦波脉冲法）

反向电流脉冲如图 5.52 所示。

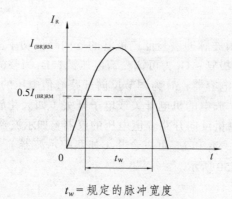

$t_w =$ 规定的脉冲宽度

图 5.52　反向电流波形

3）矩形波脉冲法

在规定的条件下,正弦波脉冲法验证二极管的反向峰值功率额定值,电路原理图如图 5.53 所示。其中,D 为被试二极管;G_1 为能提供单个或多个矩形脉冲电压的可调脉冲发生器;R_1 为电流读数无感电阻器;R_2 调节反向开路峰值电压的可变无感电阻器;M_1 为测量反向开路峰值电压的仪器（如示波器）,M_2 为测量反向电流脉冲宽度的仪器（如示波器）,M_1 和 M_2 可以合并（如双踪示波器）。

反向电流脉冲如图 5.54 所示。

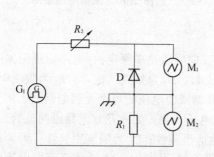

图 5.53　验证二极管反向峰值功率额定值的电路
（矩形波脉冲法）

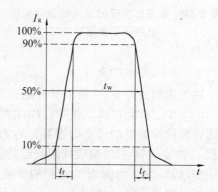

$t_w =$ 规定的 50%脉冲幅度上的平均脉冲宽度

$t_r \leqslant 20\% t_w$　　　　$t_f \leqslant 20\% t_w$

图 5.54　反向电流波形

测量时,R_2 的值（包括电压源 G_1 的阻抗）由下式确定:

$$R_2 = \frac{V_{(BR)\max} \times V_{(BR)\min}}{P_{RSM}} \qquad\qquad (5\text{-}12)$$

式中,$V_{(BR)\max} = V_{(BR)}$ 的上限;$V_{(BR)\min} = V_{(BR)}$ 的下限。

当夹具上无二极管时,电压源 G_1 产生的脉冲电压一直上升直到 M_1 上测得的反向开路峰值电压值等于 $V_{(BR)\max} + V_{(BR)\min}$,从而确保在 $V_{(BR)\max}$ 和 $V_{(BR)\min}$ 之间的任何反向电压的反向功率都低于额定值 P_{RSM} 或最大等于额定值 P_{RSM}，见图 5.55。然后关闭脉冲发生器，但保持设置值。

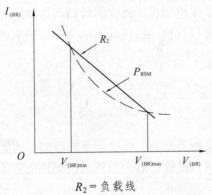

R_2＝负载线

图 5.55　验证 P_{RSM} 反向功率与击穿电压的关系曲线

根据二极管的极性标志，将其插入测试夹具中，将温度设置在规定值，施加规定的脉冲序列，根据通过试验测量的数据来验证二极管承受反向峰值功率额定值的能力。

8. 管壳非破坏峰值电流（I_{RM}）的测量

测量方法：在规定条件下，验证二极管的管壳非破坏峰值电流额定值，电路原理图和试验电流波形图如图 5.56 和 5.57 所示。

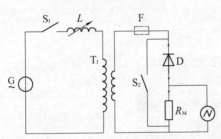

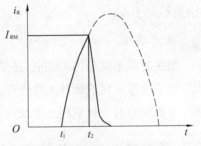

图 5.56　验证管壳非破坏峰值电流额定值的电路   图 5.57　通过被试器件的反向电流 i_R 波形

其中，G 为具有适当短路能力的交流系统；S_1、S_2 为能在规定的线电压周期瞬间工作的大功率机电开关或电子开关；F 为代替 S_2 的任选保险（见测试步骤）；L 为可变电感器；T_t 为大功率变压器；R_M 为已校准的电流读数无感电阻器；D 为被试的整流二极管（或闸流管）。

试验前，应先用小功率高压脉冲或机械方法将被试器件损伤，这样击穿总是发生在硅片边缘。

注：需要时，机械损伤应在器件密封前完成。

对被试器件进行初始检漏试验，而且泄漏率应低于 10^{-7}Pa·m³/s（10^{-6}bar·cm³/s）。

试验时，将被试器件插入测试仪器中，在 t_1 瞬间闭合开关 S_1，这样电压以反方向施加于被试器件上，使击穿发生在先前被损伤点上。其结果是，反向电流急剧上升，其上升变化率可通过改变电感 L 来调节（在合理的极限内），在 t_2 瞬间，闭合开关 S_2，这样峰值电流被限制在规定的 I_{RM} 值。

　　另外，可将保险 F 置于电路中，当保险工作时便可中断通过被试器件的电流。

　　试验后，被试器件要进行检漏试验，泄漏率应低于 $10^{-7}\text{Pa} \cdot \text{m}^3\text{s}^{-1}(10^{-6}\text{bar} \cdot \text{cm}^3\text{s}^{-1})$，也可在电测量期间使用等离子体检漏仪，确保测量期间即使出现细小的裂纹，也没有等离子体逸出，电测量后，对器件进行目检。器件既不能有微粒脱落的痕迹，也不能有外部熔化或燃烧的迹象。

9. 热循环负载的测量

1）测量方法

　　用耐久性试验来验证某些类型的二极管承受结温波动的能力，电路原理图和波形图如图 5.58 所示。其中，D 为被试二极管；R_1 为电流读数无感电阻器；S 为机电或电子开关。

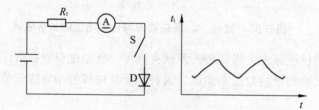

图 5.58　热循环负载试验电路和波形图

　　试验时，用规定电流（最好近似等于最大额定正向平均电流）加热二极管，直到其结温介于最高额定等效结温 $T_{(vj)max}$ 和（$T_{(vj)max} - 20$）℃ 之间，然后断开开关 S_1，使二极管冷却到等效结温不大于 40 ℃。

2）注意事项

① 加热时间不应超过 6 min，冷却时间不应超过 8 min。

② 试验应按规定的循环次数进行。

③ 应在试验前后分别测量那些可能受本试验影响的参数。

10. 检波效率（η）的测试

　　二极管输入端加上规定频率的正弦电压 u_i 时，输出端的直流电压 U_o 与输入端的电压峰值 U_p 之比，称为检波效率 η。即

$$\eta = U_o/U_p \tag{5-13}$$

　　检波效率 η 的测试原理如图 5.59 所示。

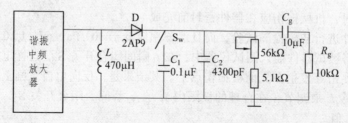

图 5.59　测试 η 的原理图

其中，R_g 为检波负载；$C \geqslant 100/(fR_g)$；f 为测试频率。

测试步骤如下：

① 调节信号源，使输入信号频率 f 和电压 u_i 符合规定值。

② 调节电容 C_1，使回路谐振。

③ 测出负载 R_g 上的直流电压 $U_o = I_g R_g$，即可求得 η。

11. 频率特性测试

二极管的高频整流电压 U_o' 与低频（0.1 MHz）整流电压 U_o 的变化率，称为检波二极管的频率特性。即

$$频率特性 = \frac{U_o - U_o'}{U_o} \times 100\% \tag{5-14}$$

频率特性的测试原理图如图 5.60 所示。其中，毫伏表为超高频毫伏表，终端负载在 400 MHz 以下为 75 Ω，400 MHz 以上为 50 Ω。

测试步骤如下：

① 调节信号源，使输出频率为 0.1 MHz，并使毫伏表的指示值为规定的 U_o 值，再记下此时的标准电压表的指示值。

② 再调信号源，使频率为规定的频率，并保持标准电压表的指示值不变。读取毫伏表的指示值 U_o' 即可求得频率特性。

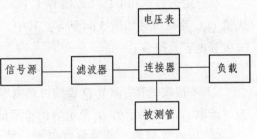

图 5.60　测试二极管频率特性的原理图

12. 二极管电容测量

1）电桥法

在给定电压和频率下，用电桥法测量二极管两端的电容，测试原理图如图 5.61 所示。

测试时，先单独调电容，使电桥平衡，读得电容指示值 C_1。然后调节偏置电源，使反向电压 U_R 为规定值，并重调电容，使电桥平衡，读得电容指示值 C_2。电容读数的变化值（$C_2 - C_1$），即为所测电容值。

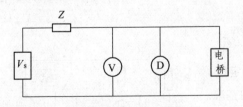

图 5.61　电桥法测二极管电容的原理图

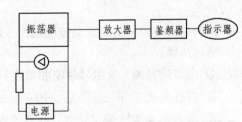

图 5.62　鉴频法测二极管电容的原理图

2）鉴频法

在给定电压和频率下，鉴频法测量二极管两端的电容，测试原理图如图 5.62 所示。测试

时，先不接被测管，调节振荡器，使指示器指示零位。然后接上被测管，调节偏置电源，使反向电压 U_R 为规定值。这时，指示器的指示值，即为所测电容值。

3）谐振法

在给定电压和频率下，谐振法测量二极管两端电容的原理图如图 5.63 所示。

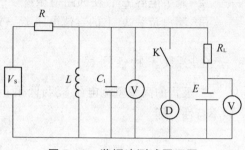

测试时，先接通开关 K，调节偏置电源，使电压为规定值。然后，断开开关 K，调节微调电容 C_1，找到谐振点。此时，读得 C_1 的电容量为 C_o。再接通开关 K，重调 C_1，再次找到谐振点，读得 C_1 的电容量为 C_o'。则 C_1 的变化值（$C_o' - C_o$），即为所测电容值。

图 5.63　谐振法测试原理图

13. 变容管优值 Q_V 测试

在一定的频率和电压（或电容）下，变容二极管储存能量与消耗能量之比，称为变容管优值 Q_V，测试原理如图 5.64 所示。其中，电容 C 要比二极管电容大得多。

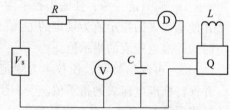

测试步骤：

① 不接被测管，调节 Q 表的可调电容，使回路谐振，读取 Q 表的指示值 Q_1 及电容的指示值 C_1。

② 接入被测管，调节偏置电源，使电压为规定值。然后重复上述步骤，并读取 Q_2 和 C_2。则二极管优值 Q_V 为

图 5.64　测量 Q_V 的原理图

$$Q_V = Q_1Q_2(C_1 - C_2)/[(Q_1 - Q_2)C_1] \tag{5-15}$$

14. 正向微分电阻 r_f 测试

给定正向电流 I_f 时，二极管电压 U 对电流 I 的变化率，称为正向微分电阻 r_f。即

$$r_f = \Delta U/\Delta I \tag{5-16}$$

正向微分电阻 r_f 的测试原理图如图 5.65 所示。

测试步骤：

① 调节信号源，使信号频率和幅度符合规定值。

② 将开关 K 置于校正位置，校正指示器的基准。

③ 将开关 K 置于测试位置，调节偏置电源，使二极管正向电流符合规定值 I_f。

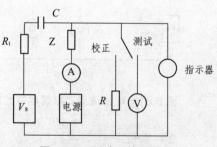

这时，从指示器上读得的指示值，即为正向微分电阻 r_f。

图 5.65　测试 r_f 的原理图

5.3.3 二极管检测实例

以 MM3Z5V1 型硅稳压二极管检测实例。

1. 检测指标

1）外观要求

在正常照明条件和正常视力条件下（必要时在放大镜或显微镜下，按详细规范规定），下述各项要求应正确：

① 生产商标志应清晰；
② 产品型号或印章标志应清晰；
③ 产品质量保证等级代码应清晰；
④ 产品生产批号或代码标志应清晰；
⑤ 负极标志或引出端识别应正确；
⑥ 外观应完整（应无毛边、毛刺、飞边、附着物、划痕、变形等机械缺陷以及麻点、变色等光学缺陷）。

2）外形尺寸要求

在室温条件下，使用经计量检定合格的测量设备进行测量，测量样品应满足表 5.9 所示各尺寸公差规范的要求。

表 5.9 外形尺寸要求

封装外形	外形尺寸图		单位为毫米		
			尺寸符号	SOD-323	
				min	max
			A	1.55	1.75
			B	1.15	1.35
			C	0.80	1.00
SOD-323			D	0.25	0.40
			E	0.23REF	
			H	0.00	0.10
			J	0.09	0.18
			K	2.30	2.70

3）电参数指标要求

MM3Z5V1 型硅稳压二极管的各项电参数指标要求如表 5.10 所示。

表 5.10 电参数指标要求

参数名称	符号	测 试 条 件	最小值	典型值	最大值	单位
工作电压	V_Z	$I_{ZT} = 5.0\ mA$	4.8	5.1	5.4	V
动态电阻	r_Z	$I_Z = I_{ZT} = 5.0\ mA$	—	—	60	Ω
拐点动态电阻	r_{ZK}	$I_Z = 1.0\ mA$	—	—	500	Ω
反向漏电流	I_R	$V_R = 2.0\ V$	—	—	5.0	μA

2. 仪器选择

1）外观检查

根据外观检查的要求，选择使用带照明装置的体视显微镜（见图 5.66）在 ×10 倍放大情况下对样品进行检查，以验证样品各项外观是否符合相应的要求。

2）外形尺寸

根据外形尺寸测试公差的要求，选择使用投影测量仪（见图 5.67）对样品进行测试，以验证样品各项外形尺寸是否符合相应的要求。

3）电参检测

根据样品需测试的电参数的要求，选择使用 351-TT/P 测试系统（见图 5.68）对样品电流、电压等主参数进行测试，以验证样品各项电参数是否符合相应的要求。

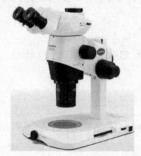　　　　　　　　

图 5.66　体视显微镜　　　　图 5.67　投影测量仪　　　　图 5.68　351-TT/P 测试系统

3. 检测步骤

1）外观检查

① 在工作环境干净整洁的情况下，按工作要求穿戴好工作服和静电防护用具，根据安全操作规程的要求，打开照明装置的电源开关，将体视显微镜的放大倍率置于 10 倍，在体视显微镜的视场区中放一调机样品，调节体视显微镜的焦距，使样品呈现清晰图像。

② 按工作要求准备好盛装"待检品"、"合格品"、"次品"、"废品"等分类的容器，并做好标志记录。

③ 根据外观检查的要求，逐个逐项检查待检产品，并做好相应记录，必要时拍取相应图片。

④ 按工作要求分类包装完产品，填写工作记录、报告，整理检查记录数据，清洁整理工作台面和体视显微镜。

⑤ 根据安全操作规程的要求，关闭照明装置的电源开关。

2）外形尺寸检测

① 在工作环境满足投影仪测量工作要求的工作条件（如温度、湿度、洁净度、气压、电源等）的情况下，按工作要求穿戴好工作服和静电防护用具，根据投影仪安全操作规程的要求，打开设备的电源开关，将投影仪的放大倍率置于适当值（通常为 10 倍），在投影仪的视场区中放一调机样品，调节投影仪的焦距，使样品呈现清晰图像。

② 按工作要求准备好盛装"待测品"、"合格品"、"次品"、"废品"等分类的容器，并做好标志记录。

③ 根据外形尺寸的测量要求，逐个逐项测量待测产品外形尺寸，并做好相应记录，必要时拍取相应图片。

④ 按工作要求分类包装完产品，填写工作记录、报告，整理测量记录数据，清洁整理工作台面和投影仪。

⑤ 根据安全操作规程的要求，关闭投影仪的电源开关。

3）电参检测

① 在工作环境满足 351-TT/P 测试系统工作要求的工作条件（如温度、湿度、洁净度、气压、电源等）的情况下，按工作要求穿戴好工作服和静电防护用具，根据安全操作规程的要求，顺序打开 351-TT/P 测试系统的各个电源开关，启动 351-TT/P 测试系统。启动完成后，打开 351-TT/P 测试系统的测试程序、编辑程序，编辑并保存测试程序，调用测试程序并完成联机操作，在其已完成联机的测试站的测试夹具上放置一调机样品，启动测试开关完成一次调机样品测试，检查测试结果数据，确保测试结果正确无误。启动测试数据记录工作程序并命名测试数据记录文件名（通常采用操作者代号 + 产品型号 + 生产批号等方式），完成测试数据记录准备。

② 按工作要求准备好盛装"待测品"、"合格品"、"次品"、"废品"等分类的容器，并做好标识记录。

③ 根据产品的测量工作要求，逐个测量待测产品，并做好相应数据的记录与保存工作。

④ 按工作要求分类包装完产品，填写工作记录、报告，整理并打印测试数据，清洁整理工作台面和 351-TT/P 测试系统。

⑤ 根据安全操作规程的要求，顺序关闭 351-TT/P 测试系统的各个电源开关。

4. 检测结果

1）外观检查结果

××公司
产品外观检查报告

设备型号	设备编号	检定/校准有效期	操作者	操作日期	备注
C-310	81060016	2014-12-20	…	2013-12-15	

产品检验情况

产品生产商	××公司						
产品型号	MM3Z5V1	印章标志	0A		产品质量保证等级		J
产品生产批号	J1312001	数量	100 只		负极标志或引出端识别		√
机械缺陷	毛边	毛刺	飞边	附着物	划痕	变形	
	1	0	2	0	1	2	
光学缺陷	麻点	变色					
	1	1					
产品合格数	92 只						
其他							

报告审核人： 审核日期：2013-12-16 部门：品质保障部

2）外形尺寸检测结果

××公司

产品外形尺寸报告

设备型号	设备编号	检定/校准有效期	操作者	操作日期	备注
TYY-210	81060018	2014-12-20	…	2013-12-15	

产品检验情况

产品生产商					××公司			
产品型号	MM3Z5V1		印章标志	0A	产品质量保证等级			J
产品生产批号	J1312001		数量	3 只	负极标志或引出端识别			√
参数代码：	A	B	C	D	H	J	K	
规范要求：	1.55~1.75	1.15~1.35	0.80~1.00	0.25~0.40	0.00~0.10	0.09~0.18	2.30~2.70	
产品编号 1	…	…	…	…	…	…	…	
产品编号 2	…	…	…	…	…	…	…	
产品编号 3	…	…	…	…	…	…	…	
平均值（$\bar{x}$）	…	…	…					
标准偏差（s）								
产品合格数				3				
其　他：								

报告审核人：　　　审核日期：2013-12-16　　　部门：品质保障部

3）电参检测结果

××公司

产品电参检测报告

设备型号	设备编号	检定/校准有效期	操作者	操作日期	备注
351-TT/P	81060019	2014-12-20	…	2013-12-15	
JYS2960F	81060021	2014-12-20	…	2013-12-15	

产品检验情况

产品生产商				××公司			
产品型号	MM3Z5V1		印章标志	0A	产品质量保证等级		J
产品生产批号	J1312001		数量	3 只	负极标志或引出端识别		√
参数代码：	V_Z		I_R		R_Z		r_{ZK}
测试条件：	$I_Z = 5.0$ mA		$V_R = 2.0$ V		$I_Z = I_{ZT} = 5.0$ mA		$I_Z = 1.0$ mA
规范要求	最小值	4.8					
	最大值	5.4	2.0		60		500
	单位	V	μA		Ω		Ω
产品编号	1	…	…		…		…
	2	…	…		…		…
	3	…	…		…		…
平均值（$\bar{x}$）		…	…		…		…
标准偏差（s）		…	…		…		…
产品合格数		3					
其 他							

报告审核人： 　审核日期：2013-12-16 　部门：品质保障部

第6章　三极管的检测

6.1　三极管的基础知识

6.1.1　三极管概述

晶体三极管的参数可分为直流参数、交流参数、极限参数、特征频率。晶体三极管的参数是使用与选用晶体三极管时的重要依据，为此了解晶体三极管的参数，可避免选用或使用不当而导致管子损坏。

1．直流参数

（1）集电极-基极反向电流 I_{CBO}。当发射极开路，在集电极与基极间加上规定的反向电压时，集电结中的漏电流就称 I_{CBO}，此值越小表明晶体管的热稳定性越好。一般小功率管约为 10 μA，硅管更小些。

（2）集电极-发射极反向电流 I_{CEO}，也称穿透电流。它是指基极开路时，在集电极与发射极之间加上规定的反向电压时，集电极的漏电流。此值越小越好。硅管一般较小，约在 1 μA 以下。如果测试中发现此值较大，此管就不宜使用。

2．极限参数

（1）集电极最大允许电流 I_{CM}。当三极管的 β 值下降到最大值的一半时，管子的集电极电流就称集电极最大允许电流。当管子的集电极电流 I_C 超过一定值时，将引起晶体管某些参数的变化，最明显的是 β 值下降。因此，实际应用时，I_C 要小于 $I_{(CM)}$

（2）集电极最大允许耗散功率 P_{CM}。当晶体管工作时，由于集电极要耗散一定的功率而使集电结发热，当温度过高时就会导致参数的变化，甚至烧毁晶体管。为此规定晶体管集电极温度升高到不致于将集电极烧毁所消耗的功率，就成为集电极最大耗散功率。使用时为提高 P_{CM} 值，可给大功率管子加上散热片，散热片越大，P_{CM} 值就提高得越多。

（3）集电极发射极反向击穿电压 U_{CEO}。当基极开路时，集电极与发射极之间允许加的最大电压。在实际应用时，加到集电极与发射极之间的电压，一定要小于 U_{CEO}，否则将损坏三极管。

3．电流放大系数

（1）直流放大系数 β'。它是指无交流信号时，共发射极电路，集电极输出直流 I_C 与基极输入直流 I_B 的比值，即 $\beta = I_C/I_B$。

β' 是衡量三极管电流放大能力的一个重要参数，但对于同一个三极管来说，在不同的集电极电流下有不同的 β' 值。

（2）交流放大系数 β。这个参数是指有交流信号输入时，在共发射极电路中，集电极电流的变化量 ΔI_C 与基极电流的变化量 ΔI_B 的比值，即 $\beta = \Delta I_C / \Delta I_B$。

以上两个参数分别表明了三极管对直流电流的放大能力和对交流电流的放大能力。但由于这两个参数值近似相等，即 $\beta' \approx \beta$，因此在实际使用时一般不再区分。

4．特征频率 f_T

因为 β 值随工作频率的升高而下降，频率越高，β 下降得越严重。三极管的特征频率 f_T 是指 β 值下降到 1 时的频率值。就是说在这个频率下工作的三极管已失去放大能力，即 f_T 是三极管使用中的极限频率，因此在选用三极管时，一般管子的特征频率要比电路的特征频率至少高出 3 倍。但不是 f_T 越高越好，如果选得太高，就会引起电路的振荡。

6.1.2　三极管的型号和命名

1．三极管型号命名方法

1）国内三极管的命名方法

我国半导体器件型号由五部分组成，各部分意义如下。

第一部分：用数字表示半导体器件有效电极数目。用数字 3 来表示三极管。

第二部分：用汉语拼音字母表示半导体器件的材料和极性。三极管的表示如下：A 表示 PNP 型锗材料；B 表示 NPN 型锗材料；C 表示 PNP 型硅材料；D 表示 NPN 型硅材料。

第三部分：用汉语拼音字母表示半导体器件的类型。P 表示普通管；V 表示微波管；W 表示稳压管；C 表示参量管；Z 表示整流管；L 表示整流堆；S 表示隧道管；N 表示阻尼管；U 表示光电器件；K 表示开关管；X 表示低频小功率管（$F<3\ \text{MHz}$，$P_c<1\text{W}$）；G 表示高频小功率管（$f>3\ \text{MHz}$，$P_c<1\ \text{W}$）；D 表示低频大功率管（$f<3\ \text{MHz}$，$P_c>1\ \text{W}$）；A 表示高频大功率管（$f>3\ \text{MHz}$，$P_c>1\ \text{W}$）；T 表示半导体晶闸管（可控整流器）；Y 表示体效应器件；B 表示雪崩管；J 表示阶跃恢复管；CS 表示场效应管；BT 表示半导体特殊器件；FH 表示复合管；PIN 表示 PIN 型管；JG 表示激光器件。

第四部分：用数字表示序号。

第五部分：用汉语拼音字母表示规格号例如：3DG18 表示 NPN 型硅材料高频三极管。

2）国外三极管的命名方法

参见 5.1.3 节中晶体管的型号和命名。

2．三极管常用器件

表 6.1 列出了常用的三极管及其参数。

表 6.1　常用三极管及其参数

晶体管型号	集电极-发射极电压/V	集电极-基极电压/V	射极-基极电压/V	集电极电流/A	耗散功率/W	结温/°C	特征频率/MHz	结构
9011	30	50	5	0.03	0.4	150	370	NPN
9012	− 30	− 40	− 5	0.5	0.625	150	150	PNP
9013	25	45	5	0.5	0.625	150	150	NPN
9014	45	50	5	0.1	0.4	150	150	NPN
9015	− 45	− 50	− 5	0.1	0.45	150	300	PNP
9016	20	30	5	0.025	0.4	150	620	NPN
9018	15	30	5	0.05	0.4	150	620	NPN

6.2　新型三极管

6.2.1　漂移晶体管（缓变基区晶体管）

漂移晶体管（缓变基区晶体管），在基区中设置有加速电场。这种晶体管基区中的加速电场是通过掺杂不均匀（缓慢变化）来实现的，所以又称为缓变基区晶体管。显然，这种晶体管具有比较优良的放大、高频、高速性能。因此，它是 BJT 现代应用中的主流器件之一。

1. 基区的加速电场

双扩散 BJT 中的净杂质浓度分布情况如图 6.1 所示。

这里 P 型基区是在 N 型单晶衬底上扩散入施主杂质形成的，而 N 型发射区又是在 P 型基区上经过再一次扩散入受主杂质形成的。由杂质热扩散的规律可以知道，所得到的扩散杂质浓度的分布一般为 Gauss 分布：

$$N(x) = N_0 \exp(- x^2/4D_t) \qquad (6-1)$$

不过为了方便起见，在若干情况下也可采用指数分布来近似。由此可见，在基区表面附近的一个小范围内受主杂质浓度的梯度为负，而其余大部分基区的受主杂质浓度梯度为正。对于受主

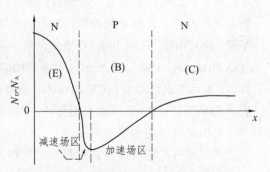

图 6.1　双扩散 BJT 中的净杂质浓度分布

杂质浓度梯度为正的区域，多数载流子空穴的浓度也必然有相同的梯度（左边高，右边低）。由于空穴具有这样一个浓度梯度，则将由左向右扩散，结果就会在扩散离开的空穴与原地不动的受主杂质之间产生一个电场（称为基区自建电场），其方向是阻止空穴的进一步扩散（由右边指向左边），以维持基的电中性。虽然这个电场对基区中多数载流子空穴的扩散起着阻

碍作用，但是对从发射区注入基区的少数载流子电子而言，却起着加速运动的作用，所以我们称这个区域为加速电场区。基区自建电场对少数载流子具有加速作用，从而可以增强少数载流子在基区的复合与提高器件的频率和速度。

由于基区自建电场 E 是由于杂质分布不均匀引起的，所以其大小应该与杂质的分布有关：

$$E = \frac{kT/q}{p_p(x)} \cdot \frac{\mathrm{d}p_p(x)}{\mathrm{d}x} \approx \frac{kT}{qN_B} \cdot \frac{\mathrm{d}N_B(x)}{\mathrm{d}x} \tag{6-2}$$

如果把基区杂质的分布近似为指数分布，即设 $N_B(x) = N_B(0)\exp(-\eta x/W)$，其中的电场因子 $\eta = \ln[N_B(0)/N_B(W)]$ 即表示杂质分布的陡峭程度（对均匀分布，电场因子 $\eta = 0$）。这时基区中的自建电场将与位置无关：$E = -\frac{kT}{q} \cdot \frac{\eta}{W}$，可见，在指数杂质分布近似下，基区自建电场为常数。

2. 基区少数载流子（电子）浓度分布及其电流

由于基区中存在有自建电场，则基区的电子电流既有扩散电流，也有漂移电流，为

$$Jn = qn_p(x)\mu_n E + qD_n(\mathrm{d}n_p/\mathrm{d}x) \tag{6-3}$$

把基区的自建电场 E 表示式代入到上式中，得到

$$\frac{\mathrm{d}n_p(x)}{\mathrm{d}x} + \frac{n_p(x)}{p_p(x)}\frac{\mathrm{d}p_p(x)}{\mathrm{d}x} = \frac{I_n}{qAD_n} \tag{6-4}$$

若忽略基区复合（即有 $I_n = I_{En}$），并令 $n_p(W) = 0$（因为处于放大态），通过把上式两边乘以 $p_p(x)$，再从 W 到 x 积分：

$$\int_W^x \frac{I_{En}}{qAD_n} p_p(x)\mathrm{d}x = \int_W^x \mathrm{d}[p_p(x)n_p(x)] \tag{6-5}$$

即得到基区电子浓度的分布为

$$n_p(x) = \frac{I_{En}}{qAD_n p_p(x)} \int_W^x p_p(x)\mathrm{d}x \approx \frac{I_{En}}{qAD_n N_B(x)} \int_W^x N_B(x)\mathrm{d}x \tag{6-6}$$

如果基区的掺杂浓度 $N_B(x)$ 是指数分布，则可得到

$$n_p(x) = \left(\frac{I_{En}}{qAD_n}\right)\left(\frac{W}{\eta}\right)\left\{1 - \exp\left[-\eta\left(1 - \frac{x}{W}\right)\right]\right\} \tag{6-7}$$

这时少子浓度的分布 $n_p(x)$ 与 η 有关（η 越大，分布的梯度就越小），表明少子扩散的作用随着 η 的增大而越来越小，但受到电场漂移的作用却越来越大（漂移电流越来越大）。若积分在整个基区进行（即积分限取为 $0 \rightarrow W$），即可得到漂移晶体管的基区电子电流为

$$I_{En} = -\frac{qAD_n n_i^2}{\int_0^W p_p(x)\mathrm{d}x} \approx \frac{qAD_n n_i^2}{Q_G}\exp\left(\frac{qV_{BE}}{kT}\right) \tag{6-8}$$

对于外延双扩散平面晶体管，由于其发射区也是通过杂质扩散形成的，则与基区一样，也存在杂质浓度的梯度，从而也存在自建电场 E。但这个自建电场的方向是从发射区指向基区的，所以将阻碍基区反向注入发射区的空穴的扩散运动，对提高发射结注射效率有利。

3. 直流电流放大系数

知道了通过发射结的电子电流和空穴电流，即可得到注射效率为

$$\gamma = (1 + I_{Ep}/I_{En})^{-1} = [1 + (D_p Q_G / D_n Q_E)]^{-1} \tag{6-9}$$

又因为基区的体内复合电流为指数分布近似：

$$\frac{1}{\lambda} = \frac{\eta - 1 + \exp(-n)}{\eta^2} \approx \frac{\eta - 1}{\eta^2} \approx \frac{1}{\eta} \tag{6-10}$$

则输运系数为

$$I_{VR} = qA \int_0^W \frac{\Delta n_p(x)}{\tau_n} dx = \frac{I_{En} W^2}{\lambda L_n^2} \tag{6-11}$$

$$\alpha_T = 1 - \frac{I_{VR}}{I_{En}} = 1 - \frac{W^2}{\lambda L_n^2} \tag{6-12}$$

从而直流放大系数为（掺杂浓度均是指平均值）

$$a_0 = \gamma a_T = \frac{1}{1 + \dfrac{\mu_p E W N_B}{\mu_n W_E N_E}} \left(1 - \frac{W^2}{\lambda L_n^2}\right) \approx 1 - \frac{\mu_p E}{\mu_n} \frac{W}{W_E} \frac{N_B}{N_E} - \frac{W^2}{\lambda L_n^2} \tag{6-13}$$

$$\frac{1}{\beta_0} = 1 - \alpha_0 = \frac{\mu_p E}{\mu_n} \frac{W}{W_E} \frac{N_B}{N_E} + \frac{W^2}{\lambda L_n^2} \tag{6-14}$$

结果表明：漂移晶体管的直流放大系数与参数 λ 有关。对于均匀基区的情况，$\lambda = 2$。对于非均匀基区的漂移晶体管，将有 $\lambda > 2$。所以，提高电场因子 η，就可以提高晶体管的电流放大系数。

当考虑到发射结势垒区中的复合时，漂移晶体管的电流放大系数需要修改为

$$\frac{1}{\beta_0} = \frac{\mu_p E}{\mu_n} \frac{W}{W_E} \frac{N_E}{N_E} + \frac{W^2}{\lambda L_n^2} + \frac{N_B W x_E}{2 D_n n_i \tau} \exp\left(-\frac{q V_{EB}}{2kT}\right)^{-1} \tag{6-15}$$

在考虑到存在基区表面复合时，漂移晶体管的输运系数需要修改为（N_B 是基区的平均掺杂浓度）

$$\alpha_T = 1 - \frac{W^2}{\lambda L_n^2} - \frac{A_{eff} s W N_B}{A D_n N_B(0)} \tag{6-16}$$

6.2.2　异质结双极型晶体管（HBT）

对于一般的 BJT，在设计和制造时，采取若干措施之后，可以实现高频和高速性能。但是如果要进一步提高频率和速度，将会遇到不可克服的内在矛盾。而异质结的引入正好可以克服上述困难，解决 BJT 中的内在矛盾，从而可以实现超高频、超高速性能。

1. BJT 在超高频、超高速上所遇到的困难

我们知道，对于 BJT 而言，为了进一步提高工作的频率和速度，就要求减小基极电阻 r_B、集电结电容 C_C、发射结电容 C_E 和衬底的寄生电容等。其中，减小 r_B 所需要采取的措施就是提高基区掺杂浓度（但这会使发射结注射效率降低，影响放大系数）和增宽基区厚度（但这会使载流子渡越基区的时间增加，反而影响到频率和速度，同时也会使放大系数降低）。减小 C_E 所需要采取的措施就是降低发射区掺杂浓度（但这也会使发射结注射效率降低，影响放大系数）。而减小集电结耗尽层电容，要求增加集电结耗尽层厚度和减小集电结面积，但这会使渡越集电结耗尽层的时间增加，同时功率容量也将受到影响。此外，减小寄生电容特别是衬底的寄生电容，可采用 SOI 或 SOS 结构的衬底材料以及减小管芯尺寸等措施。

可见，提高 BJT 的频率和速度，与提高其放大能力是互相矛盾的。这种矛盾关系如图 6.2 所示。正因为 BJT 存在这种不可克服的内在矛盾，所以其频率和速度也只能达到一定的水平。例如，Si-BJT 一般很难达到 10 GHz 以上的工作频率。只有把这种矛盾解决了以后，才能实现超高频和超高速。

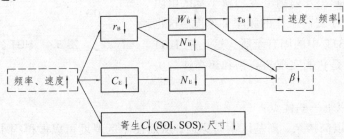

图 6.2　BJT 在提高频率和速度上所遇到的矛盾

2. 异质结双极型晶体管（HBT）的特性

由于 HBT 从根本上克服了通常 BJT 的以上内在矛盾，从而可实现超高频和超高速，所以现在 HBT 受到了人们的很大关注。HBT 的基本结构与通常 BJT 的不同之处就是发射区采用了宽禁带的半导体材料（即发射结是异质结，基区的禁带宽度比发射区的窄）。由于异质结的采用，就使得 HBT 呈现出其最大的优点，即发射结的注射效率得到了很大的提高，并且基本上与发射结两边的掺杂浓度无关，而只决定于异质结本身的能带不连续性。同时，现在的工艺又可以做到基区很薄，让基区输运系数接近 1，则器件的放大系数也就等于其发射结的注射效率。所以 HBT 的放大系数能够做到很高，而不需要顾及发射区低掺杂和基区高掺杂的影响，从而可把基区的掺杂浓度做得很高（甚至比发射区的还高），这就可以在保证放大系数很大的前提下来提高频率。现在 HBT（及其 IC）是能够工作在超高频和超高速的一种重要的有源器件。

应用于器件的两种典型的异质结能带如图 6.3 所示。

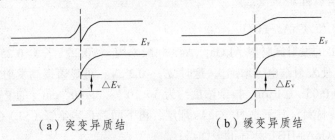

（a）突变异质结　　　　　　　（b）缓变异质结

图 6.3　发射结的能带图

在突变异质结中存在有导带底和价带底的不连续量ΔE_F、ΔE_F以及电子的势垒尖峰。在缓变异质结中只有ΔE_v，而没有电子势垒尖峰。在 HBT 中，采用缓变异质结是比较好的，这有利于注射效率的提高。若采用突变异质发射结，由于势垒尖峰有阻挡电子从发射区注入基区的作用，从而将使注射效率下降，不过这时注入基区的电子速度较大，对高速工作有利。为了降低导带电子势垒尖峰，可在势垒处增加一层阻挡层（放在窄禁带一边）或引入一层掺杂偶极层。图 6.4 是 HBT 的能带图，可见，发射结正向偏置时，电子可以比较容易地从发射区注入基区，而基区中的空穴却不容易注入发射区（因为阻挡空穴的势垒比电子的势垒要高ΔE_v），因此发射结的注射效率约为 1。这时并不需要发射区高掺杂，也不必基区低掺杂，甚至可以是基区高掺杂、发射区低掺杂，也并不影响发射结的注射效率，从而对放大系数没有妨碍。相反，这种倒转掺杂，对减小发射结电容和减小基区电阻大有好处，有利于提高工作的频率和速度，这也就解决了通常 BJT 中的固有矛盾，这正是 HBT 的最大长处，也是它能实现超高频和超高速的关键所在。

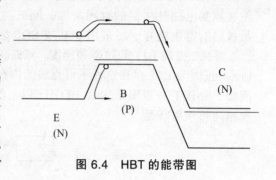

图 6.4　HBT 的能带图

HBT 具有以下一些优点：

① 基区可以高掺杂，则基区不易穿通，从而使基区厚度可以做得很小（即不限制器件尺寸缩小）。

② 基区电阻很小，则可大大提高f_{max}。

③ 因基区高掺杂，则基区电导调制不明显，从而大电流密度时的增益下降不明显。

④ 基区电荷对集电结电压不敏感，则 Early 效应不大，即提高了 Early 电压。

⑤ 发射区可以低掺杂，则可减小发射结电容C_{TE}，提高f_T。

⑥ 可以实现基区组分缓变，则可产生较强的基区内建电场（可比同质 BJT 中的强 2～5 倍，能实现速度过冲效应），使渡越时间τ_B缩短，大大提高f_T。

⑦ 集电区也采用宽E_g半导体的双异质结 HBT，可改善放大状态和反转状态下的工作性能。因为当器件饱和时，异质集电结可阻止空穴从基区向集电区注入，能大大减小过量存储电荷，可提高关闭速度，同时还可提高击穿电压，并且具有可在正反两个方向对称工作的特点（使电路设计灵活性增大）。

3. 常见 HBT 简介

1）$Al_xGa_{1-x}As/GaAs-HBT$

对这种 HBT 的发射区材料$Al_xGa_{1-x}As$，一般采用$x \approx 0.25$（若$x > 0.25$，则 N 型 AlGaAs 中将出现深施主，使发射结电容增加），这时$\Delta E_g \approx 0.3$ eV，可显著提高发射结的注射效率。基区常采用厚度约为 0.05～0.1 μm，掺杂浓度约为$5 \times 10^{18} \sim 1 \times 10^{20}$ cm^{-3}的 P$^+$-GaAs 材料。集电区常采用 N$^-$-GaAs 材料，其下是 N$^+$-GaAs 埋层，再下面就是半绝缘（SI）GaAs 衬底。

$Al_xGa_{1-x}As/GaAs$-HBT 具有很多优点：

① 其中的异质发射结晶格匹配很好（因为 $Al_xGa_{1-x}As$ 与 GaAs 的晶格在 x 等于任何值时都能很好匹配），这是一个重要的优点。

② 半绝缘衬底的采用，使得器件之间容易隔离和互连，使得器件或互连线与衬底之间的寄生电容可以忽略（这对微波电路至关重要，因为为了避免微波信号的衰减和降低电阻，互连线的宽度较大，所以对衬底的影响很大）。

③ 比较容易实现单片微波集成电路（MIMIC）。

④ 以 AlGaAs/GaAs-HBT 为基础的微电子电路与采用 AlGaAs/GaAs 制作的光电子器件可以集成在一起，而实现光电子集成电路（OEIC）。

2）InGaAs 系 HBT

与 InP（禁带宽度为 1.35 eV）晶格能很好匹配的Ⅲ-Ⅴ族化合物半导体有 $In_{0.53}Ga_{0.47}As$（禁带宽度为 0.75 eV）和 $In_{0.52}Al_{0.48}As$（禁带宽度为 1.5 eV）。因此可用 $In_{0.53}Ga_{0.47}As$ 作为基区、用 InP 或 $In_{0.52}Al_{0.48}As$ 作为发射区来分别构成 HBT。半绝缘衬底可采用掺 Fe 的 InP 材料。这种 HBT 的主要优点就是 $In_{0.53}Ga_{0.47}As$ 中的电子迁移率很高（其本征材料的电子迁移率是 GaAs 的 1.6 倍，是 Si 的 9 倍）。

3）$Si/Si_{1-x}Ge_x$ - HBT

这种 HBT 是以 Si 作为发射区、以禁带宽度较窄的 $Si_{1-x}Ge_x$ 作为基区而构成的。尽管一般的 Si/SiGe 异质结是属于晶格失配的异质结（界面上存在失配位错，产生有很多电子局域状态），但是可以把 SiGe 合金层生长成为赝晶层，通过其中价键的畸变（应力）来达到与 Si 晶格的良好匹配。所以采用这种由赝晶层形成的 Si/SiGe 异质结，可以获得性能优良的 HBT。

不过赝晶层的生长厚度存在有一个限度，当超过某一厚度时即释放出应力而转变成相应晶格常数的晶体，从而在异质结界面上产生失配位错。能够保持成为赝晶层的临界厚度就称为临界厚度，其大小与材料的组分有很大的关系。对于 SiGe 合金层，当厚度低于临界厚度时，此合金层与 Si 之间可以弹性调节，而不会出现晶格失配，这就得到所谓应变层结构的异质结，这时的 $Si_{1-x}Ge_x$ 赝晶层处于有应力的亚稳态；当厚度大于临界厚度时，将出现晶格弛豫。图 6.5 示出了 $Si_{1-x}Ge_x$ 鹰晶层的临界厚度与组分 x 的关系。对 Si/SiGe-HBT 的实验表明，当 SiGe 基区厚度超过 0.2 μm 时，基极电流增加，这就是 SiGe 合金层的厚度超过了临界厚度而产生出失配位错的缘故。

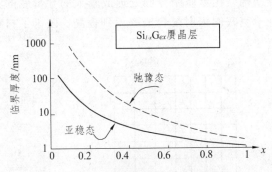

图 6.5　$Si_{1-x}Ge_x$ 赝晶层的临界厚度与
Ge 组分 x 的关系

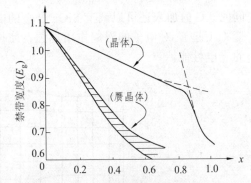

图 6.6　$Si_{1-x}Ge_x$ 赝晶和晶体的禁带宽度与
Ge 组分 x 的关系

　　SiGe 合金的禁带宽度与组分 x 有关，如图 6.6 所示。在 SiGe 的摩尔分数 x 达到 20%时，SiGe 合金与 Si 的禁带宽度之差ΔE_g 大约为 200 meV，这么大的ΔE_g将使注射效率明显提高。因此，利用这种应变层结构的异质结可以获得很高的注射效率。值得注意的是，SiGe 合金与 Si 之间的禁带宽度之差基本上是造成价带顶的能量台阶ΔE_v，而导带底台阶ΔE_c较低（这是由于 Si 和 Ge 的电子亲和能分别是 4.00 eV 和 4.05 eV，非常接近），这种情况对于制作 NPN BJT 非常有利（因为这时所产生的电子势垒很低，有利于注射效率的提高）。所以 Si/SiGe 异质应变层结构的 HBT 是一种性能优良的超高频、超高速器件。

　　值得指出，SiGe 应变层具有发光的性能（因为存在应变的关系，发光的选择定则不再适用，从而提高了发光效率），在光电子器件领域中也有重要应用。现在采用 MBE（分子束外延）和 MOCVD（金属有机物化学气相淀积）技术已经能够生长出高质量应变层结构的 Si/SiGe 异质结，并且在 SiGe 基区中可以通过改变 Ge 组分产生很强的自建电场来加速少数载流子的输运，因此可以得到性能优异的 Si/SiGe-HBT（f_T 已经达到 115 GHz，f_m 可高达 150 GHz）。此外，由于 Si/SiGe-HBT 可以采用成熟的 Si 工艺来制作，并且还可以与一些光电子器件集成到一个芯片上，所以，以应变层结构的 Si/SiGe 异质结作为基础的 HBT 及其集成电路受到了人们的极大重视。

　　还当指出的是，应变层结构的 Si/SiGe 异质结在新型的场效应器件及其电路中也有重要的应用。SiGe 赝晶层中由于存在有应力，可使价带顶能带的简并解除，从而使空穴的迁移率大大提高。这对制作高频、高速的 P 型沟道场效应晶体管具有重要的意义，可大大改善 CMOS 的高频、高速性能。

　　此外，有必要指出，虽然 Si/SiGe 应变异质结具有上述的许多优点，但是它也存在若干不足之处。例如，对于高 Ge 组分的 SiGe 合金，临界厚度只有 0.8 nm，这就限制了它的器件应用范围；SiGe 赝晶层中的应变是压应变，使得其亚稳结构（外延层厚度大于临界厚度时）在较高温度下性质退化；能带边的突变主要是在价带，这对 NPN-HBT 有利，但对应用于光电的器件来说是不利的（因为该异质结难以对电子进行有效的限制，使得电子-空穴的辐射复合概率难以提高）。近年来已经研制出了能弥补 SiGe 赝晶层不足的、性能优异 SiGeC 赝晶薄膜及 Si/SiGeC 应变异质结。

　　对于 SiGeC 三元系合金，其中 C 可以缓解 SiGe 合金中的压应变（因为 C 晶体的晶格常数小于 Si 和 Ge 的晶格常数），使得有可能得到 0 应变、甚至张应变（加入 1%的 C，即可补偿 9.4%的 Ge 所带来的压应变），如图 6.7 所示，这就可以提高合金应变层的临界厚度。同时，C 的加入还可以调节 SiGe 合金的能带结构，在异质结界面处形成较大的导带底的突变（飞起），对电子的限制作用加强，使得电子空穴的辐射复合概率得到提高，改善了材料的光电性能。

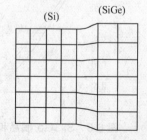 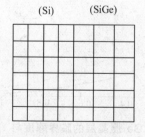

（a）SiGe 赝晶薄膜中有压应变　　（b）SiGeC 赝晶薄膜中应变小

图 6.7　Si/SiGe 和 Si/SiGeC 应变异质结的晶格结构

就 HBT 而言，实验表明，如果在 SiGe 基区中掺入低浓度（$5 \times 10^{19} \sim 5 \times 10^{20}\,cm^{-3}$）的 C，可提高 B 离子的注入水平，同时可明显地抑制由退火注入损伤引起的 B 的瞬间增强扩散（因为 C 可使 B 在 SiGe 中的扩散系数减小一个数量级以上），从而显著地改善器件的射频特性。例如，在同等工艺水平下，Si/SiGeC-HBT 与 Si/SiGe-HBT 相比，前者的 f_m 要高 70%，在 10 GHz 时的最小射频噪声指数由后者的 3 dB 降为 2dB，环行振荡器的延迟时间由后者的 21 ~ 22 ps 缩短为 12~14 ps。

总之，SiGe、SiGeC 的赝晶薄膜和相应的 Si/SiGe、Si/SiGeC 的应变异质结，在微电子领域和光电子领域中都有着广阔的应用前景。

4．多晶硅发射极晶体管（PET）

这种晶体管是通过改造发射区并能大大提高 BJT 性能的一种器件。所谓多晶硅发射极晶体管，就是在薄发射区上先覆盖一层掺杂多晶硅薄膜，然后再在多晶硅薄膜上制作发射极金属电极而构成的一种 BJT，即是在发射区与金属电极之间增加了一层掺杂多晶硅薄膜的 BJT。正是这一层多晶硅薄膜，大大改善了晶体管的性能。对于常用的高频双扩散外延平面晶体管，为了保证基区宽度窄而均匀，在工艺上就必须采用浅基区扩散和浅发射区扩散（或采用离子注入技术）。这样得到的发射结深度都很浅（目前高速 BJT 的发射结深度已经小于 0.1 μm），而 N 型发射区的掺杂浓度即使高至 $10^{20}\,cm^{-3}$ 时，其中空穴的扩散长度仍然可比发射结深度要大（可达到 0.17 μm），因此这种浅的发射结将给器件带来一个很严重的问题，即导致基区空穴往发射区注入的数量增加（这相当于短基区的 PN 结增大了注入空穴浓度的梯度，参见图 6.8，使得发射结的注射效率降低，从而，晶体管的放大系数降低。所以，如何克服浅发射区的不良影响，这是高频、高速 BJT 中的一个极其重要的问题。

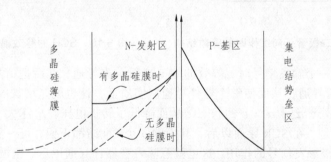

图 6.8　发射区和基区中少子浓度的分布

由图 6.8 可见，若能减弱浅发射区表面的复合作用，则可使发射区中少数载流子浓度的分布梯度减小，即能起到减弱从基区往发射区注入载流子的作用，从而可提高发射结的注射效率和整个器件的放大系数。实践发现，在浅发射区表面上覆盖一层多晶硅薄膜即可达到这个目的（表面复合速度减小的程度与多晶硅薄膜的制备工艺有关）。这也就是多晶硅发射极晶体管的长处。所以多晶硅发射极晶体管是一种性能优于一般 BJT 的新型器件。

在多晶硅发射极晶体管中所采用的多晶硅薄膜的典型厚度是 0.3 μm，其中的掺杂浓度约为 $(1 \sim 2) \times 10^{20}\,cm^{-3}$。多晶硅薄膜的质量通常用其中载流子的扩散长度和迁移率来表征，一般其中空穴的扩散长度约为 0.1 μm，迁移率约为单晶硅的 0.3 倍。多晶硅薄膜中的高掺杂，不仅可减小发射极串联电阻,更重要的是杂质在晶粒间界处分凝可使空穴迁移率降低,有利于减小基极电流和提高电流放大系数。

对于实际的多晶硅发射极晶体管,在 Si 与多晶硅薄膜之间往往自然形成一层很薄的氧化层,此界面氧化层的具体厚度与淀积多晶硅前的清洗工艺有关。Si 片在淀积多晶硅前是没有经过 HF 浸泡的(RCA 处理),界面氧化层的厚度约为 15 Å;经过 HF 浸泡的(HF 处理),界面氧化层往往破残不全,厚度约为 5 Å。界面氧化层并不是理想的 SiO_2,而是 SiO_x($x \approx 1.7$)。界面氧化层对空穴构成的势垒高度比对电子的大得多,具体的势垒高度与界面氧化层的厚度有关(25 Å 的界面氧化层,对空穴的势垒高度约为 1 eV,15 Å 时约为 0.5 eV),但都远小于热生长氧化层形成的相应的势垒高度(约为 3 eV)。对于完整的界面氧化层,由于很薄,则载流子能以隧道效应方式通过它。不过,由于对电子和对空穴构成的势垒高度不等,则隧穿概率大小不同,这种作用更有利于提高发射结的注射效率(RCA 器件就是这种情况)。

5. 可控硅整流器(SCR)

在 P-N-P-N 二极管的内部基区上再加一个栅极,就构成了三端的可控硅整流器,其正向工作时等效结构如图 6.9 所示,其等效的晶体管模型如图 6.10 所示。

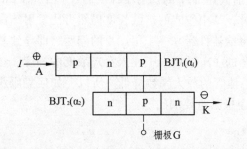

图 6.9　P-N-P-N 二极管正向工作时的等效结构　　　图 6.10　SCR 的等效晶体管模型

当栅极加上一个触发信号时,等效的 N-P-N 管首先导通,然后把信号电流放大后再驱动等效的 P-N-P 管导通,从而使整个器件导通。实质上,这也就是增加的栅极电流 I_G,使得 P-N-P-N 二极管处于 $\alpha_1 + \alpha_2 = 1$ 的状态,从而降低了转折电压。I_G 越大,转折电压降低得越多。值得注意的是,在 SCR 导通以后,其中的 3 个 PN 结都正偏,可一直维持器件的导通状态,不再需要栅极触发信号的作用。这也就意味着在器件导通以后,栅极不能再起控制作用,即不能简单利用栅极来关断器件,只有通过把端电压下降到 0(截断电源)或反偏时才能关断器件。

P-N-P-N 晶闸管的作用在其他半导体器件或集成电路中往往有着不良的影响。在一些器件(如 CMOS 反向器)中,如果存在有 P-N-P-N 结构,则只要有某种不定因素的触发,该 P-N-P-N 结构即出现正向导通而不能关断,就有很大的电流不断通过而引起整个器件失效,这就是所谓 P-N-P-N 晶闸管的闩锁(latch-up)效应。这是在设计和制造有关器件与电路时需要极力避免的。

6. 可用栅极关断的晶闸管(GTO)

对于导通的 SCR,若能通过栅极从其基区中引出积累的载流子,使 J_2 结反偏,则可强制关断器件，具有这种功能的晶闸管就是所谓 GTO。

GTO 的基本结构如图 6.11 所示，其特点是把阴极分割为若干个部分，每个部分阴极都被栅极包围着，使得阴极栅极之间靠得比较近，能很好满足上述的关断条件，以达到容易关断的目的。

此外还有在第三象限也具有相同开关特性的 DIAC、TRIAC 等类型的晶闸管，如图 6.12 所示。这些器件已经广泛地应用于电力控制（调制光、电动机转速控制、温度控制等）和交流直流变换（逆变器、换能器等）等电力电子技术领域的各种装置中。

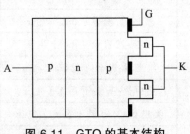

图 6.11 GTO 的基本结构

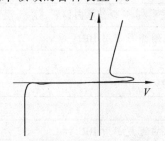 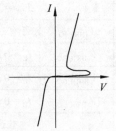 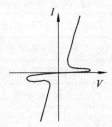

（a）P-N-P-N 二极管，SCR，GTO（b）反向导通二端晶闸管，反向导通三（c）DIAC，TRIAC（集
（基极接地：第一象限有开关作用，　端晶闸管（发射极接地：第一象限有　电极接地：第一象限和第
　　第三象限为阻断状态）　　　　开关作用，第三象限为导通状态）　三象限都有开关作用）

图 6.12 各种类型晶闸管的特性比较

6.3 三极管的检测

6.3.1 三极管的常规检测

三极管的常规检测项目主要有外观检查、外形尺寸检测、极性检测、正向电压 V_F 检测、反向漏电流 I_R 检测、反向击穿电压 $V_{(BR)}$ 检测等。

6.3.1.1 检测参数

三极管常规检测的电性能参数，如表 6.2 ~ 表 6.4 所示。

表 6.2 电压参数

名称和命名	文字符号	测试条件
集电极-基极（d.c.）电压	V_{CB}	
集电极-发射极（d.c.）电压	V_{CE}	

续表 6.2

名称和命名	文字符号	测试条件
发射极-基极（d.c.）电压	V_{EB}	
基极-发射极（d.c.）电压	V_{BE}	
集电极-基极（直流）电压	V_{CBO}	$I_E = 0$，I_C 为规定值
发射极-基极（直流）电压	V_{EBO}	$I_C = 0$，I_E 为规定值
集电极-发射极（直流）电压	V_{CEO}	$I_B = 0$，I_C 为规定值
集电极-发射极（直流）电压	V_{CER}	$R_{BE} = R$，I_C 为规定值
集电极-发射极（直流）电压	V_{CES}	$V_{BE} = 0$，I_C 为规定值
集电极-发射极（直流）电压	V_{CEX}	$V_{BE} = X$（规定），发射极-基极结反向偏置，I_C 为规定值
击穿电压（开路）	$V_{(BR)\cdots O}$	所有这些击穿电压的缩写都用 BR
集电极-基极击穿电压	$V_{(BR)CBO}$	$I_E = 0$，I_C 为规定值
发射极-基极击穿电压	$V_{(BR)EBO}$	$I_C = 0$，I_E 为规定值
集电极-发射极击穿电压	$V_{(BR)CEO}$	$I_B = 0$，I_C 为规定值
击穿电压（规定电路）		所有这些击穿电压的缩写都用 BR
集电极-发射极击穿电压	$V_{(BR)CER}$	$R_{BE} = R$，I_C 为规定值
集电极-发射极击穿电压	$V_{(BR)CEX}$	$V_{BE} = X$，I_C 为规定值
击穿电压（短路）	$V_{(BR)\cdots S}$	所有这些击穿电压的缩写都用 BR
集电极-发射极击穿电压	$V_{(BR)CES}$	$V_{BE} = 0$，I_C 为规定值
发射极-基极浮置电压	V_{EBfl}	$I_E = 0$，V_{CB} 为规定值
穿通电压	V_{pt}	
集电极-发射极饱和电压	V_{CEsat}	I_B、I_C 为规定值
基极-发射极饱和电压（I_B、I_C 为规定值）	V_{BEsat}	

表 6.3 电流参数

名称和命名	文字符号	测试条件
基极（直流）电流	I_B	
集电极（直流）电流	I_C	
发射极（直流）电流	I_E	
集电极截止电流	I_{CBO}	$I_E = 0$，V_{CB} 为规定值
集电极截止电流	I_{CEO}	$I_B = 0$，V_{CE} 为规定值
发射极截止电流	I_{EBO}	$I_C = 0$，V_{EB} 为规定值
集电极截止电流	I_{CER}	$R_{BE} = R$，V_{CE} 为规定值
集电极截止电流	I_{CES}	$V_{BE} = 0$，V_{CE} 为规定值
集电极截止电流	I_{CEX}	$V_{BE} = X$，V_{CE} 为规定值
基极截止电流	I_{BEX}	$V_{CE} = X$，V_{BE} 为规定值

表 6.4　功率参数

名称和命名	文字符号	测试条件
集电极耗散功率	P_C	T_{amb} 或 T_{case} 为规定值
所有电极的总输入功率（直流或平均值）	P_{tot}	T_{amb} 或 T_{case} 为规定值

6.3.1.2　检测设备

1. 外观检查设备

三极管的外观检查设备通常有放大镜、体视显微镜（见图 5.27）、图形图像自动检测系统（见图 6.13）等。

图 6.13　图形图像自动检测系统

2. 外形尺寸检测设备

三极管外形尺寸的常用检测设备有千分尺/螺旋测微计、游标卡尺、测量显微镜、投影测量仪等，见图 5.28 所示。

3. 电特性检测设备

三极管电特性的常用检测设备有可调直流电压/电流源、脉冲信号源、万用表（电压、电流、电阻表）、示波器、特性图示仪、综合参数测试系统、特殊参数测试仪等，如图 6.14 所示。

（a）可调直流电压源　　　　　　　（b）脉冲信号源

（c）指针式万用表

（d）数字式万用表

（e）示波器

（f）特性图示仪

（g）综合参数测试系统

（h）特殊参数测试仪

图 6.14　各类电气特性检测设备

6.3.1.3　检测方法

本节电路图中所示电源极性只适用于 NPN 器件。但只要改变仪表和电源极性，该电路也可适用于 PNP 器件。

1. 外观检查

三极管的外观检查一般是参照 GB/T 4589.1-2006/IEC 60747—10：199《半导体器件第 10 部分：分立器件和集成电路总规范》中 4.3.1.1 外部目检的要求，严格按照相对应的三极管产品详细规范中外观检查的要求来进行。检查项目包括：

① 生产商标志及其清晰情况；

② 产品型号或印章标志及清晰情况；

③ 产品质量保证等级代码及其清晰情况；

④ 产品生产批号或代码标志及其清晰情况；

⑤ 负极标志或引出端识别情况；

⑥ 外观完整性（主要是有无毛边、毛刺、飞边、附着物、划痕、变形等机械缺陷以及麻点、变色等光学缺陷）。

2．外形尺寸检测方法

三极管的外形尺寸检测一般要参照（GB 7581—87）《半导体分立器件外形尺寸》和（GB/T 4589.1—2006/IEC 60747—10：199）《半导体器件第 10 部分：分立器件和集成电路总规范》中 4.3.2 尺寸的要求，严格按照相应的产品详细规范中尺寸检测要求执行。

三极管的外形尺寸检测通常要求在室温条件下，使用经计量检定合格的测量设备，按详细规范的具体规定，检测各项物理尺寸的值，并判定其是否满足相应的尺寸公差规范要求。

3．截止电流测量

1）直流法测集电极-发射极截止电流（I_{CEO}，I_{CER}，I_{CEX}，I_{CES}）

在规定条件下测量晶体管的集电极-发射极截止电流，测试电路图如图 6.15 所示。

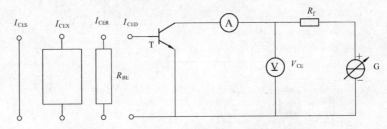

图 6.15　集电集-发射集截止电流测试电路

其中，T 为被测晶体管；电阻 R_f 为限流电阻；基极-发射极间的电路应按规定连接。
测试步骤：
① 将温度调到规定值。
② 按 6.3 中所列"测试条件"进行调节。
③ 用电流表读出截止电流。

2）直流法测集电极-基极截止电流（I_{CBO}）

除发射极和基极对调外，集电极-基极截止电流的测试方法同集电极-发射极截止电流的测试方法。发射极开路。

3）直流法测发射极-基极截止电流（I_{EBO}）

除把发射极与电流表及把基极与公用线连接外，发射极-基极截止电流的测试方法与集电极-发射极截止电流的测试相同。集电极开路。

4．集电极-发射极饱和电压（V_{CEsat}）测量

1）直流法

在规定条件下，测量晶体管的集电极-发射极饱和电压，测试电路图如图 6.16 所示。

注意事项：因为有超过最大耗散功率 P_{tot} 的危险，故应严格按下述测量步骤的顺序进行。必要时，可修改测试电路，例如，在电源 G_2 的两端接入电压限制电路。

测试步骤如下：

① 将温度调到规定值；

② 调节基极电流，使电流表 A_1 的读数为规定值；

③ 调节集电极电流，使电流表 A_2 的读数为规定值。在电压表 V 上测量出集电极-发射极饱和电压的值。

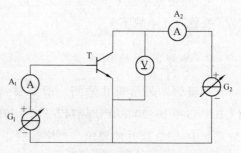

图 6.16　晶体管的集电极-发射极饱和电压测试电路

2）脉冲法

在脉冲条件下测量集电极-发射极饱和电压，测试电路图如图 6.17 所示。

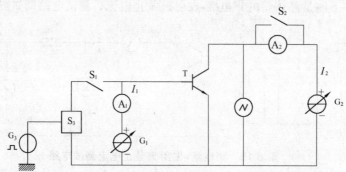

图 6.17　脉冲条下集电极-发射极饱和电压的测试电路

电路说明和要求：

① 电子开关 S_3 通常是闭合的，只在脉冲信号源 G_3 给它加脉冲信号时它才断开。

② 恒流源 G_1 的内阻应比被测晶体管的内阻大得多。

③ 恒流源 G_2 的内阻应比 V_{CEsat}/I_C 大得多。

注意事项：

① 直流电源对负载变化的响应时间应小于被测晶体管的导通时间。

② 规定脉冲信号源的脉冲宽度和占空比应足够小，以便在被测晶体管中不产生显著的热耗散。

③ 直流电源 G_2 的最大电压不应超过晶体管的集电极-发射极击穿电压。

测试步骤：

① 将温度调到规定值。

② 断开开关 S_1，测试插座上不装晶体管，发射极和基极之间短路，调节电流源 G_1 直到电流表 A_1 上的读数等于 I_B 的规定值。

③ 断开开关 S_2，测试插座上不装晶体管，发射极和集电极之间短路，调节电流源 G_2 直到电流表 A_2 上的读数等于 I_C 的规定值。

④ 将被测晶体管插入插座，开关 S_1 和 S_2 闭合，用 G_3 使 S_3 工作。导通时，示波器上观察到的波形平坦部分的稳定电压值就是 V_{CEsat}。

5. 直流法测基极-发射极饱和电压（V_{BEsat}）

在规定条件下，测量晶体管的基极-发射极饱和电压，测试电路图如图 6.18 所示。

注意事项：经验上，要建立起规定的工作点是困难的，且有时存在超过晶体管最大耗散的危险，所以，按下述测试步骤的顺序进行测试是很重要的。必要时可修改测试电路，例如可在电源 G_2 的两端接入电压限制电路。

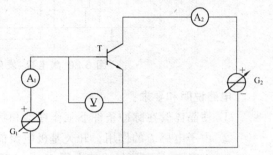

图 6.18　直流法测基极-发射极饱和电压的测试电路

测试步骤：

① 将温度调到规定值。

② 调节基极电流，使电流表 A_1 的读数为规定值。

③ 调节集电极电流，使电流表 A_2 的读数为规定值。

④ 在电压表 V 上测出基极-发射极饱和电压。

6. 直流法测基极-发射极电压（V_{BE}）

在规定条件下，测量晶体管的基极-发射极电压，测试电路图如图 6.19 所示。

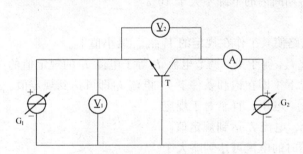

图 6.19　直流法测基极-发射极电压的测试电路

测试步骤：

① 将温度调到规定值。

② 调节可变电源 G_1 和 G_2 输出直到电压表 V_2 的读数为规定的集电极-发射极电压，电流表 A 的读数为规定的集电极电流。电压表 V_1 的读数即为基极-发射极电压。

7. 集电极-发射极维持电压（$V_{CEO(sus)}$，$V_{CER(sus)}$）

保证在规定条件下集电极-发射极维持电压不低于规定的最小值，测试电路如图 6.20 所示。

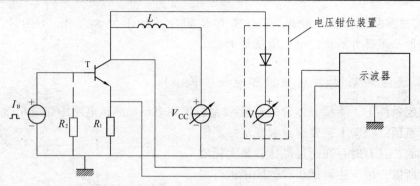

图 6.20 集电极−发射极维持电压的测试电路

电路说明和要求：

① 使晶体管在脉冲条件下工作在饱和状态。

② 由于电感 L 的作用，开关基极电流能在一个电流-电压周期内对晶体管进行扫描。

③ 电阻 R_2 只在测量维持电压 $V_{CER(sus)}$ 时才使用。

④ 电源 V_{CC} 是可调的，它能将集电极电流调到规定值。

⑤ R_1 是电流测量电阻。

图中给出的电压钳位装置是一个可变电压源与一个二极管的串联装置，它把 V_{CE} 限定在规定的 $V_{CEO(sus)}$ 或 $V_{CER(sus)}$ 的最小值。电感 L 的最小值可在详细规范中给出，或者由下式计算：

$$L_{\min} = (V - V_{CC})\frac{t_{off}}{0.1I_C} \qquad (6\text{-}17)$$

此值可保证 I_C 在 t_{off} 期间内的下降不大于 10%。

测试步骤：

① 调节钳位电路使其工作在规定的 $V_{CEO(sus)}$ 最小值上。

② 调节电压源 V_{CC} 等于 0，调节电流 I_B 等于电流 I_C 的规定值的 1/10 或 1/5。这样，在 V_{CC} 只有几伏的情况下（即在饱和条件下），电流 I_C 即可达到规定值。

③ 逐渐加大 V_{CC} 电压，直至对于规定的最小电压 $V_{CEO(sus)}$，电流 I_C 达到规定值。

这样，循环开始时的电流可达到略大于 I_C 规定值的 I_0 点，如图 6.21 所示。

注意事项： 开始试验时，应通过调节降低钳位装置的可调电压来验证其是否起作用；然后，再把钳位装置调到与 I_C 规定值对应的所要求的 V_{CEO} 值。

要求：① 如果从 B 点到 C 点的轨迹不通过 BC 直线的左面，则该晶体管是好的。

② 当不采用钳位装置时，如果轨迹有效地绕 B 点转动，则该晶体管的质量是令人满意的。

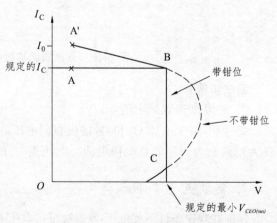

图 6.21 电源电压与 I_C 关系

6.3.2　晶体管的特殊检测

6.3.2.1　检测参数

各种检测参数如表 6.5 ~ 6.12 所示。

表 6.5　静态参数（偏置条件为规定值）

名称和命名	文字符号	备　注
正向电流传输比的静态值 （共发射极组态）	h_{21E} 或 h_{FE}	$h_{21E} = I_C/I_B = I_E/I_B - 1$，当 V_{CE} 为常数时
输入阻抗的静态值 （共发射极组态）	h_{11E} 或 h_{IE}	$h_{11E} = V_{BE}/I_B$，当 V_{CE} 为常数时
固有（大信号）正向电流传输比	h_{21EL} 或 h_{FEL}	$h_{21EL} = (I_C - I_{CBO})/(I_B + I_{CBO})$ 当 V_{CE} 为常数时

表 6.6　小信号参数（偏置条件和频率为规定值）

名称和命名	文字符号	备　注
小信号短路输入阻抗：		
——共发射极组态	h_{11e} 或 h_{ie}	$h_{11e} = V_{be}/I_b$，当 V_{ce} 为常数时
——共基极组态	h_{11b} 或 h_{ib}	$h_{11b} = V_{eb}/I_e$，当 V_{cb} 为常数时
小信号开路反向电压传输比：		
——共发射极组态	h_{12e} 或 h_{re}	$h_{12e} = V_{be}/V_{ce}$，当 I_b 为常数时
——共基极组态	h_{12b} 或 h_{rb}	$h_{12b} = V_{eb}/V_{cb}$，当 I_c 为常数时
小信号短路正向电流传输比：		
——共发射极组态	h_{21e} 或 h_{fe}	$h_{21e} = I_c/I_b$，当 V_{ce} 为常数时
——共基极组态	h_{21b} 或 h_{fb}	$h_{21b} = I_c/I_e$，当 V_{cb} 为常数时
小信号开路输出导纳：		
——共发射极组态	h_{22e} 或 h_{oe}	$h_{22e} = I_c/V_{ce}$，当 I_b 为常数时
——共基极组态	h_{22b} 或 h_{ob}	$h_{22b} = I_c/V_{cb}$，当 I_e 为常数时
小信号短路输入阻抗的实部：		$h_{11e} = \text{Re}(h_{11e}) + \text{Im}(h_{11e})$ $h_{11b} = \text{Re}(h_{11b}) + \text{Im}(h_{11b})$
——共发射极组态	$\text{Re}(h_{11e})$	
——共基极组态	$\text{Re}(h_{11b})$	
小信号短路输入阻抗的虚部：		
——共发射极组态	$\text{Im}(h_{11e})$	
——共基极组态	$\text{Im}(h_{11b})$	

续表 6.6

名称和命名	文字符号	备　注
输出交流短路下的输入电容：		
——共发射极组态	C_{11es} 或 C_{ies}	$h_{11e} \approx \mathrm{Re}(h_{11e}) + 1/(j\omega C_{11es})$
——共基极组态	C_{11bs} 或 C_{ibs}	$h_{11b} \approx \mathrm{Re}(h_{11b}) + 1/(j\omega C h_{11bs})$
输出交流开路下的输入电容：		
——共发射极组态	C_{11eo} 或 C_{ieo}	
——共基极组态	C_{11bo} 或 C_{ibo}	
输入交流开路下的输出电容：		
——共发射极组态	C_{22eo} 或 C_{oeo}	$h_{22e} = \mathrm{Re}(h_{11e}) + j\omega C_{22eo}$
——共基极组态	C_{22bo} 或 C_{obo}	$h_{22b} = \mathrm{Re}(h_{11b}) + j\omega C h_{22bo}$
输入交流短路下的输出电容：		
——共发射极组态	C_{22es} 或 C_{oes}	$y_{22e} = \mathrm{Re}(y_{22e}) + j\omega C_{22es}$
——共基极组态	C_{22bs} 或 C_{obs}	$y_{22b} = \mathrm{Re}(y_{22b}) + j\omega C h_{22bs}$
输入交流短路下的反向传输电容：		
——共发射极组态	C_{12es} 或 C_{res}	
——共基极组态	C_{12bs} 或 C_{rbs}	
各端子与外壳绝缘并具有单独屏蔽引线的晶体管的集电极-基极电容	C_{ocb}	
交流短路下的小信号输入导纳：		
——共发射极组态	y_{11e} 或 y_{ie}	$y_{11e} = I_b/V_{be}$，当 V_{ce} 为常数时及 $y_{11e} = 1/h_{11e}$
——共基极组态	y_{11b} 或 y_{ib}	$y_{11b} = I_e/V_{eb}$，当 V_{cb} 为常数时及 $y_{11b} = 1/h_{11b}$
交流短路下的小信号反向传输导纳：		
——共发射极组态	y_{12e} 或 y_{re}	$y_{12e} = I_b/V_{ce}$，当 V_{be} 为常数时
——共基极组态	y_{12b} 或 y_{rb}	$y_{12b} = I_e/V_{cb}$，当 V_{eb} 为常数时
交流短路下的小信号正向传输导纳：		
——共发射极组态	y_{21e} 或 y_{fe}	$y_{21e} = I_c/V_{be}$，当 V_{ce} 为常数时
——共基极组态	y_{21b} 或 y_{fb}	$y_{21b} = I_c/V_{eb}$，当 V_{cb} 为常数时
交流短路下的小信号输出导纳：		
——共发射极组态	y_{22e} 或 y_{oe}	$y_{22e} = I_c/V_{ce}$，当 V_{be} 为常数时
——共基极组态	y_{22b} 或 y_{ob}	$y_{22b} = I_c/V_{cb}$，当 V_{eb} 为常数时
交流短路下的反向传输导纳的模数：		$\mathrm{Im}(y_{21e})$
——共发射极组态	$|y_{12e}|$ 或 $|y_{re}|$	
——共基极组态	$|y_{12b}|$ 或 $|y_{rb}|$	
交流短路下的反向传输导纳的相角：		

续表 6.6

名称和命名	文字符号	备 注
——共发射极组态	ϕ_{y12e} 或 ϕ_{yre}	
——共基极组态	ϕ_{y12b} 或 ϕ_{yrb}	
交流短路下的正向传输导纳的模数：		
——共发射极组态	$\|y_{21e}\|$ 或 $\|y_{fe}\|$	
——共基极组态	$\|y_{21b}\|$ 或 $\|y_{fb}\|$	
交流短路下的正向传输导纳的相角：		
——共发射极组态	ϕ_{y21e} 或 ϕ_{yfe}	
——共基极组态	ϕ_{y21b} 或 ϕ_{yfb}	
输入反射系数：		
——共发射极组态	s_{11e} 或 s_{ie}	
——共源极组态	s_{11s} 或 s_{is}	
——共基极组态	s_{11b} 或 s_{ib}	
——共栅极组态	s_{11g} 或 s_{ig}	
——共集电极组态	s_{11c} 或 s_{ic}	
——共漏极组态	s_{11d} 或 s_{id}	
输出反射系数：		
——共发射极组态	s_{22e} 或 s_{oe}	
——共源极组态	s_{22s} 或 s_{os}	
——共基极组态	s_{22b} 或 s_{ob}	
——共栅极组态	s_{22g} 或 s_{og}	
——共集电极组态	s_{22c} 或 s_{oc}	
——共漏极组态	s_{22d} 或 s_{od}	
正向传输系数：		
——共发射极组态	s_{21e} 或 s_{fe}	
——共源极组态	s_{21s} 或 s_{fs}	
——共基极组态	s_{21b} 或 s_{fb}	
——共栅极组态	s_{21g} 或 s_{fg}	
——共集电极组态	s_{21c} 或 s_{fc}	
——共漏极组态	s_{21d} 或 s_{fd}	
反向传输系数：		
——共发射极组态	s_{12e} 或 s_{re}	
——共源极组态	s_{12s} 或 s_{rs}	
——共基极组态	s_{12b} 或 s_{rb}	
——共栅极组态	s_{12g} 或 s_{rg}	
——共集电极组态	s_{12c} 或 s_{rc}	
——共漏极组态	s_{12d} 或 s_{rd}	

表 6.7　修正了的混合二型等效电路参数

（该等效电路仅为一级近似，对于大多数晶体管在某一频率范围内是正确的）

名称和命名	文字符号	备　注
本征基极电阻	$r_{bb'}$	
本征基极-发射极电导	$g_{b'e}$	
本征基极-发射极电容	$C_{b'e}$	
本征基极-集电极电容	$C_{b'c}$	
本征跨导	g_m	
基极-集电极电容	C_{bc}	

表 6.8　频率参数

名称和命名	文字符号	备　注
截止频率		
——共发射极组态	f_{h21e} 或 f_{hfe}	
——共基极组态	f_{h21b} 或 f_{hfb}	
——共集电极组态	f_{h21c} 或 f_{hfc}	
电流传输比为 1 的频率	f_1	$f_1 = f$，当 $|h_{21e}| = 1$ 时
特征频率	f_T	$f_T = f|h_{21e}|$（h_{21e} 是在斜率为 6 dB/倍频程的范围内测得的）
最高振荡频率	f_{max}	
正向传输系数比为 1 的频率		
——共发射极组态	f_{se}, f_{1se}	$f_{se} = f$，当 $|S_{21e}| = 1$ 时
——共源极组态	f_{ss}, f_{1ss}	$f_{ss} = f$，当 $|S_{21s}| = 1$ 时
——共基极组态	f_{sb}, f_{1sb}	$f_{sb} = f$，当 $|S_{21b}| = 1$ 时
——共栅极组态	f_{sg}, f_{1sg}	$f_{sg} = f$，当 $|S_{21g}| = 1$ 时
——共集电极组态	f_{sc}, f_{1sc}	$f_{sc} = f$，当 $|S_{21c}| = 1$ 时
——共漏极组态	f_{sd}, f_{1sd}	$f_{sd} = f$，当 $|S_{21d}| = 1$ 时

表 6.9　开关参数

名称和命名	文字符号	备　注
平均脉冲时间	t_w	
脉冲时间	t_p	

续表 6.9

名称和命名	文字符号	备　注
占空比	D，δ	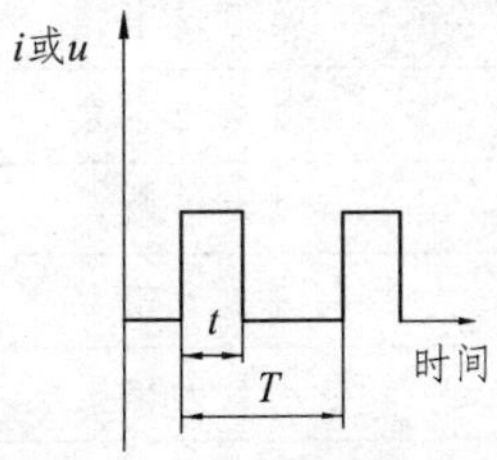 占空比 $D=t/T$
延迟时间	t_d	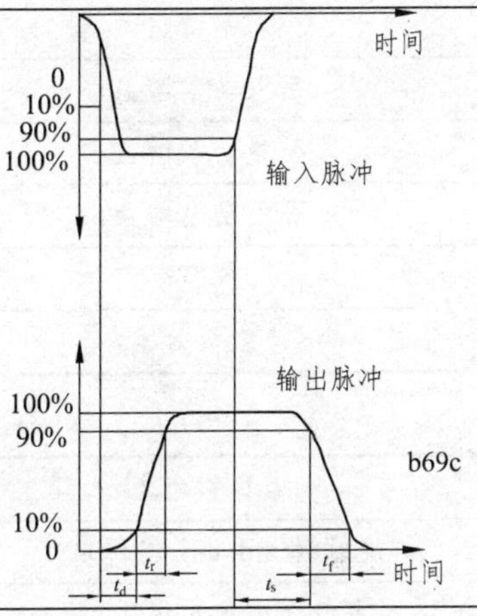
上升时间	t_r	
载流子储存时间	t_s	
下降时间	t_f	
导通时间	t_{on}	$t_d + t_r$
关断时间	t_{off}	$t_s + t_f$
发射极耗尽层电容	C_{Te}	
集电极耗尽层电容	C_{Tc}	
存储电荷	Q_s	
饱和时的瞬态电流比	h_{21Esat} 或 h_{FEsat}	
集电极-发射极饱和电阻：		
——小信号值	r_{cesat}	
——大信号值	r_{CEsat}	

表 6.10　其 他 量

名称和命名	文字符号	备　注
噪声	N，n	
噪声系数	F，F_n	
噪声电流	I_n	
噪声电压	V_n	

续表 6.10

名称和命名	文字符号	备　注
噪声功率	P_n	
有效噪声带宽	B	
放大倍数	A	
电流放大倍数	A_I, A_i	
电压放大倍数	A_V, A_v	
增益	G	
功率增益	G_P, G_p	
插入功率增益	G_I, G_i	
转换功率增益	G_T, G_t	
资用功率增益	G_A, G_a	
效率	η	
集电极效率	η_c	

表 6.11　外电路参数

名称和命名	文字符号	备　注
发射极（d.c.）电源电压	V_{EE}	
基极（d.c.）电源电压	V_{BB}	
集电极（d.c.）电源电压	V_{CC}	
发射极外接电阻	R_E	
基极外接电阻	R_B	
集电极外接电阻	R_C	
基极与发射极间外接电阻	R_{BE}	
信号源电阻	R_G	
负载电阻	R_L	
负载电容	C_L	

表 6.12　配对双极型晶体管

名称和命名	文字符号	备　注
共发射极正向电流传输系数静态值的比值	h_{FE1}/h_{FE2} h_{21E1}/h_{21E2}	取两个值中较小者作为分子
发射极-基极间的电压差	$V_{BE1} - V_{BE2}$	较大的值减去较小的值
在两个温度下基极-发射极电压差的变化量	$|\Delta(V_{BE1} - V_{BE2})|$	

6.3.2.2　检测设备

三极管的特殊检测设备通常有综合自动检测系统等，参见第 5 章 5.2 二极管检测的相关设备部分。

6.3.2.3　检测方法

1. 共基极输出电容（C_{22b} 或 C_{ob}）检测

1）两端电桥法

在规定条件下测量晶体管的输出电容，测试电路如图 6.22 和图 6.23 所示。注意：电桥必须允许通过直流偏置电流。

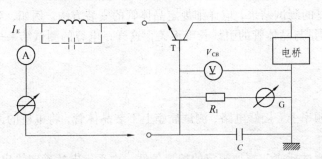
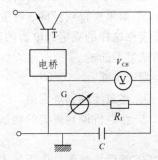

图 6.22　基极与管壳连接的晶体管　　　　图 6.23　集电极与管壳连接的晶体管

电路说明及要求：电桥在承受所要求的集电极电流时应不影响测试精度，也可在电桥的两端接上一个电感。电容 C 在测试频率下应能起到短路作用。如果不在发射极开路的情况下测量电容，则要在发射极和基极间接入一偏置电路。

测试步骤：

① 将温度调到规定值。

② 接入测试电路，调节电桥的读数为零。

③ 将被测晶体管插入测试插座，加上规定的偏置，测出输出电容。

2）三端电桥法

此法特别适用于小输出电容的精确测量，电路原理图如图 6.24 所示。

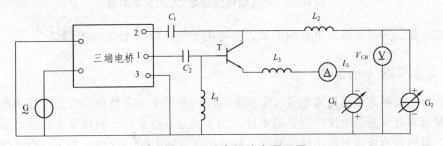

图 6.24　三端电桥法电原理图

电路说明和要求：

① 三端电桥应能测出 1、2 端之间的电容，该电容与这两端之间的任何一端与接地屏蔽端 3 之间的阻抗大小无关。电容 C_1 和 C_2 在测试频率下应呈现短路。电感 L_1、L_2 和 L_3 在测试频率下应为高阻抗。

② 图中示出的是不可能或不要求让直流通过电桥的情况。如果电桥能承受得住所要求的偏置电流而不影响测试精度，则可把电路简化，即把直流偏压加到电桥的端子上。

③ 如果规定发射极电流为零，则发射极偏置电路可省略。

④ 如果被测晶体管为四端子器件（金属管壳与其他三个端子电绝缘），可把第四个端子（管壳）接到电桥的地端。

注意事项：

① 要尽可能减小分布电容。

② 测试时必须确定器件参考面，并将延伸到此平面的器件引线加以屏蔽。

③ 如果要得到精确、可重复的测试结果，应详细规定晶体管的安装方法。例如，对测试插座应作这样的规定：电容的测量与晶体管的引线长度无关，这样，电容的测试结果是相对于测试参考面的。

测试步骤：

① 将温度调到规定值。

② 将电桥调到规定的测试频率上。接好电路，测试插座上不装晶体管，将电桥的读数调到零。

③ 然后将被测晶体管插入测试插座，施加规定的偏置条件，由平衡电桥确定输出电容。

2. 集电极-基极电容（C_{cb}）检测

在规定条件下，测量晶体管的集电极-基极电容，测试电路如图 6.25 所示。发射极与地之间的电容 C_3 在测试频率下应呈现短路状态。

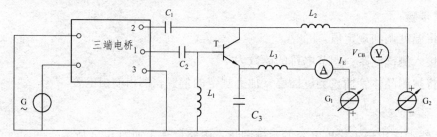

图 6.25 用三端电桥测量 C_{cb} 的基本电路

测试步骤：共基极输出电容的测试方法可用于集电极-基极电容的测试。

3. 混合参数（小信号和大信号）检测

本节所述检测方法是用来测量一定频率范围内的四个 h 参数的。在这个频率范围内，其电抗分量与非电抗分量之比可以忽略不计。为了满足这些条件，测试频率必须足够低，以便使电抗分量的影响可以忽略不计。然而，相对而言，在 1 000 Hz 的低频下，电抗分量仍然可能是十分可观的。

1）共发射极小信号短路输入阻抗 h_{11e} 检测

在规定条件下，测量晶体管在输出交流短路情况下的共发射极小信号输入阻抗和正向电流传输比，测试电路如图 6.26 所示。

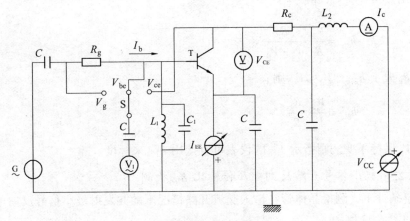

图 6.26　测试电路图

电路说明和要求：

① 在测试频率下，电容 C 应呈短路状态；R_c 为精密标准电阻，其值小于 $1/h_{22e}$；对 R_g 要进行精密计算；V_1 为交流电子电压表。

② 基极对地及集电极对地的分布电容要很小。

③ 电感 L_1 的电抗要比 h_{11e} 大，且在测试频率下与电容 C_1 并联谐振。

测试步骤：

① 先增加集电极电压，后加大发射极电流，直至给器件加到规定的偏置条件。在调节过程中，要当心不要超过器件的额定值。

② 将信号源 G 调至规定的频率；用高阻抗的电压表 V_1 测出 V_{ce}、V_g 和 V_{be}。

h_{11e} 用下式计算：

$$h_{11e} = \frac{V_{be}}{I_b} \tag{6-18}$$

$$I_b = \frac{V_g - V_{be}}{R_g} \tag{6-19}$$

$$h_{11e} = R_g \frac{V_{be}}{V_g - V_{be}} \tag{6-20}$$

如果 R_g 大于 h_{11e}，$V_g \gg V_{be}$，则：$h_{11e} = \frac{V_{be}}{V_g} R_g$

如果 V_g 保持不变，则指示 V_{be} 的仪表可直接用 h_{11e} 来标度。

h_{21e} 可用下式计算：

$$h_{21e} = \frac{I_c}{I_b} \tag{6-21}$$

$$I_c = \frac{V_{ce}}{R_c} \tag{6-22}$$

$$I_b = \frac{V_g - V_{be}}{R_g} \tag{6-23}$$

$$h_{21e} = \frac{V_{ce}}{R_c} \cdot \frac{R_g}{V_g - V_{be}} \tag{6-24}$$

如果 R_g 大于 h_{21e}，$V_g \gg V_{be}$ 则：

$$h_{21e} = \frac{V_{ce}}{V_g} \cdot \frac{R_g}{R_c} \tag{6-25}$$

如果 V_g 保持不变，则指示 V_{ce} 的仪表可直接用 h_{21e} 来标度。

2）共发射极小信号开路反向电压传输比 h_{12e} 检测

在规定条件下，测量晶体管在输入交流开路情况下的共发射极小信号反向电压传输比，测试电路如图 6.27 所示。

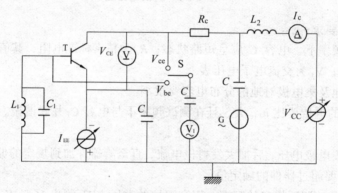

图 6.27　测试电路图

电路说明和要求：

① 用电压表 V_1 测出 V_{be} 和 V_{ce}。

② 电容 C 在测试频率下应呈短路状态。

③ 电感 L_1 的电抗应比 h_{11e} 大，且在测试频率下与电容 C_1 并联谐振。

④ 在测试频率下，L_2 的电抗应比信号源 G 的输出阻抗大。

测试步骤：

① 增加集电极电源的输出电压 V_{CC}，使集电极-发射极电压达到规定值。

② 增大发射极电流源的输出，使电流表 A 的指示达到规定的集电极电流值。检查集电极-发射极电压，必要时进行调节。

③ 加大信号源 G 的输出，使集电极交流电压近似等于规定的集电极-发射极电压值的十分之一。

④ 此值应在读取 V_{ce} 时在电子电压表 V_1 上进行测量。

h_{12e} 用下面公式进行计算：

$$h_{12e} = \frac{V_{ce}}{V_{be}} \qquad\qquad (6\text{-}26)$$

如果 V_{ce} 保持不变，指示 V_{be} 的表头可直接用 h_{12e} 来标度。

3）共发射极小信号开路输出导纳 h_{22e} 检测

在规定条件下，测量晶体管在输入交流开路情况下的共发射极小信号输出导纳，测试电路如图 6.28 所示。

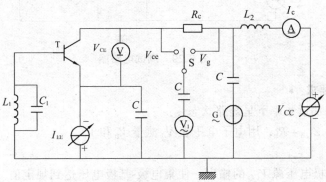

图 6.28　测试电路图

电路说明和要求：

① 电容器 C 在测试频率下应呈短路状态。

② 电阻器 R_c 为精密标准电阻，其值要小于 $1/h_{22e}$。

③ 电感器 L_1 要大于 h_{11e} 的电抗，且在测试频率下与电容 C_1 并联谐振。

④ 用电子电压表 V_1 测量 V_{ce} 和 V_g。测量 V_{ce} 的电子电压表的阻抗应大于 $1/h_{22e}$。

测试步骤：

① 增加集电极电压源 V_{CC} 的输出，使集电极-发射极电压达到规定值。

② 增大发射极电流源的输出，使电流表 A 指示的集电极电流达到规定值。检查集电极-发射极电压，必要时进行调整。

③ 加大信号源 G 的输出，使集电极交流电压近似等于集电极-发射极电压规定值的十分之一。

$$h_{22e} = \frac{I_c}{V_{ce}} \qquad\qquad (6\text{-}27)$$

$$I_c = \frac{V_g - V_{ce}}{R_c} \qquad\qquad (6\text{-}28)$$

$$h_{22e} = \frac{V_g - V_{be}}{V_{ce} R_c} \qquad\qquad (6\text{-}29)$$

如果 V_g 保持不变，指示 V_{ce} 的电压表可直接用 h_{22e} 来标度。

4）共基极小信号开路输出导纳（h_{22b}）检测

在规定条件下，测量晶体管在输出交流开路情况下的共基极小信号输出导纳，测试电路图如图 6.29 所示。

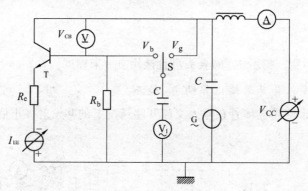

图 6.29　测试电路图

电路说明和要求：

① 电容 C 在测试频率下呈短路状态。

② R_e 应大于 $Z_{11b} + R_b$，用电子电压表 V_1 测量 V_b 和 V_g。

测试步骤：

① 增加集电极电压源 V_{CC} 的输出，使集电极-基极电压达到规定值。

② 增大发射极电流源的输出，使电流表 A 指示的集电极电流达到规定值。检查集电极-基极电压，必要时进行调整。然后断开电压表 V_{CB}。

③ 加大信号源 G 的输出，使集电极交流电压近似等于集电极-发射极电压规定值的十分之一。

$$h_{22b} = \frac{I_c}{V_{cb}} \qquad I_c \approx I_b \text{（因发射极处于开路状态）}$$

则

$$h_{22b} \approx \frac{I_b}{V_{cb}} \qquad\qquad\qquad (6\text{-}30)$$

$$I_b = \frac{V_b}{R_b} \qquad\qquad\qquad (6\text{-}31)$$

$$V_{cb} = V_g - V_b \qquad\qquad\qquad (6\text{-}32)$$

$$h_{22b} \approx \frac{V_b}{R_b(V_g - V_b)} \qquad\qquad\qquad (6\text{-}33)$$

如果 V_g 保持不变，则指示 V_b 的电压表可直接用 h_{22b} 来标度。

5）共发射极正向电流传输比（输出电压保持不变）（直流或脉冲法）（h_{21E}）检测

在规定条件下，保持输出电压不变，用直流法或脉冲法测试晶体管的共发射极正向电流传输比的静态值，测试电路如图 6.30 所示。

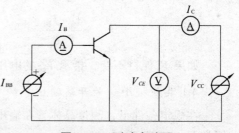

图 6.30　测试电路图

电路说明和要求：

① 当 I_C 固定不变时，指示基极电流的电流表可直接用 h_{21e} 来标度。

② 可用脉冲源代替恒流源，此时，两个电流表应为峰值读数的仪表。

测试步骤：

① 将温度调到规定值。

② 调节电压源 V_{CC}，使电压表 V 的指示达到规定的 V_{CE} 电压值。

③ 加大电流源 I_{BB} 的输出电流，使电流表的指示达到集电极电流 I_C 的规定值。

④ 检查集电极-发射极电压 V_{CE}，必要时，进行调节。

$$h_{21E} = I_C/I_B$$

注意事项：当使用脉冲法进行测量时，要注意不要使瞬变现象影响测量精度。

4. 电压额定值和限定工作电压的可测特性

施加到晶体管上的最大电压可采用生产厂家确定的额定值的形式，即

——最大集电极-基极电压 V_{CBmax}；

——最大集电极-发射极电压 V_{CEmax}；

——最大发射极-基极电压 V_{EBmax}；

或采用在电路中限定工作电压的特性数据的形式，即：

——发射极电流为零时的集电极-基极击穿电压 $V_{(BR)CBO}$；

——集电极电流为零时的发射极-基极击穿电压 $V_{(BR)EBO}$；

——集电极-发射极击穿电压 $V_{(BR)CE}$。

额定值是以大量经验为基础确定的，它既考虑了电压限定参数，也考虑了寿命失效机理，这样的额定值是不可测量的。当上述资料是以特性数据形式出现时，这种特性对电路中加到晶体管上的电压有限制作用。这也就是说测量是在受控条件下进行的。

1）发射极电流为零时的集电极-基极击穿电压 $V_{(BR)CBO}$

在规定条件下，验证晶体管的击穿额定值。下面讲的是集电极-基极击穿电压额定值的验证方法，但只要适当调换一下集电极和发射极端子，此方法也可作为发射极-基极击穿电压的验证方法。测试电路如图 6.31 所示。

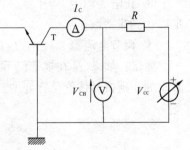

电路说明和要求：

电阻 R 是一限流电阻，其阻值应足够高，以防止过大电流流过晶体管和电流表 A。

电流表应呈现短路状态，电压表应呈现开路状态。

测试步骤：

① 将温度调到规定值。

② 加大电源电压，直至下述两种情况中的一种出现为止。

图 6.31　$V_{(BR)CBO}$ 测试电路图

——在达到最大电流之前，达到了规定最大电压。此时，额定值得到了验证。

——在达到规定的最大电压之前，达到了规定的最大电流。此时，额定值未得到验证，晶体管被拒收。

2）次击穿电流额定值的验证方法

在规定的管壳温度下，同时施加规定的集电极电压和集电极电流，持续某一时间。然后进行规定的最终测试，以检验晶体管是否仍然完好。测试电路如图 6.32 所示。

注：此验证可能是破坏性的。

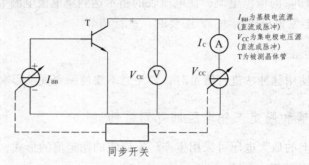

图 6.32　测试电路图

电路说明和要求：

① 电源 I_{BB} 和 V_{CC} 应是带快速、阈值可调的断路器（如动作时间小于 1 μs），以防止损坏晶体管。

② 同步开关应能保证规定电流 I_B（用以得到 I_C）和规定的电压 V_{CC} 同时被加上。

③ 电压表 V 和电流表 A 应是适用于此验证方法的仪表。

④ 集电极电路中，应避免由于分布电感引起的过压现象。

⑤ 可增加一个自动调节基极电流的反馈电路，以保持集电极电流不变。

注：对晶体管做此项试验时，也可使用共基极组态电路。

测试步骤：

① 让晶体管管壳保持在规定的温度。

② 调节电压源 V_{CC}，使电压 V_{CE} 达到规定值。

③ 让电流源 I_{BB} 等于零，将同步开关置于规定的时间（在直流情况下，认为 10 s 的时间足以达到热平衡）。

④ 调节电流源 I_{BB}，使 I_C 达到规定值，并使其在晶体管导通的时间内保持恒定。

要求：如果 I_C 在规定值下保持了规定的时间（断续器不工作），且最终测量结果是令人满意的，则该晶体管是完好的。

5. 热阻检测

1）引　言

当已知晶体管耗散的功率时，热阻 R_{th} 的检测涉及 T_j 和 T_{amb}（或 T_{case}）的测量。

要测量结温，就必须利用对温度敏感的器件参数。通常使用的两个敏感参数是：集电结正向直流特性和发射结正向直流特性。

正向电压随温度的升高而下降。因此，固定电压下的正向电流或固定电流下的正向电压（或中间条件）可校准为结温的函数。

结温测量方法的要求：进行校准时，晶体管上耗散的功率要很小，以便将结温敏感参数校准为环境温度的函数。因在晶体管上必须耗散功率，于是，热阻的测量就要求有一个能交替给晶体管施加功率及测量结温的系统。

请注意，此测量方法作了这样的假设：当晶体管耗散功率时，结温分布是均匀的，并且和校准晶体管时的温度相同。这个假设可能是不成立的。

2）热阻检测的一般程序

开关时间要求：

① 晶体管在大部分时间内耗散功率而在短时间内关断，以便能测出结温。

② 测量时间必须短于被测器件的热响应时间，这样，在测量温度期间器件不至于明显地冷却。

③ 功率耗散时间和测量时间之比应足够大，这样，平均耗散功率近似等于通态条件下的耗散功率。

④ 对于大多数小功率和大功率晶体管来说，测量时间大约选用 1 ms 是合适的、通态时间大约采用 20~40 ms。

⑤ 当转换时间很快、测量时间很短时，要避免电容效应和载流子的储存效应。

开关方法：可采用机械开关技术（即继电器、电机驱动的转换开关）或电子开关技术。

注：测量功率晶体管时，流过发射极电路和集电极电路的大电流可能是件麻烦事，最好把开关接基极电路。

测试步骤：采用两种基本的测试步骤。

步骤 1：将器件置于温度可变的容器中，当器件的耗散功率可忽略不计时，测量温度敏感参数和温度的关系曲线。然后，将器件置于一个温度固定的容器内并施加功率。通过测量温度敏感参数可得到总的结温。

按下式求出热阻：

$$R_{\text{th}} = \frac{T_j - T_{\text{ref}}}{P_1} \tag{6-34}$$

式中　T_{ref}——环境温度或管壳温度；

　　　P_1——加到器件上的功率，其值由下式给出：

$$P_1 = I_C V_{CB} + I_E V_{EB} \tag{6-35}$$

步骤 2：将器件置入一个温度为 T_2 的容器中，观测温度敏感参数。然后，将器件转移到一个温度为 T_1 的容器中（$T_1 < T_2$），并加上功率，直至温度敏感参数达到其初始值，则

$$R_{\text{th}} = \frac{T_2 - T_1}{P_1} \tag{6-36}$$

3）发射极-基极正向电压法测热阻

此处给出的热阻测量方法是检验管芯焊接的最简易的方法，管芯焊接好坏可以影响到功率器件的早期可靠性。发射极-基极正向电压是一个好的温度敏感参数。用单个加热信号脉冲引起的发射极-基极电压增量（ΔV_{EB}）计算热阻。

与长占空比的测量方法相比，单脉冲法有如下优点：

① 可容易、快速测量出结-管壳的热阻。此方法适用于生产线上对器件管芯焊接进行100%检验。

② 在可靠性试验中，特别是在热疲劳试验中，可以很容易发现器件管芯蜕化现象。

③ 给器件施加大功率是完全可能的，这样就允许测量二次击穿点（S/B）和安全工作区（SOAR）。

仅在发射极有开关的情况下，利用发射极-基极结的温度特性，测量单个晶体管的结至任意参考点的热阻。

测量方法原理：

通过选择适当的加热脉冲持续时间（t_p），并利用发射极-基极正向电压（V_{EB}）的温度特性测得结温，由此进一步测量结至任意点的热阻。测试电路如图 6.33 所示。

对于 PNP 晶体管，要调换图中集电极电压源（V_{CC}）和电流源（I_H，I_M）的极性。除非另有说明，下述内容是对 NPN 晶体管而言的。

基极接地测试电路包括两个电流源（测试电流源 I_M 和加热电流源 I_H）、一个电压源 V_{CC}（提供集电极-基极电压 V_{CB}）和加热电流开关（S）。此测试方法可采用直流或脉冲开关。

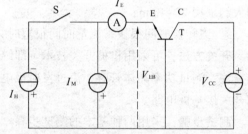

图 6.33　测量 NPN 晶体管热阻的基本试验电路

断开开关 S，只有测量电流 I_M 流入被测晶体管（T）；发射极-基极正向电压为 V_1，结温为 $T_j^{(1)}$，如图 6.34 所示。将开关 S 闭合，加热电流与测量电流一起流入晶体管。在加热脉冲持续时间（t_p）内，结温从 $T_j^{(1)}$ 上升到 $T_j^{(2)}$，发射极-基极正向电压立即从 V_1 上升到 V_2。

因发射极-基极电压是负温度系数，所以当结温上升时，发射极-基极电压从 V_2 下降到 V_3。

然后，将开关 S 断开，发射极电流和发射极-基极电压分别下降到 I_M 和 V_4。当结温仍很高时，在测试电流下，发射极-基极正向电压维持在小于初始值 V_1 上，在结温下降的过程中，该电压上升，最后升到 I_M 的初始值 V_1。

注：测量精度基本由电压 V_1 的测量精度决定。

为了计算热阻，在示波器上观测 $V_{EB}^{(1)}$。在示波器上观测到的发射极电流 I_E 和发射极-基极电压 V_{EB} 随时间的变化。如图 6.35 所示。首先记录测试电流下的发射极-基极电压在时间 t_0 和 $t_0 + t_P$ 时刻的值（V_1 和 V_4）。

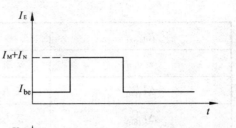

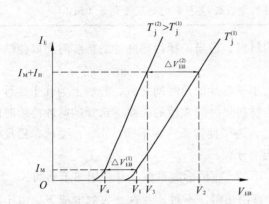

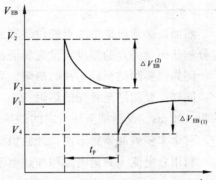

图 6.34　结温为 $T_j^{(1)}$、$T_j^{(2)}$ 时发射极电流（I_E）与发
　　　　射极-基极电压（V_{EB}）的关系曲线

图 6.35　I_E 和 V_{EB} 随时间的变化

两个值的差为 $\Delta\Delta V_{EB}^{(1)}$。则结至固定温度参考点 X 的热阻由下式给出：

$$R_{th(j-x)} = \frac{\Delta T_j}{\Delta P_T} = \frac{\Delta V_{EB}^{(1)} / \alpha_{VEB}}{I_H V_{EB} + h_{FB} I_H V_{CB}} \tag{6-37}$$

其中，h_{FB} 为晶体管共基极电流增益。

通常 $V_{CB} \gg V_{EB}$，h_{FB} 近似等于 1。于是得到下面的近似表达式：

$$R_{th(j-x)} = \frac{\Delta V_{EB}^{(1)} / \alpha_{VEB}}{I_H V_{CB}} \tag{6-38}$$

这样，就可测得结至参考点的热阻。

式（6.37）和式（6.38）中各字母的含义见表 6.13。

表 6.13　字符含义表

$R_{th(j-x)}$	结至参考点 x 的热阻（℃/W）
ΔP_T	被测器件的耗散功率变化量（W）
ΔT_j	由 ΔP_T 引起的结温的变化量（℃）
I_M	测试电流（A）
I_H	加热电流（A）
t_p	加热脉冲持续时间

续表 6.13

$R_{\text{th}(j\text{-}x)}$	结至参考点 x 的热阻（°C/W）
α_{VEB}	发射极-基极正向电压温度系数（mV/°C）
$\Delta V_{\text{(EB)}}^{(1)}$	在 I_{M} 下测得的发射极-基极正向电压变化量（mV）
$\Delta V_{\text{(EB)}}^{(2)}$	在 I_{M} 下测得的发射极-基极正向电压变化量（mV）

然而，必须根据参考点的位置和晶体管的材料，适当选择加热脉冲的持续时间以使结被充分加热而参考点的温度又没有显著的变化。

例如，要测结至硅芯片的热阻，要选择 t_p 小于芯片的热时间常数，经验上为几十微秒。

同样，要测结至管壳的热阻 $R_{\text{th}(j\text{-}c)}$，因为材料热时间常数的关系，选择的脉冲持续时间约为 100 ms。要测结至环境之间的热阻 $R_{\text{th}(j\text{-}a)}$，为了使管壳达到平衡状态，$t_p$ 要选择得足够大，对于大多数晶体管来说，经验值要大于几十分钟。

利用总电流（测量电流和加热电流之和）下的 V_{EB} 的温度系数，并利用图示出的 $\Delta V_{\text{(EB)}}^{(2)}$，用公式（6-37）和公式（6-38）同样也可以计算出热阻。不过，在这么大的电流下，由于器件上压降的影响，所测得的温度系数是不准确的。因此，通常不使用这个方法。

测试步骤：

① 将偏置电源调到规定值 V_{CB}。

② 温度系数 α_{VEB} 的测量。

温度敏感参数的温度系数是这样测得的：器件在规定的测量电流（I_{M}）及集电极-发射极电压（V_{CE}）的状态下，用温度可控的加热器给器件加热，测量发射极-基极正向电压和温度系数。要注意测量温度系数（α_{VEB}）时被测器件要与加热器之间达到热平衡。

通常使用的测量电流范围为 1 ~ 50 mA。注意温度系数 α_{VEB} 是负数，其大小与测量电流有关。

③ 施加加热电流 I_{H}。在规定的时间间隔（t_p）内，流过规定的发射极电流，以使结温上升。

④ 热阻计算。用示波器或其他等效的方法或更精确的测量方法，测出规定电流下的发射极-基极正向电压变化量（$\Delta V_{\text{(EB)}}^{(1)}$）；用公式（6-37）或公式（6-38）计算热阻。

4）发射极-基极正向电压温度系数与电流的关系

晶体管发射极-基极正向电压的温度系数 α_{VEB} 是发射极电流密度的函数。肖克莱（Schockley）给出了晶体管发射极电流与发射极-基极正向电压的理论关系式（此处电流增益 h_{FB} 近似等于 1）：

$$I_{\text{E}} \approx \frac{qD_{\text{B}}n_i^2 A_{\text{E}}}{N_{\text{B}}W_{\text{B}}} \exp\left(\frac{qV_{\text{EB}}}{kT}\right) \tag{6-39}$$

其中　N_{B}——基区杂质浓度；

　　　D_{B}——基区少数载流子扩散系数；

　　　n_i——本征载流子浓度；

　　　W_{B}——基区宽度；

T——绝对温度；

A_E——发射极-基极结的面积；

q——电子电荷，其值为 1.60×10^{-19} C；

k——玻尔兹曼常数，其值等于 1.38×10^{-23} J/K。

等式两边取对数，得到如下公式：

$$V_{EB} = \frac{kT}{q} \ln\left(\frac{qD_B n_i^2 I_E}{N_B W_B A_E}\right) \tag{6-40}$$

将公式（6-40）对温度微分得到温度系数 α_{VEB}，k/q 可用数值计算出来，则 α_{VEB} 由下式给出

$$\alpha_{VEB} = \frac{dV_{EB}}{dT} = \frac{k}{q} \ln(J_E) + c = -8.63 \times 10^{-2} \ln(J_E) + c \quad (\text{mV/°C}) \tag{6-41}$$

其中

$$J_E = I_E / A_E \ (\text{A/cm}^2) \tag{6-42}$$

$$c = \frac{k}{q} \ln\left(\frac{qD_B n_i^2}{N_B W_E}\right) \ (\text{mV/C}) \tag{6-43}$$

显然，α_{VEB} 与 J_E 的对数成正比。

注意，常数 c 也与温度有关。实验表明，在 0～200 ℃ 的温度范围内，c 随温度的变化可忽略不计，其值约为 2.2 mV/K。

在大电流情况下，α_{VEB} 与 J_E 的对数可能不成正比，如图 6.36 所示，这是因为，在器件电阻上的压降不可忽略。因此，测量电流要选得足够小，以保证 α_{VEB} 的准确测量。

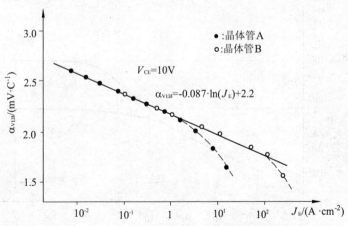

图 6.36　温度系数 α_{VEB} 与典型的发射极电流密度的关系曲线

5）瞬态热阻的测试

典型的金属管壳晶体管剖面如图 6.37 所示。从图中可以看出，从结到环境的热通道中，有多种物理常数不同的材料。结上产生的热量大部分先流入芯片，然后流入焊料和管座，

最后流入周围环境。因此，总的热阻等效电路可看作是很多单个的并联电路串联而成的，如图 6.38 所示，而每个并联电路均是由与材料热导率有关的热阻和与材料体积有关的热容组成的。

每个晶体管元件（如芯片、焊料、管壳等）热阻的近似值，可以从瞬态热阻特性曲线上找到，该特性曲线是加热脉冲持续时间与热阻之间的关系曲线，如图 6.39 所示。

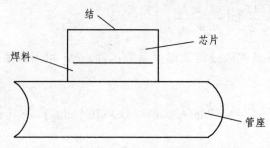

图 6.37　典型的金属管壳晶体管剖面图

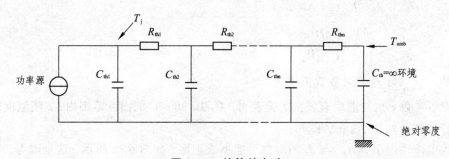

图 6.38　热等效电路

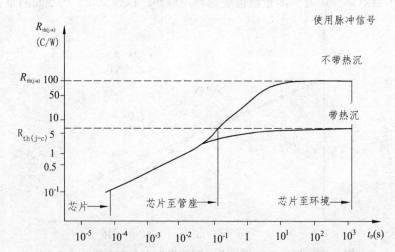

图 6.39　典型瞬态热阻特性与加热脉冲持续时间的特性曲线

人们都知道晶体管结温随时间变化的毛顿逊（Mortenson）理论。用 ΔV_{EB} 测量热阻的方法给出了结到基准点的热阻，它由脉冲加热时间决定。因此，对于很短的脉冲持续时间来说，只有结至硅芯片的热阻是主要的热阻。这个区域对应于 $t_p < 10^{-4}$ s 的热阻。结至更远点的热阻

则要由更长的脉冲持续时间来确定。A 点的热阻是结至管壳的热阻 $R_{th(j-c)}$，而 A 点右边分叉的曲线表示带热沉和不带热沉情况下结至环境的热阻 $R_{th(j-a)}$。

对于检验晶体管焊接质量的 $R_{th(j-c)}$，只要选择适当的 t_p 就可以了，这对功率晶体管特别重要。

6）安全工作区的确定

即使器件工作在额定值范围以内，有时也会因二次击穿（S/B）而失控。因此，规定安全工作区（SOAR）对功率晶体管尤为重要。

利用热阻的测量，可以很容易地确定安全工作区（从短脉冲工作到直流工作）。其步骤如下：当 I_H 和 t_p 给定时，ΔV_{EB} 随集电极-基极电压 V_{CB} 的增加而增加，当 V_{CB} 增加到某一值时，ΔV_{EB} 增加特别迅速，这表明开始发生了二次击穿，进一步增加可能使晶体管进入二次击穿并将晶体管毁坏。典型的 ΔV_{EB} 与集电极-基极电压 V_{CB} 的关系曲线如图 6.40 所示。

通常，SOAR 规定在 ΔV_{EB} 上升点以下。固定 V_{CB} 而改变加热电流 I_H 的值也可得到相同的结果。

在 V_{CB} 比较小时，由二次击穿确定的 SOAR 往往要超过最大耗散功率（P_{tot}）。所以，在 V_{CB} 小的时候，SOAR 由最大耗散功率额定值来确定。

典型的安全工作区如图 6.41 所示。

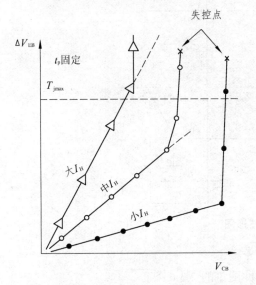

图 6.40 典型的 ΔV_{EB} 与集电极-基极电压（V_{CB}）关系曲线

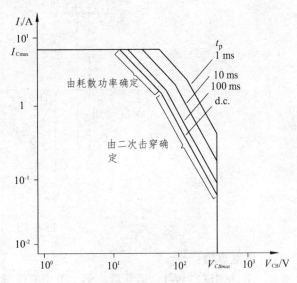

图 6.41 典型的安全工作区

6. 开关时间

晶体管的开关时间包括由断态到通态和由通态到断态时的延迟时间（t_d）、上升时间（t_r）、导通时间（t_{on}）、储存时间（t_s）、下降时间（t_f）和关断时间（t_{off}），测试电路图和波形图如图 6.42 和图 6.43 所示。

电路说明和要求：

R_{in} 和 R_{out} 可用等效电路代替，只要这些等效电路在测量之前的瞬间和测量期间对被测晶体管来说呈现出相同的规定阻抗和电压条件即可。

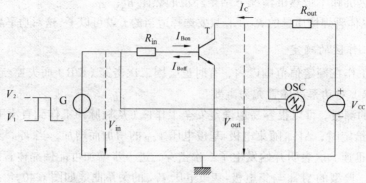

图 6.42   测试电路图

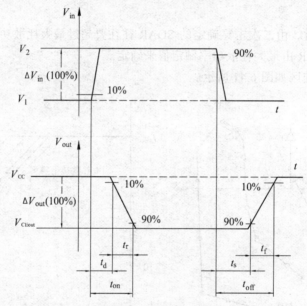

图 6.43   波形图

注意事项：

① 见 IEC 747-1，第Ⅶ章，第 1 节中有关脉冲测量的 2.3.6 条。

② 开关时间的测量主要与整个电路的总频率响应有关。对于很短时间间隔的测量，电路结构必须对所涉及的频率都适用。

③ 必须仔细地评价示波器的频率响应、触发时间和上升时间，以保证示波器具有合适的性能。通常使用双通道示波器，当示波器与双信号连接时，应保证信号的延迟时间完全相同。

④ 所有电阻应为低电感的电阻，并具有 1% 的精度。

⑤ 有必要使用对晶体管引线起屏蔽作用的插座，还必须规定测量参考面。

⑥ 需要加辅助电路以防止在非测量期间超出晶体管的额定值（特别是 V_{EB}）。

测试步骤：

① 将温度调到规定值。施加规定的集电极电源电压（V_{CC}）和输入波形。

② 在图 6.43 中的输入和输出波形上，按规定测量相关点之间的开关时间。

7. 高频参数测试

测试高频参数时，一般注意事项，请参见 IEC 747-1 第Ⅶ章第 1 节第 2 条。除此之外，在测试频率下，所有电容应有效短路。

如果高频测试结果有可能受到器件端子（如引线或管脚）长度的影响时，则应规定相对于器件的测试参考面。

1）特征频率（f_T）

在规定条件下，测量晶体管的特征频率，测试电路如图 6.44 所示。

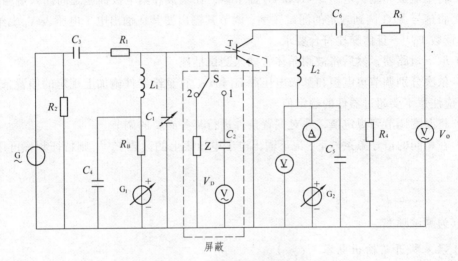

图 6.44　特征频率测试电路

电路说明和要求：

V_o 为电子电压表；V_D 为信号探测器；R_1 的值应大于晶体管的输入阻抗；R_2 的值与信号源的特性阻抗匹配；R_3 为电压表 V_o 的内阻，其值应大于 R_4；R_4 的值必须小于晶体管的输出阻抗；R_B 的值应大于 V_{BE}/I_B；L_1 和 L_2 在测试频率下应具有高的阻抗，且 L_2 的阻抗至少要比 R_4 大 100 倍；电容 C_4 和 C_5 在测试频率下应呈现短路状态；电容 C_3 和 C_6 的阻抗应低于 R_1 和 R_4。

注意事项：

① 必须尽可能减小旁路晶体管基极-发射极的杂散电容。

在非常高的频率下，必须将这种杂散电容调谐掉，其做法如下：

a. 取下晶体管，将高输入阻抗的信号探测器 V_D 连接到基极和地之间（开关 S 处于 1 的位置）。

b. 然后调节电容 C_1 直到探测器指示出 L_1 和电容（C_1 与分布电容之和）产生并联谐振为止。

c. 然后把开关 S 转换到 2 的位置上，并用一个与探测器阻抗相等的阻抗 Z 代替探测器。

② 尤其重要的是尽量避免发射极引线分布电感的影响。

③ 必须按电路图中所示进行屏蔽，以避免测试信号不经过晶体管而直接在基极和集电极之间传输。

可使用下述方法来证实基极与集电极之间的屏蔽是否符合要求：

a. 取下晶体管，在基极和发射极插座之间插入阻值近似等于晶体管输入阻抗的电阻。让集电极插座开路。

b. 所得到的读数应小到不影响测试精度。

④ 如果被测晶体管是四端子器件（包括与其他 3 条引出线电绝缘的金属管壳的情况），则第 4 条引出线的电气连接应按规定进行。

测试步骤：

① 将集电极和基极电压源 G_1 和 G_2 置于零，在基极和集电极插座之间插入短路线。

② 将信号源 G 调到规定的测试频率，调节其输出使其在输出电子电压表 V_o 上给出合适的最小读数 $V_o^{(1)}$，且信噪比符合要求。

③ 取下短路器，然后将被测晶体管插入测试插座。

④ 依次分别调节集电极和基极电压源 G_1 和 G_2，直至给器件施加上规定的偏置条件为止。调节时应注意不要超过器件的额定值。

⑤ 将温度调节到规定值，并对偏置条件进行某些必要的调节。

⑥ 在相同的信号源条件下，记下输出电子电压表上的读数 $V_o^{(2)}$。则特征频率可用下式进行计算：

$$f_T = f \cdot V_o^{(2)} / V_o^{(1)} \tag{6-44}$$

式中，f 为测试频率。

2）共基极开路输出电容（C_{22b}）

对于三端子器件，其测试方法在 8.1.2 条给出。

如果被测晶体管是四端子器件（包括与其他 3 个端子电绝缘的金属管壳的情况），第 4 个端子应按规定进行连接。对于此种器件：

① 如果其规范要求第 4 个端子接到发射极、基极或集电极，则可以采用三端子器件的方法。

② 如果不是这种情况，测试方法待定。

3）共发射极短路输入阻抗的实部 $R_e(h11e)$

共发射极短路输入阻抗 h_{11e} 的电阻和电抗分量可按图 6.45 中的方框电路图进行测量。

其中，G 为调制信号源；Ad 为适配器；Adm 为导纳电桥；R 为接收机；V 为电子电压表。

可在几种不同的电桥中任选一种电桥，例如，VHF 导纳电桥、RX 测试仪或跨导电桥。不管哪一种，均需要一个适配器给器件提供偏置，它能将晶体管输入端子接到电桥的端子上，并使晶体管输出端子对交流短路。适用于这一测试的适配器电路如图 6.46 所示。应选择电容 C_1 和 C_2 的值使其在测试频率下有效短路。

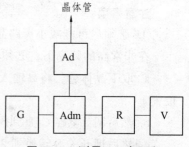

图 6.45　测量 h_{11e} 电阻和电抗分量的电路框图

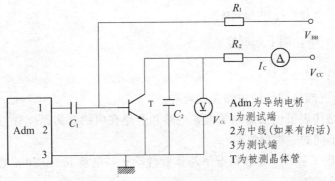

图 6.46　适配器电路

特殊注意事项：

① 在规定条件下，测量晶体管的集电极-基极电容。

② 必须注意，由于分布电感引起的误差即使在相对低的频率下也可能是严重的，所以晶体管与电桥之间的连线的电感要小。

③ 由于参数 h_{11e} 对信号电压特别敏感，因此对 IEC 747-1，第Ⅶ章第一节，第 2.3.3 条给出的一般注意事项应予以重视。

测试步骤：

① 首先不接入被测晶体管，使电桥平衡，并预先调节电桥将偏置电路和测试架产生的导纳或阻抗平衡掉，或记下其数值。

② 然后插入被测晶体管并调好偏置条件，再使电桥平衡并读取读数。

这样，就可以从后一个读数直接得到 h_{11e} 的值，或用初始调节时记录下来的值经修正后得到此值。

4）共发射极 y 参数

下面介绍 4 个复数共发射极 y 参数的测试方法。这些方法适用于 50 MHz 以下的频率范围。可用差分变压器式电桥测试 y 参数。复数共发射极 y 参数测试电路如图 6.47 所示。

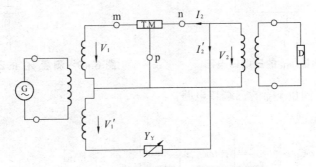

图 6.47　复数共发射极 y 参数测试电路

其中，D 为检测器；T.M. 为被测三端口电路。

当把电桥调到零时，则满足下列条件：

$$-I_2 = I_2' \text{ 和 } V_2 = 0$$

另外，因 $V_1 = V_1'$，则下式成立：

$$-Y_{mn} = Y_v$$

式中，Y_{mn} 为被测三端口网络的短路正向垮导。

此三端口电路代表了包括适当的偏置电路和旁路在内的被测晶体管。必须根据晶体管不同的 y 参数选取不同的三端口电路。

图 6.48 所示出了各种 y 参数情况下晶体管各端子与电桥 m、n 和 p 端子之间的对应关系及测量 y_{11e} 的三端口电路。

导纳 Y_E 和 Y_C 必须满足下述条件：

$$\omega C_2 \gg |Y_C|, \quad \omega C_2 \gg |Y_E|$$

例如，用一个电阻和一个电感串联或采用一个并联调谐电路可得到此条件。

另外，还必须满足下列条件：

$$\omega C_1 \gg |Y_C| \times |h_{21e}|, \quad \omega C_1 \gg |y_{21e}| \times |h_{21e}|$$

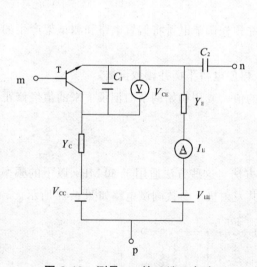

图 6.48　测量 y_{11e} 的三端口电路

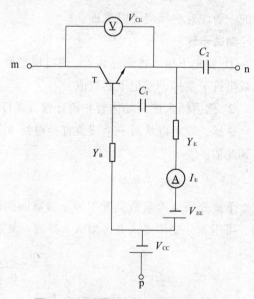

图 6.49　测量 y_{22e} 的三端口电路

图 6.49 示出了测量 y_{22e} 的三端口电路。

条件：

$$\omega C_1 \gg \left| \frac{y_{12e} \cdot y_{21e}}{y_{22e}} \right|, \quad \omega C_1 \gg \left| \frac{y_{23e} \cdot Y_B}{y_{22e}} \right|, \quad \omega C_2 \gg |y_{22e}|$$

图 6.50 示出了测量 y_{21e} 的三端口电路。

条件：

$$\omega C_1 \gg |y_{11e}|, \quad \omega C_1 \gg |Y_B|, \quad \omega C_2 \gg |y_{22e}|, \quad \omega C_2 \gg |Y_C|$$

注：如果电桥不能测量负电导，则需要增加一个反相变压器。

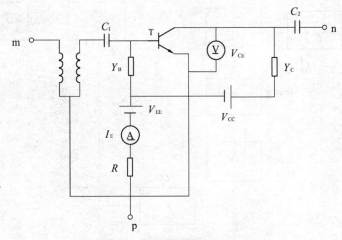

图 6.50　测量 y_{21e} 的三端口电路

图 6.51 示出了测量 y_{12e} 的三端口电路。

条件：

$$\omega C_1 \gg |y_{22e}|, \quad \omega C_1 \gg |Y_C|, \quad \omega C_2 \gg |y_{11e}|, \quad \omega C_2 \gg |Y_B|$$

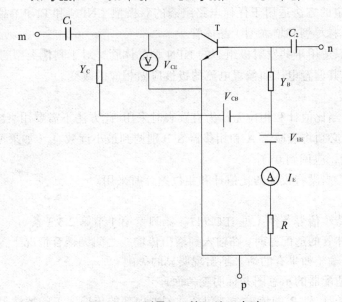

图 6.51　测量 y_{12e} 的三端口电路

上述各图中给出的加偏置的方法仅作为说明用，在工程实践中其他的好方法也可使用。

5）s 参数

Ⅰ. 输入（s_{11}）和输出（s_{22}）反射参数

在规定频率下，测试晶体管的参数 s_{11} 和 s_{22}，测试电路如图 6.52 所示。

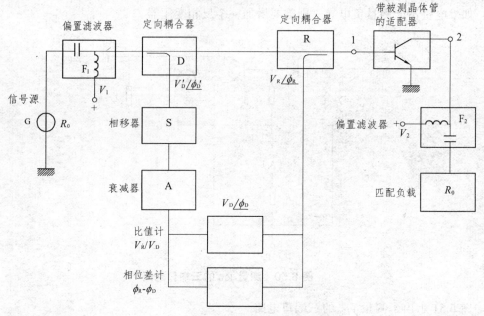

图 6.52　参数 s_{11} 和 s_{22} 的测试电路框图

电路说明和要求：

① 下面规定的方法适用于任何电路组态的双极型（NPN 和 PNP）晶体管和单极型（N 沟道和 P 沟道，耗尽型和增强型）晶体管。

② 此电路只适用于共发射极组态的 NPN 型晶体管，对于其他类型的晶体管和（或）其他的电路组态，其偏置电压和偏置电流的极性应做相应的改变。

测试方法：

① 直读法：当比值计和相位差计为直读表时采用。此方法不需要用衰减器 A 和相移器 S。在单频测量时，必须将衰减器 A 和相移器 S 分别调到最小读数 A_0（如果可能，应调到 0 dB）和 S_0（如果可能，应调到 0°）。

② 零点法：当没有校准的比值计和相位差计时采用。

注意事项：

① 必须保持小信号条件（见 IEC 747-1 第Ⅶ章第 1 节第 2.3.3 条）。

② 设计晶体管的适配器时，在输入和输出传输线之间无耦合情况下，应使不同类型波导之间的连接或传输（如果有的话）不出现明显的失配。

③ 应给出适配器的示意图并标明参考面。

④ 连接端子 1 和 2 的传输线（包括适配器内部的传输线）的特性阻抗，应等于测量 s 矩阵时所选用的纯电阻性基准阻抗。负载电阻必须具有相同的值。传输线上的衰减应小到可以忽略不计，且定向耦合器必须有一定的方向性。

⑤ 如果从端子 D 和 R 出来的信号与仪表的灵敏度相比太小，则可在从这些端子出来的两条传输线上插入两个特性一样的放大器进行放大。

⑥ 如果比值计 V_R/V_D 和相位差计（或零值检测器）不适合在测试频率下使用，则可在从端子 D 和 R 出来的两条传输线上插入两个由同一个本机振荡器驱动的特性一样的混频器，以进行频率变换。

⑦ 当接入放大器和混频器时，应注意使它们工作在线性范围内。因此，采用直读法或零点法都是可行的。

⑧ 要使偏置滤波器的失配减到最小。

⑨ 如果有一个单独与管壳相连的端子，如无另外规定，必须接地。

测试步骤：

（1）直读法。

① 让 $V_1 = 0$，取下晶体管。在待进行测量参考面上，将短路器接入适配器的输入端子（点 1）与地之间。

② 在此条件下，将比值计的读数调到 1，并将相位差计调到 180°。

③ 当从短路状态转换到开路状态时，如果所观测到相位差有偏差，则表明参考面上的短路条件或开路条件还不够准确。在确定测量精度时，应考虑所观测到的偏差。

④ 将晶体管插入适配器，此时应注意使输入端子（点 1）与测量参数 s_{11} 的输入端口或与测量参数 s_{22} 的输出端口相吻合。将规定的偏置电压加至相应的端子上。

⑤ 然后用比值计和相位差计测出幅度比（V_R/V_D）和相位差（$\phi_R - \phi_D$）。

⑥ 用下式计算参数 s_{11}（或 s_{22}）的值：

$$s_{11}(或\ s_{22}) = V_R/V_D \tag{6-45}$$

注：如果比值 V_R/V_D 小于比值计所能读出的最小读数，可将衰减器 A 从初始值 A_0 调到 A_{01}，使比值 V_R/V_D 落到比值计的读数范围内。同样，为了得到更精确的相位差的指示，可将相移器 S 从初始位置 S_0 调到某一个新的位置 S_{01}。

若衰减器具有恒定的相移，而相移器具有恒定的衰减，则上述步骤是有效的。此时，参数 s_{11}（或 s_{22}）可用下式计算：

$$s_{11}(或\ s_{22}) = \tag{6-46}$$

（2）零点法。

该方法是使用一个校准的、具有恒定相位移的衰减器 A，一个带刻度的、具有恒定衰减的相移器 S 和一个零值检测器进行测量的，此零点检测器是用来代替上述方法中的比值计和移相器的。

此时，测试步骤如下：

① 让 $V_1 = 0$，取下晶体管。在测量参考面上，将短路器接入适配器的输入端子（点 1）与地之间。

② 然后，调节衰减器和移相器，直至零值检测器指零为止，记录下读数 $A_0(\mathrm{dB})$ 和 $S_0(°)$。

③ 将晶体管插入适配器，此时应注意使输入端子（点 1）与测量参数 s_{11} 的输入端口或与测量参数 s_{22} 的输出端口相吻合。

④ 在相应的端子上加规定的偏置电压。

⑤ 然后调节衰减器 A 和移相器 S 以获得零值条件并记录下 $A_1(\mathrm{dB})$ 和 $S_1(°)$ 的值。

⑥ 用下式计算参数 s_{11}（或 s_{22}）的值：

$$s_{11}(或\ s_{22}) = \mathrm{antilg}[(A_1 - A_0)/20]\underline{/180° - S_1 - S_0} \tag{6-47}$$

Ⅱ. 正向传输系数（s_{21}）和反向传输系数（s_{12}）的测试

在规定频率下，测量晶体管的参数（s_{21}）和（s_{12}），测试电路框图如图 6.53 所示。

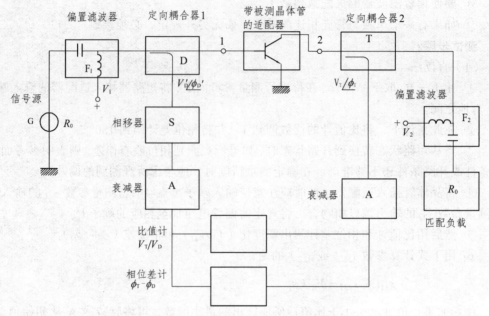

图 6.53　参数 s_{21} 和 s_{12} 测试电路框图

电路说明和要求：

① 下面规定的方法适用于任何电路组态的双极型（NPN 和 PNP）晶体管和单极型（N 沟道和 P 沟道，耗尽型和增强型）晶体管。

② 此电路只适用于共发射极组态的 NPN 型晶体管，对于其他类型的晶体管和（或）其他的电路组态，其偏置电压和偏置电流的极性应做相应的改变。

测试方法：

① 直读法：当比值计和相位差计为直读表时采用。

② 零点法：当没有校准的比值计和相位差计时采用。

注意事项：

① 必须保持小信号条件（见 IEC 747-1 第Ⅶ章第 1 节第 2.3.3 条）。

② 设计晶体管的适配器时，在输入和输出传输线之间无耦合情况下，应使不同类型波导之间的连接或传输（如果有的话）不出现明显的失配。

③ 应给出适配器的示意图并标明参考面。

④ 连接端子 1 和 2 的传输线（包括适配器内部的传输线）的特性阻抗，应等于测量散射矩阵时所选用的纯电阻性基准阻抗。负载电阻必须具有与相关规定的值相同。传输线上的衰减应小到可以忽略不计，且定向耦合器必须有一定的方向性。

⑤ 如果从端子 D 和 T 出来的信号与仪表的灵敏度相比太小，则可在从 D、T 端子出来的两条传输线上插入两个特性一样的放大器进行放大。

⑥ 如果比值计和相位差计（或零点检测器）不适合在测试频率下使用，则可在从端子 D

和 T 出来的两条传输线上插入两个特性相同并由同一个本机振荡器驱动的混频器，以进行频率变换。

⑦ 当接入放大器和混频器时，应注意使它们工作在线性范区内。因此，采用直读法或零点法都是可行的。

⑧ 要使偏置滤波器的失配减到最小。

⑨ 如果有一个单独与管壳相连的端子，如无另外规定，该端子必须接地。

测试步骤：

（1）直读法。

让 $V_1 = V_2 = 0$，将输入端子和输出端子连接起来，连接时应使通过适配器的特性阻抗保持不变；调节比值计和移相器使比值计的读数为 1，使相位差计的读数为 0°。

然后将晶体管插入适配器，此时应注意使输入端子（点 1）与测量参数 s_{21} 的输入端口或与测量参数 s_{22} 的输出端口相吻合。将规定的偏置电压加至相应的端子上。

用比值计和相位差计测出幅度比（V_T/V_D）和相位差（$\phi_T \sim \phi_D$）（见下面的注）。

用下式计算参数 s_{21}（或 s_{12}）的值：

$$s_{21}（或\ s_{12}）= V_T/V_D \tag{6-48}$$

如果比值 V_T/V_D 小于比值计所能读出的最小读数，可将衰减器 A 从初始值 A_0 调到 A_{01}，使比值 V_T/V_D 落到比值计的读数范围内。

如果比值 V_T/V_D 高于比值计所能读出的最大读数，可将衰减器 A′ 从初始值 A′$_0$ 调到 A′$_{01}$，使比值 V_T/V_D 落到比值计的读数范围内。

同样，为了得到更精确的相位差的指示，可将相移器 S 从初始位置 S_0 调到某一个新的位置 S_{01}。

这时，s_{21}（或 s_{12}）可用下式计算：

$$s_{21}(或\ s_{12}) = \frac{V_T/V_D}{\mathrm{antilg}\{[(A_{01} - A_0) - (A'_{01} - A'_0)]/20\}} \underline{/\phi_T - (\phi_D + S_{01} - S_0)} \tag{6-49}$$

（2）零点法。

该方法是使用两个校准的、具有恒定相位移的衰减器 A 和 A′，一个带刻度的、具有恒定衰减的相移器 S 和一个零点检测器进行测量的，此零点检测器是用来代替上述方法中的比值计和相位差计的。

此时，测试步骤如下：

① 让 $V_1 = V_2 = 0$，在测试架 1、2 两端隔离点之间插入短路线。

② 然后，调节衰减器 A 和移相器 S，直至零点检测器指零为止，记录下读数 A_0 和 S_0。

③ 将衰减器 A' 置于其最小读数 A'_0。

④ 将晶体管插入适配器，此时应注意使输入端子（点 1）与测量参数 s_{21} 的输入端口或与测量参数 s_{12} 的输出端口相吻合。

⑤ 在相应的端子上加规定的偏置电压。

⑥ 然后调节衰减器 A，必要时调节 A′，并调节移相器，以获得零值条件，记录下 A_1、A'_1 和 S_1（°）的值。

⑦ 用下式计算参数 s_{21}（或 s_{12}）的值：

$$s_{21}(或\ s_{12}) = \text{antilg}\{[(A_1 - A_0) - (A'_{01} - A'_0)]/20\}\ \big/ (S_1 - S_0) \qquad (6\text{-}50)$$

8. 噪声系数（F）检测

1）引　言

晶体管的噪声特性是用噪声系数（F）来度量的。噪声系数的定义是：当晶体管与一个信号源连接时，从晶体管输出的总有效噪声功率与仅由信号源产生的噪声功率之比。按图 6.54 所示的电路框图进行这一测试。

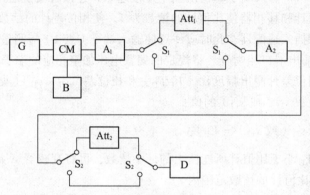

图 6.54　测试噪声系数的电路方框图

其中，G 为信号源；CM 为晶体管测试电路；B 为偏置电源；A_1、A_2 为放大器；Att_1、Att_2 为衰减器；D 为具有规定响应时间的检测器。

应对晶体管的源阻抗、直流工作条件、电路组态、测试频率、放大器带宽和检测器时间常数作出规定。如果必须调节输入网络才能给出最佳噪声性能时，对此也应进行规定。只要有可能，应尽量用噪声二极管法，但在频率低于 1 kHz 时，没有合适的噪声二极管可用，这时可用信号源法。

2）一般要求

为了防止接收到不需要的信号，测试设备必须有良好的屏蔽和接地。

应采用适当校准过的信号源。为了把接触噪声和损伤噪声减至最小，被测晶体管有效噪声源中的所有电阻应是低噪声式的，例如金属膜电阻。在高频和甚高频频段上测试时，要注意避免因在信号源中串联的电感而引起的误差，这一误差在较高的频率下是特别严重的。

应采用电池或低纹波的直流电源。所加的任何偏置都应对射频和音频去耦。

如果需要，可将前置放大器接在被测晶体管和 1 号衰减器之间，如果这样做，前置放大器就必须满足给出线性要求和其他有关要求。

为了减少第二级噪声的作用，前置放大器应包括晶体管输出端与前置放大器输入端之间的阻抗匹配网络。

通过用 1 号衰减器控制系统增益的办法使后置放大器和噪声指示器的非线性影响减至最小。

当晶体管的增益低的时候，也可在比较高的频率下用 1 号衰减器来确定由 2 号放大器引起的噪声影响。把开关 S_1 接到 1 号衰减器的两端。

　　该放大器的噪声应满足这样的条件：当关闭噪声信号源时，任何一个被测晶体管所给出的读数，要比电路中没有晶体管时单由后置放大器本身给出的读数至少高出 15 dB。如果这个条件达不到，就必须考虑该放大器对总噪声系数的影响。用 1 号衰减器可以方便地做到这一点。

　　可采用外差式放大器，但一定要特别注意这种放大器可能遇到的镜频影响和其他的假信号响应。必须使这些假信号的响应可以忽略不计，或者对它们作出规定并在测试时加以考虑。

　　该放大器的输入阻抗要与已精确知道衰减量的 1 号衰减器相匹配。

　　考虑到噪声的波峰系数，从所使用的均方根电平到高出此电平至少 20 dB 的范围内，该放大器必须基本是线性的。

　　把放大器的增益做成可变的，以增大其适用性。

　　理论分析和实践都表明，如果放大器的总带宽小于或等于中心频率的 15%，则测得的噪声系数将在 1 Hz 带宽噪声系数的百分之几以内。

　　检测器中的电压表必须能准确地响应外加信号的方均根值，还必须能处理至少 12 dB 的波峰系数。

　　总带宽和检测器时间常数的乘积要足够大，以减小电压表在读数时的摆动，这样，在测试时就能得到足够的分辨率。

　　3）3 MHz 以下频率范围内的噪声系数测量

　　噪声系数的测量是在一个用晶体管连接成的常用组态的放大电路中进行的，如图 6.55 所示，也可采用类似的晶体管共基极组态或共集电极组态。

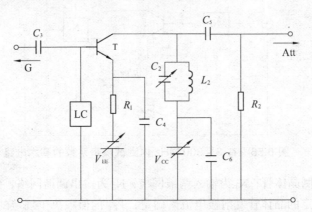

图 6.55　3 MHz 以下的测试噪声的基本电路

　　其中，G 为与噪声源连接的输入端；*LC* 为调谐电路；T 为被测晶体管；Att 为衰减器。

　　输入和输出电路是两个调谐电路，或分别是一只电阻和一个调谐电路。将晶体管接入电路，在测定噪声系数的频率下，调谐输入和（或）输出电路以获得最大功率增益，在这样的调谐条件下，读取噪声系数。隔直电容和旁路电容 C_3、C_5 和 C_4、C_6 在测试频率下必须呈现出低阻抗。V_{EE} 和 R_1 的值由规定的晶体管发射极电流来确定，V_{CC} 的值取决于规定的集电极-基极电压。

　　输入电路的等效并联电阻应大于信号源的电阻。

测试步骤：

① 将晶体管的偏置调到规定值。将噪声源的输出调到零，并将 2 号衰减器用开关与电路断开，则在噪声指示器上得到参考电平。

② 然后把 2 号衰减器用开关接入电路，接着打开噪声源并加大其输出，直至噪声指示器恢复到参考电平。

③ 然后用记录下来的噪声源的输出值计算噪声系数。例如，在 25 ℃ 下把热离子噪声二极管作为噪声源，则噪声系数为

$$F(\text{dB}) = 10 \lg \frac{19.4 \times I_D R_g}{M - 1} \qquad (6\text{-}51)$$

式中　I_D——噪声二极管直流阳极电流，A；

　　　R_g——电源电阻，Ω；

　　　M——衰减器读数（dB）的十分之一的反对数，$M = 2$ 的值，相当于衰减 3 dB，这是常用的。

在这种情况下，二极管的噪声输出即等于被测晶体管的噪声功率。

4）高频或超高频频段（3～300 MHz）内的噪声系数测量

把被测晶体管插入图 6.56 所示的常用组态的放大电路中。也可采用与此类似的晶体管共基极组态或共集电极组态。

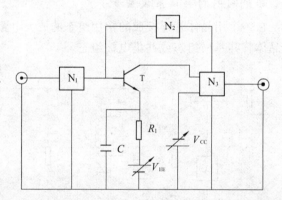

图 6.56　在 3～300 MHz 内测试噪声系数的基本电路

其中，T 为被测晶体管；N_1 为输入调谐网络；N_2 为输出调谐网络；N_3 为任选的中和网络；V_{EE} 和 R_1 的值由规定的晶体管发射极电流来确定，V_{CC} 的值取决于规定的集电极-基极电压。

输入网络的带宽应足以保证不影响测试精度。换句话说，可按需要来选择输入网络的带宽，并在计算噪声系数时考虑输入网络的影响。输入网络应能给音频提供有效的旁路。要对输入和输出网络的调谐状态加以说明。

所使用的中和网络是可以任意选取的。必要的时候，可以用它来保持放大器的稳定性。

测试方法：

测试步骤同上。

在较高的频率下（在该频率下被测晶体管的噪声输出比放大器的噪声小 15 dB 以上），依据总噪声系数 F_{12}，可用 1 号衰减器来得到晶体管本身的噪声系数的修正值。

为了做到这一点，2 号放大器的输入阻抗必须与衰减器匹配。

根据已知的级联放大器噪声系数方程对放大器的噪声系数进行修正：

$$F_{12} = F_1 + (F_2 - 1)/G_1 \tag{6-52}$$

其中，F_1 为晶体管真正的噪声系数；G_1 为晶体管的可用增益；F_2 为 2 号放大器的噪声系数。

式中的增益值和噪声系数值均用数字表示。只有当晶体管的输出阻抗与下一级放大器的输入阻抗匹配时，该方程式才成立。

然而，为了避免必须测试 F_2 和 G_1，可对总噪声系数进行两次测试，这时，可不必用前置放大器。首先，用开关将 1 号衰减器与电路断开，测出总噪声系数 F_{12}'。然后用开关把 1 号衰减器接入电路并调节到任意的衰减量 L（如系数为 4），再一次测出总噪声系数 F_{12}。

在第二次测试中，F_{12}' 由下面的公式求出：

$$F_{12}' = F_1 + (LF_2 - 1)/G_1 \tag{6-53}$$

式中，L 用数字表示。

解上述两个方程式求出 F_1：

$$F_1 = \frac{LF_{12} - F_{12}'}{L - 1} + \frac{1}{G_1} \tag{6-54}$$

当 $F_1 \gg 1/G_1$ 时，

$$F_1 = \frac{LF_{12} - F_{12}'}{L - 1} \tag{6-55}$$

如用分贝表示噪声系数，则 F_1 的公式变成：

$$F_1 = 10\lg(LF_{12} - F_{12}') - 10\lg(L - 1) \text{ (dB)} \tag{6-56}$$

5）1 000 Hz 以下频率范围内的噪声系数（信号源法）

测试电路如图 6.57 所示，且其元件应符合相关规定要求，但增加一只具有固定衰减量的 3 号衰减器和一只选择性滤波器。

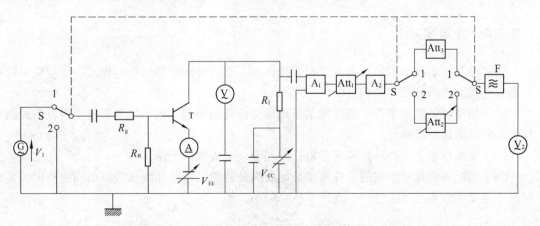

图 6.57　1 000 Hz 以下测试噪声系数的基本电路

其中，T 为被测晶体管；A_1、A_2 为放大器；Att_1、Att_2、Att_3 为衰减器；F 为选择性滤波器；V_2 为平方律电压表。

放大器的带宽要足够宽，以保证噪声带宽由选择性滤波器的带宽来决定，并且至少在 3 号衰减器所设定的信号频率范围内能够线性地工作。

选择性滤波器应是一个高 Q 值的带通滤波器，其中心频率为测试频率。如果噪声系数的测试是在窄带内进行的，则有效噪声带宽应等于或小于中心频率的 15%。应精确地确定等效噪声带宽。必须规定出滤波器的频率特性。应将信号源的频率调到滤波器的中心频率。

应在检测器的整个频率范围内检查系统的假信号响应。

R_g 的值应大于信号源的输出阻抗，而小于 R_B 的值，

测试方法：

按这个方法，不需要校准放大器，只要知道正弦波信号源 G 的输出电压 V_1 和该系统的有效噪声带宽即可。将开关 S 置于 1 的位置，调节 1 号衰减器，使在输出平方律电压表上显示出一参考读数。将开关置于 2 的位置上，调节 2 号衰减器得到相同的读数。放大器的带宽要足够宽，以保证由滤波器来确定该系统的带宽 B。

用下式计算出噪声系数：

$$F = 10\lg\left(\frac{V_1^2}{4kTBR_g}\right) - X_3 + X_2 \quad (\text{dB}) \tag{6-57}$$

式中 V_1——信号源的输出电压，V；

      k——波尔兹曼常数（1.38×10^{-23} J/K）；

      T——R_g 的绝对温度，K；

      B——有效噪声带宽，Hz；

      R_g——信号源内阻，Ω；

      X_3——3 号衰减器的（固定）衰减量，dB；

      X_2——2 号衰减器的衰减量，dB。

如果按下述数值来选取 V_1、T 等的值，则噪声系数 F（以分贝为单位）近似地等于 X_2。

$$V_1 = 28.5\ \mu V,\ T = 298\ K,\ B = 100\ Hz,\ R_g = 500\ \Omega,\ X_3 = 60\ dB$$

6.3.2.4 注意事项

（1）检测一般要求戴细纱手套或指套操作，不能直接用手接触待检样品，以避免手汗对二极管外观造成的玷污等影响。

（2）检测时的照明条件，必须满足所用测量设备的照明需求，以免影响测量设备的测量精度和测量数据的准确性。

（3）检测设备必须经计量检定合格，并在合格有效期内使用。

（4）实施外形尺寸检测的工作环境必须要满足待检二极管详细规范中的相应规定。多数情况下是要求常温/室温、25 ℃或者（25±5）℃等。

6.3.3　三极管检测实例

以 BC847C 型 NPN 硅通用三极管检测为例。

1. 检测指标

1）外观要求

在正常照明条件和正常视力条件下（必要时在放大镜或显微镜下，按详细规范规定），下述各项要求应正确：

① 生产商标志应清晰；

② 产品型号或印章标志应清晰；

③ 产品质量保证等级代码应清晰；

④ 产品生产批号或代码标志应清晰；

⑤ 负极标志或引出端识别应正确；

⑥ 外观应完整（应无毛边、毛刺、飞边、附着物、划痕、变形等机械缺陷以及麻点、变色等光学缺陷）。

2）外形尺寸要求

在室温条件下，使用经计量检定合格的测量设备进行测量，测量样品应满足表 6.14 各尺寸公差规范的要求。

表 6.14　各尺寸公差规范要求

封装外形	外形尺寸图	单位为毫米	

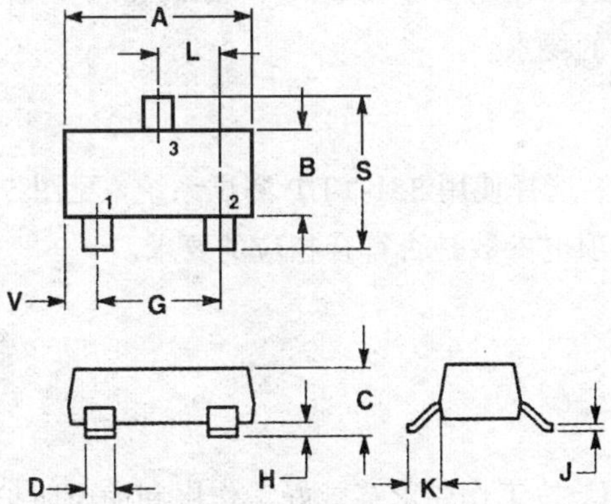

尺寸符号	SOT-23 min	SOT-23 max
A	2.80	3.04
B	1.20	1.40
C	0.89	1.13
D	0.30	0.50
G	1.78	2.04
H	0.01	0.100
J	0.08	0.18
K	0.45	0.60
L	0.89	1.02
S	2.10	2.50
V	0.45	0.60

封装外形：SOT-23

3）电参数指标要求

BC847C 型 NPN 硅通用三极管的各项电参数指标要求如表 6.15 所示。

表 6.15   电参数指标要求

参数名称	符号	测试条件	最小值	典型值	最大值	单位
集电极-发射极击穿电压	$V_{(BR)CEO}$	$I_C = 10.0\ mA$ $I_B = 0$	45	—	—	V
集电极-基极击穿电压	$V_{(BR)CBO}$	$I_C = 100\ \mu A$ $I_E = 0$	50	—	—	V
发射极-基极击穿电压	$V_{(BR)EBO}$	$I_E = 100\ \mu A$ $I_C = 0$	6.0	—	—	V
正向电流传输比	h_{FE}	$V_{CE} = 5.0\ V$ $I_C = 2.0\ mA$	420	—	800	—
集电极-基极截止电流	I_{CBO}	$V_{CB} = 30V$ $I_E = 0$			15	nA
集电极-发射极饱和电压	$V_{CE(sat)}$	$I_C = 100\ mA$ $I_B = 5\ mA$			0.6	V
基极-发射极饱和电压	$V_{BE(sat)}$	$I_C = 2\ mA$ $V_{CE} = 5\ V$			0.7	V

2. 仪器选择

1）外观检测仪器

根据外观检查的要求，选择使用带照明装置的体视显微镜（见图 5.56）在 ×10 倍放大情况下对样品进行检查，以验证样品各项外观是否符合相应的要求。

2）外形尺寸检测仪器

根据外形尺寸测试公差的要求，选择使用投影测量仪（见图 5.67）对样品进行测试，以验证样品各项外形尺寸是否符合相应的要求。

3）电参检测仪器

根据样品需测试的电参数的要求，选择使用 351-TT/P 测试系统（见图 5.68）对样品电流电压主参数进行测试，以验证样品各项电参数是否符合相应的要求。

3. 检测步骤

1）外观检测步骤

① 在工作环境干净整洁的情况下，按工作要求穿戴好工作服和静电防护用具，根据安全操作规程的要求，打开照明装置的电源开关，将体视显微镜的放大倍率置于 10 倍，在体视显微镜的视场区中放一调机样品，调节体视显微镜的焦距，使样品呈现清晰图像。

② 按工作要求准备好盛装"待检品"、"合格品"、"次品"、"废品"等分类的容器，并做好标志记录。

③ 根据外观检查的要求，逐个逐项检查待检产品，并做好相应记录，必要时拍取相应图片。

④ 按工作要求分类包装完产品，填写工作记录、报告，整理检查记录数据，清洁整理工作台面和体视显微镜。

⑤ 根据安全操作规程的要求，关闭照明装置的电源开关。

2）外形尺寸检测步骤

① 在工作环境满足投影仪测量工作要求的工作条件（如温度、湿度、洁净度、气压、电源等）的情况下，按工作要求穿戴好工作服和静电防护用具，根据投影仪安全操作规程的要求，打开设备的电源开关，将投影仪的放大倍率置于适当值（通常为 10 倍），在投影仪的视场区中放一调机样品，调节投影仪的焦距，使样品呈现清晰图像。

② 按工作要求准备好盛装"待测品"、"合格品"、"次品"、"废品"等分类容器，并做好标志记录。

③ 根据外形尺寸的测量要求，逐个逐项测量待测产品外形尺寸，并做好相应记录，必要时拍取相应图片。

④ 按工作要求分类包装完产品，填写工作记录、报告，整理测量记录数据，清洁整理工作台面和投影仪。

⑤ 根据安全操作规程的要求，关闭投影仪的电源开关。

3）电参检测步骤

① 在工作环境满足 351-TT/P 测试系统工作要求的工作条件（如温度、湿度、洁净度、气压、电源等）的情况下，按工作要求穿戴好工作服和静电防护用具，根据安全操作规程的要求，顺序打开 351-TT/P 测试系统的各个电源开关，启动 351-TT/P 测试系统。启动完成后，打开 351-TT/P 测试系统的测试程序、编辑程序，编辑并保存测试程序，调用测试程序并完成联机操作，在其已完成联机的测试站的测试夹具上放置一调机样品，启动测试开关完成一次调机样品测试，检查测试结果数据，确保测试结果正确无误。启动测试数据记录工作程序并命名测试数据记录文件名（通常采用操作者代号 + 产品型号 + 生产批号等方式），完成测试数据记录准备。

② 按工作要求准备好盛装"待测品"、"合格品"、"次品"、"废品"等分类的容器，并做好标志记录。

③ 根据产品的测量工作要求，逐个测量待测产品，并做好相应数据的记录与保存工作。

④ 按工作要求分类包装完产品，填写工作记录、报告，整理并打印测试数据，清洁整理工作台面和 351-TT/P 测试系统。

⑤ 根据安全操作规程的要求，顺序关闭 351-TT/P 测试系统的各个电源开关。

4. 检测结果

1）外观检查结果

××公司
产品外观检查报告

设备型号	设备编号	检定/校准有效期	操作者	操作日期	备注
C-310	81060016	2014-12-20	…	2013-12-15	/

产品检验情况

产品生产商	××公司						
产品型号	BC847C		印章标志	1G	产品质量保证等级		G
产品生产批号	G1312011		数量	100 只	负极标志或引出端识别		√
机械缺陷	毛边	毛刺	飞边	附着物	划痕	变形	
	…	…	…	…	…	…	
光学缺陷	麻点	变色					
	…	…					
产品合格数	…						
其 他							

报告审核人：　　　　审核日期：2013-12-16　　　　部门：品质保障部

2）外形尺寸检测结果

××公司

产品外形尺寸报告

设备型号	设备编号	检定/校准有效期	操作者	操作日期	备注
TYY-210	81060018	2014-12-20	…	2013-12-15	

产品检验情况

产品生产商		××公司							
产品型号	BC847C		印章标志	1G		产品质量保证等级			J
产品生产批号	G1312011		数量	3只		负极标志或引出端识别			√
参数代码	A	B	C	D	G	H	J	K
规范要求	2.80~3.04	1.20~1.40	0.89~1.13	0.30~0.50	1.78~2.04	0.01~0.100	0.08~0.18	0.45~0.60
产品编号 1	…	…	…	…	…	…	…	…
产品编号 2	…	…	…	…	…	…	…	…
产品编号 3	…	…	…	…	…	…	…	…
平均值（$\bar{x}$）	…	…	…	…	…	…	…	…
标准偏差（s）	…	…	…	…	…	…	…	…
参数代码	L	S	V					
规范要求	0.89~1.02	2.10~2.50	0.45~0.60					
产品编号 1	…	…	…					
产品编号 2	…	…	…					
产品编号 3	…	…	…					
平均值（$\bar{x}$）	…	…	…					
标准偏差（s）	…	…	…					
产品合格数	3							
其他								

报告审核人： 审核日期：2013-12-16 部门：品质保障部

3）电参检测结果

××公司
产品电参检测报告

设备型号	设备编号	检定/校准有效期	操作者	操作日期	备注
351-TT/P	81060019	2014-12-20	……	2013-12-15	
JYS2960F	81060021	2014-12-20	……	2013-12-15	

产品检验情况

产品生产商		××公司				
产品型号	BC847C	印章标志	1G	产品质量保证等级		G
产品生产批号	G1312011	数量	3 只	负极标志或引出端识别		√

参数代码		$V_{(BR)CEO}$	$V_{(BR)CBO}$	$V_{(BR)EBO}$	h_{FE}
测试条件		$I_C = 10.0$ mA $I_B = 0$	$I_C = 100$ μA $I_E = 0$	$I_E = 100$ μA $I_C = 0$	$V_{CE} = 5.0$ V $I_C = 2.0$ mA
规范要求	最小值	45	50	6.0	420
	最大值				800
	单位	V	V	V	
产品编号	1	…	…	…	…
	2	…	…	…	…
	3	…	…	…	…
平均值（$\bar{x}$）		…	…	…	…
标准偏差（s）		…	…	…	…
参数代码		I_{CBO}	$V_{CE(sat)}$	$V_{BE(sat)}$	
测试条件		$V_{CB} = 30$ V $I_E = 0$	$I_C = 100$ mA $I_B = 5$ mA	$I_C = 2$ mA $V_{CE} = 5$ V	
规范要求	最小值				
	最大值	15	0.6	0.7	
	单位	nA	V	V	
产品编号	1	…	…	…	
	2	…	…	…	
	3	…	…	…	
平均值（$\bar{x}$）		…	…	…	
标准偏差（s）		…	…	…	
产品合格数		3 只			
其 他					

报告审核人： 审核日期：2013-12-16 部门：品质保障部

第 7 章 场效应管的检测

7.1 场效应管的基础知识

7.1.1 场效应管概述

1. 场效应管简介

场效应管是一种晶体管，与三极管相比有许多不同点，具有体积小、质量轻、耗电少、开关速度快、可靠性高、寿命长等优点。三极管是电流控制型器件，而场效应管是电压控制型器件，它只依靠一种载流子导电，因此又有单极晶体管之称。场效应管还具有抗辐射能力强和输入阻抗高等独特的优点，广泛应用于各个电子领域。场效应管在电路中主要起信号放大、阻抗变换等作用。

2. 场效应管的主要参数

1）直流参数

① 饱和漏极电流 I_{DSS}。它可定义为：当栅、源极之间的电压等于零，而漏、源极之间的电压大于夹断电压时，对应的漏极电流。

② 夹断电压 U_P。它可定义为：当 U_{DS} 一定时，使 I_D 减小到一个微小的电流时所需的 U_{GS}。

③ 开启电压 U_T。它可定义为：当 U_{DS} 一定时，使 I_D 到达某一个数值时所需的 U_{GS}。

2）交流参数

① 低频跨导 G_m。它是描述栅、源电压对漏极电流的控制作用。

② 极间电容。它是指场效应管三个电极之间的电容，它的值越小表示管子的性能越好。

3）极限参数

① 漏源击穿电压。当漏极电流急剧上升时，产生雪崩击穿时的 U_{DS}。

② 栅极击穿电压。结型场效应管正常工作时，栅、源极之间的 PN 结处于反向偏置状态，若电流过高，则产生击穿现象。

7.1.2 场效应管的型号和分类

1. 场效应管型号命名方法

场效应管型号的命名方法有两种。第一种命名方法参照 6.1.2 节国内三极管的命名方法。

第一部分表示半导体器件有效电极数目；第二部分表示半导体器件材料和极性，例如，D 是 P 型硅，反型层是 N 沟道，C 是 N 型硅 P 沟道；第三部分表示场效应管的类型，例如，J 代表结型场效应管，O 代表绝缘栅场效应管；第四部分表示序号；第五部分用汉语拼音字母表示规格号。例如，3DJ6D 是结型 N 沟道场效应三极管，3DO6C 是绝缘栅型 N 沟道场效应三极管。

第二种命名方法是 CS××#，CS 代表场效应管，××以数字代表型号的序号，#用字母代表同一型号中的不同规格。例如 CS14A、CS45G 等。

2. 常用的场效应管分类

场效应管按沟道分可分为 N 沟道和 P 沟道管；按材料分可分为结型管和绝缘栅型管，绝缘栅型又分为耗尽型和增强型。主板上大多是绝缘栅型管，简称 MOS 管，并且大多采用增强型的 N 沟道，其次是增强型的 P 沟道，结型管和耗尽型管几乎不用。常用的国产结型场效应晶体管有 3DJ1~3DJ4、3DJ6~3DJ19 等型号，各管的主要参数见表 7.1；常用的进口结型场效应晶体管有 2SJ 系列和 2SK 系列，各管的主要参数见表 7.2；常用的 N 沟道耗尽型 MOS 场效应晶体管有 3D01、3D02、3D04 等型号，各管的主要参数见表 7.3。

表 7.1. 部分国产结型场效应晶体管的主要参数

型号	沟道类型	饱和漏电流/mA	夹断电压/V	栅源击穿电压/V	低频跨导	耗散功率/mW	极间电容/pF
3DJ1A-3DJ1C	N	0.03~0.6	-1.8~-6	-40	>2 000	100	≤3
3DJ2A-3DJ2H	N	0.3~10	≤-9	>-20	>2 000	100	≤3
3DJ3A-3DJ3G	N	20~50	≤-9	-30	>2 000	100	≤3
3DJ4D-3DJ4H	N	0.3~10	≤-9	>-20	>2 000	100	≤3
3DJ6D-3DJ6H	N	0.3~10	≤-9	>-20	>1 000	100	≤5

表 7.2　部分进口结型场效应晶体管的主要参数

型号	沟道类型	饱和漏电流/mA	夹断电压/V	栅源击穿电压/V	耗散功率/mW
2SJ11-2SJ12	P	0.05~0.9	10	20	100
2SJ13/2SJ15/2SJ16	P	1~12	10/12/12	20/18/18	600/200/200
2SJ39/2SJ40/2SJ43	P	0.5~12	10	50	150/300/250

表 7.3　部分 N 沟道耗尽型 MOS 场效应晶体管的主要参数

型号	夹断电压/V	饱和漏电流/mA	低频跨导/S	极间电容/pF	栅源击穿电压/V	耗散功率/mW	最高振荡频率/MHz
3D01D-3D01H	-9	0.3~10	>1 000	≤5	40	100	≥90
3D02D-3D02H	-9	1~25	>4 000	≤2.5	25	100	≥1000
3D04D-3D04H	-9	0.3~15	>2 000	≤2.5	25	100	≥300

7.2 新型场效应晶体管

1. 静电感应晶体管（SIT）

静电感应晶体管（SIT），实际上可以看成是一种短沟道的增强型 JFET。图 7.1（a）是 SIT 的基本结构，其有源沟道区材料的电阻率比较高，而且两个栅极之间的距离比较小，因此在零栅压时沟道即已经被夹断了。正常情况下，还应在栅极上加上反向电压，则将在沟道中进一步形成一定高度的电子势垒。

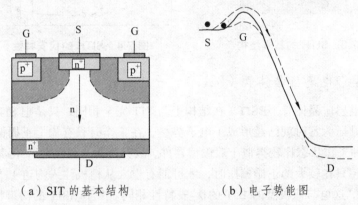

（a）SIT 的基本结构   （b）电子势能图

图 7.1 SIT 的结构和工作原理

SIT 在工作时，需加上源-漏极电压（即 V_{DS}）使得电子势垒的高度降低（见图 7.1（b）中的点线），才能使电子从源极注入沟道，然后这些电子再通过漂移进入漏极而输出电流。SIT 的输出电流主要是受到电子势垒高度的控制，所以其具有不饱和的指数式伏安特性，如图 7.2 所示。另外，栅-源极电压（V_{GS}）也可以直接改变势垒高度，从而也可以控制输出电流，能实现放大和开关等功能。在 SIT 的基础上，把结构稍微加以改变，又发展出了若干种静电感应器件。

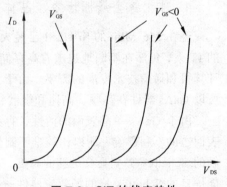

图 7.2 SIT 的伏安特性

2. 静电感应晶闸管（SITH）

静电感应晶闸管，又称为场控晶闸管（FCTH）。它是将静电感应晶体管 SIT 的漏区 N^+ 改换为 P^+ 而得到的，其他保持不变（栅极上仍然需要施加反向偏压）。这种器件在工作时不仅有电子从 N^+ 源区注入沟道，同时还有空穴从 P^+ 漏区注入沟道，因此将使高阻 N 型漂移区发生电导调变。由此，该类器件的导通压降较低，这是一个非常大优点。但是，由于 SITH 从本质上来说已经成为了一种双极型器件，所以其开关速度比 SIT 的有所降低。SITH 的基本结构如图 7.3 所示。

SITH 的功能与 SCR 等晶闸管类似。但是，SCR 一般不能通过栅极来关断阳极电流，而 SITH 却可以直接用栅极来关断阳极电流。因此，SITH 具有更多的应用灵活性。再加上，SITH

的主要电流通路上没有 PN 结，所以该类器件的电流容量可以比较大，可靠性也比较高。SITH 的伏安特性如图 7.4 所示。

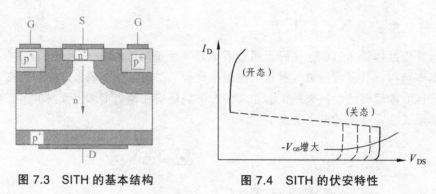

图 7.3　SITH 的基本结构　　　　　　图 7.4　SITH 的伏安特性

3. 双极型静电感应晶体管（BSIT）

双极型静电感应晶体管（BSIT）在结构上与 SIT 完全相同，只是把 SIT 的原始沟道做得很窄，使得在栅压为零时就已经形成了电子势垒，在工作时只有加上正栅偏压时才能产生沟道而导电。这种工作状态比较类似于双极型器件，故称之为"双极型"，但其实质上还是应属于单极型器件（只在较大的正栅偏压时，才可能有空穴从栅极注入沟道）。BSIT 具有饱和的输出伏-安特性，这也与双极型的 BJT 的伏-安特性相同。由于 BSIT 的沟道很窄，栅极区产生了屏蔽作用，使得漏极电压影响不到源极电位，从而来自源极的电流不随漏极电压的变化而变化。

4. 砷化镓金属栅场效应晶体管（GaAs-MESFET）

现在 256 Mbit 的 Si-ULSI 已经大量使用，不久的将来，实现 64 Gbit 也不是神话。今天的 IT 人，仍然在不断地追求着高存储容量和高处理速度，以满足方便、网络、多媒体等现代计算机和通信技术发展的需要。由于 GaAs 与 Si 相比，在若干电性能方面具有一定的优势，所以 GaAs 器件在高频、高速和微波领域内受到了人们的关注。

由于 GaAs 单晶表面的活性，存在有较多的表面态，用各种表面保护膜也很难消除这些表面态的不利影响，所以比较难于制作出性能良好的 GaAs-MISFET。然而，金属与 GaAs 接触的 Schottky 势垒具有足够的高度，可以像 PN 结一样起到控制的作用，从而能够制作出性能优良的 Schottky 栅的场效应器件——砷化镓金属栅场效应晶体管（GaAs-MESFET）。

图 7.5 是 GaAs-MESFET 的几种典型结构。

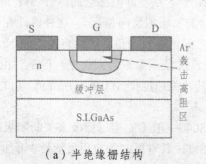

（a）半绝缘栅结构　　　　　　　　　　（b）栅缓冲层结构

（c）双栅结构　　　　　　　　　　（d）埋栅结构　　　　　　　　　　（e）自对准栅结构

图 7.5　GaAs-MESFET 的几种结构

对器件结构的基本考虑是：

（1）为了减小 Schottky 栅的漏电流，应该使栅极下的半导体掺杂浓度 $<10^{17}\,\text{cm}^{-3}$。

（2）在半绝缘（SI）GaAs 衬底上外延生长器件有源层时，为了减小生长层中的缺陷（避免掺 Cr 的 SI-GaAs 中的缺陷往有源层延伸），需要在衬底和有源层之间加入一层薄的"缓冲层"进行过渡。

（3）采用高掺杂的 N⁺ 层来做电极接触，以减小串联电阻。

（4）采用栅缓冲层，可减小 C_{gs}、C_{gd}，降低栅极漏电流和提高栅极击穿电压，这有利于提高 f_T 和 f_m。

（5）埋栅或凹栅结构，可降低漏极接触处的电场，提高击穿电压，这可增加输出功率。

（6）自对准栅结构，可减小半导体表面的影响。

（7）双栅结构，增加了电路功能（因可用两个栅极来控制），并且其中第 2 个栅极（G_2）可减弱器件内部的反馈作用，这能提高器件的增益和稳定性。

5. 高电子迁移率晶体管（HEMT）

高电子迁移率晶体管（HEMT）又称为二维电子气场效应晶体管（2-DEGFET）、调制掺杂场效应晶体管（MODFET）或选择掺杂异质结晶体管（SDHT），是一种微波、超高速场效应晶体管。但从它的工作原理上来说，它与 MOSFET 更为类似，采用特殊结构而大大提高了电子迁移率。

1）基本结构

GaAs 系 HEMT 的结构如图 7.6（a）所示，通常是在半绝缘 GaAs（S.I.GaAs）衬底上采用能进行原子级精度控制的外延[分子束外延（MBE）或金属有机化合物外延（OMVPE）]技术来制作的。顶层 n-Al_xGa_{1-x}As（$x = 0.3$）的厚度为 $0.07\,\mu\text{m}$，掺 Si 施主的浓度为 $2 \times 10^{18}\,\text{cm}^{-3}$。该 n-AlGaAs 层与其上面的金属栅极形成 Schottky 势垒，而使该层载流子耗尽。在 n-AlGaAs/i-GaAs 异质结界面上 i－GaAs 一侧形成电子势阱——沟道，其中存在来自于 n-AlxGa1-xAs 层的电子——只能沿平行表面方向运动的二维电子气（2-DEG），2-DEG 的厚度极薄（约为 10 nm）。金属栅极可通过 n-AlGaAs 的耗尽层来控制电子势阱的深度，即控制 2-DEG 的浓度，从而该 n-AlGaAs 顶层也称为控制层。HEMT 就是利用此势阱中的 2-DEG 沿表面方向的输运来工作的，故又称 HEMT 为二维电子气场效应晶体管（2-DEGFET）。同时，产生沟道和 2-DEG 的异质结是调制掺杂的（只在 AlGaAs 顶层中掺杂，在 GaAs 层中不掺杂），故 HEMT 也称为调制掺杂场效应晶体管（MODFET）或选择掺杂异质结晶体管（SDHT）。

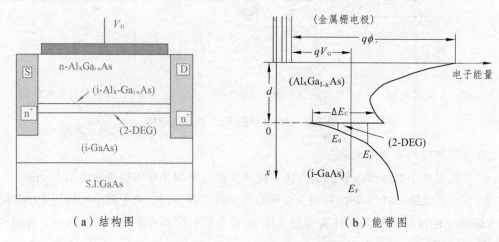

（a）结构图　　　　　　　　　　（b）能带图

图 7.6　HEMT 的结构和能带

2-DEG 被限制在异质界面附近的势阱中。至于势阱的垂直一侧的高度，则为导带边的突变量 ΔE_C。在理想情况下，此 ΔE_C 等于两边半导体的电子亲和能 χ 之差（i-GaAs 的 $\chi_1 = 4.07$ eV，n-$Al_{0.3}Ga_{0.7}As$ 的 $\chi_2 = 3.5$ eV）：$\Delta E_C = \chi_1 - \chi_2$，而相应的价带边的突变量则为 $\Delta E_V = (E_{g2} - E_{Cg1}) - \Delta E_C$。

对于 n-$Al_xGa_{1-x}As$/p – GaAs 突变异质结，根据量子力学的分析得知，在 $x \leqslant 0.45$ 时有：$\Delta E_C = (0.85 \pm 0.03)(E_{g2} - E_{g1})$，$\Delta E_V = (0.15 \pm 0.03)(E_{g2} - E_{g1})$。在 $x > 0.45$ 时有：$\Delta E_C = (E_{g2} - E_{g1}) - \Delta E_V$。

由于在 n-AlGaAs/i-GaAs 异质结界面附近的 2-DEG 所处的势阱层是未掺杂的 i-GaAs 层，可忽略电离杂质散射的影响，特别是在低温下，晶格散射作用又显著减小，所以这种调制掺杂异质结中的 2-DEG 具有很高的迁移率。这正是"高电子迁移率晶体管（HEMT）"名称由来的根据。

虽然高纯（载流子浓度为 4×10^{13} cm^{-3}）GaAs 单晶体的电子迁移率很高，但是对于实际使用的 GaAs 晶体（掺杂浓度 $\geqslant 10^{17}$ cm^{-3}）而言，其中的电子迁移率却并不很高。而调制掺杂异质结中 2-DEG 的迁移率在室温下即为 8×10^3 cm^2/（V·s），当温度降低时将更加急剧增大[77 K 下达到 2×10^5 cm^2/（V·s），4.2 K 下达到 2.5×10^5 cm^2/（V·s）]。2-DEG 在低温下的迁移率主要是受到 i-GaAs 层中的残留杂质散射和异质结界面附近的 n-AlGaAs 层中电离杂质中心散射的影响。如果在异质结界面附近的，AlGaAs 层与 i-GaAs 层之间，再加上一层薄薄的 i-AlGaAs 层——隔离层，即可进一步提高 2-DEG 的迁移率。

值得指出，2-DEG 还具有一种很重要的不同于在单晶体内的性质，即在极低温度（即使在 4.2 K）下也不会"冻结"，即不会返回到杂质中心而消失。这种性质为开辟低温电子技术提供了基础。也因此 HEMT 具有良好的低温性能，可用于低温领域的研究工作。

2）工作原理

HEMT 工作的有源区基本上可看作是由一个金属-AlGaAs 的 Schottky 势垒和一个 AlGaAs-GaAs 异质结构成的，在异质结界面附近存在有导电的 2-DEG。为了使外加栅极电压

V_G 能够控制异质结界面的 2-DEG 浓度（面密度），就必须让 n-Al$_x$Ga$_{1-x}$As 层耗尽，使 Schottky 势垒区与异质结耗尽层相连接（如果 AlGaAs 层不耗尽，这将屏蔽外加栅极电压的作用，而且还有可能在源极和漏极之间产生漏电）。Schottky 势垒的高度通常是固定在 1.0 ~ 1.1 eV（由于半导体表面态的钉扎效应所致）。如果减薄 n-Al$_x$Ga$_{1-x}$As 层的厚度或者降低该层的掺杂浓度（通常厚度为数百纳米，掺杂浓度为 $10^{17} \sim 10^{18}$ cm^{-3}），就可以实现 Schottky 势垒区与异质结耗尽层相连接，从而能够很好控制 2-DEG。这种 HEMT 在外加栅极电压 $V_G = 0$ 时就导电的状态称为耗尽模式（D-HEMT）。2-DEG 浓度与栅极电压 V_G 的关系如图 7.7（a）所示（实验结果）。

如果进一步减薄 n-Al$_x$Ga$_{1-x}$As 层的厚度或降低该层的掺杂浓度，则提供的电子数量就不够形成能导电的 2-DEG。这时只有再加大栅极电压 V_G，使得能带变成如图 7.7（b）所示的那样，才能形成 2-DEG 而导电。这种 HEMT 在外加栅极电压 $V_G = 0$ 时不导电的状态称为增强模式（E-HEMT）。实现增强模式（2-DEG 消失）的条件是：在组分 $x = 0.3$ 和掺杂浓度为 10^{18} cm^{-3} 时，n-Al$_x$Ga$_{1-x}$As 层的厚度为 0.06 μm。

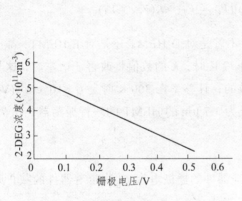
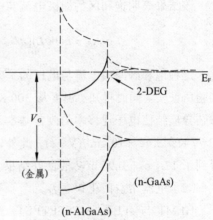

（a）2-DEG 浓度与栅极电压的关系　　　　　　（b）虚线是零栅压、实线是栅
　　温度 77 K，AlGaAs 厚度 0.1 μm　　　　　　　　偏压 V_G 时的情况

图 7.7　HEMT 工作原理

HEMT 在工作时，由于金属栅极与沟道 2-DEG 薄层之间处于耗尽层状态，存在有不受偏压影响的栅极电容，即栅电压通过该电容而作用到沟道，从而控制 2-DEG 的面密度。因此从工作的实质来说，HEMT 类似于后面将要讨论的 MOSFET。正因为如此，HEMT 的电流-电压特性也与 MOSFET 的基本相同。

3）HEMT 的特性

（1）*I-V* 特性。

对于长沟道 HEMT，沿着沟道方向的电场处处都低于电子速度达到饱和时的电场，则沟道电流为（设沟道宽度为 W，长度为 L）

$$I_{DS} = WqN_S(y)\mu E(y)$$

$$= \mu W[\varepsilon'\varepsilon_0/(d + \Delta d)][V_{GS} - V_T - V(y)]\mathrm{d}V(y)/\mathrm{d}y$$

这里 μ 是低电场时的迁移率，$dV(y)/dy$ 是沟道在 y 处的电场强度。

将上式从沟道的源端（$y = 0$）到漏端（$y = L$）积分，即得到

$$I_{DS} = \mu(W/L)[\varepsilon'\varepsilon_0/(d + \Delta d)][(V_{GS} - V_T)V_{DS} - V_{DS}^2/2] \approx K[(V_{GS} - V_T)V_{DS} - V_{DS}^2/2]$$

其中 $K = qW\varepsilon'\varepsilon_0/(2Ld)$。并且，在 V_{DS} 保持不变的条件下可求得相应的跨导为

$$g_m = \partial I_{DS}/\partial V_{GS} = \mu(W/L)$$

此结果表明，HEMT 的低电场区跨导是常数，只与结构参数有关。

当 V_{DS} 增加到 $V_{DSat} = V_{GS} - V_T$ 时，由上述 $qN_S(y)$ 与电压的关系知道，$qN_S(L) = 0$，即沟道在漏端被夹断，电流达到饱和，从而得到饱和区的漏极电流为

$$I_{DSat} = \mu(W/L)[\varepsilon'\varepsilon_0/2(d + \Delta d)](V_{GS} - V_T)^2 \approx K(V_{GS} - V_T)^2 \qquad (7\text{-}1)$$

该结果表明饱和区的漏极电流与电压有平方关系。相应的饱和区跨导可求得为

$$g_{m\,Sat} = \mu(W/L)[\varepsilon'\varepsilon_0/(d + \Delta d)](V_{GS} - V_T) \approx K(V_{GS} - V_T) \qquad (7\text{-}2)$$

这种饱和区漏极电流与电压的平方关系，不管是对 D-HEMT 还是对 E-HEMT，都已经被实验所证实。同时得知，温度从 300 K 降低到 77 K 时，K 的数值将改善 3 倍左右，这与调制掺杂异质结使电子迁移率的改善基本上是一致的，迁移率在 300 K 时是 $6 \times 10^3 \, cm^2/(V \cdot s)$，在 77 K 时是 $2 \times 10^4 \, cm^2/(V \cdot s)$。此外，对栅长为 1.7 μm 的 HEMT 的环行振荡器，在 77 K 时得到了 17.1 ps、0.96 mW 的良好结果。

（2）电流增益截止频率 f_T。

HEMT 与 JFET、MESFETFET 一样，本征器件的栅极电容 C_g 决定着器件的截止频率，即有：$f_T = g_m/(2\pi C_g)$，而 HEMT 的本征栅极电容为

$$C_g = (C_{gs} + C_{gd}) = (g_m\tau) = WL[\varepsilon'\varepsilon_0/(d + \Delta d)] \qquad (7\text{-}3)$$

其中，τ 是栅极下电子的渡越时间。

若再计入寄生电容 C_L，则得到截止频率为：

$$f_T = g_m/[2\pi(C_g + C_L)] = (1/2\pi\tau)[1 + (C_L/C_g)]^{-1} \qquad (7\text{-}4)$$

由于 HEMT 的 AlGaAs 控制层厚度 d 可以制作得比较小，则 C_g（即 g_m）比较大，从而有较高的截止频率和较快的工作速度。实质上，HEMT 的超高速性能主要来自于两个方面：一方面是其电子的低电场迁移率高，300 K 时为 $8 \times 10^3 \, cm^2/(V \cdot s)$，77 K 时为 $4 \times 10^4 \, cm^2/(V \cdot s)$，饱和速度也高，300 K 时为 $1.5 \times 10^7 \sim 1.9 \times 10^7 \, cm/s$，使其开关时的电流增益截止频率得以提高；另一方面是其逻辑振幅低电平的跨导大，使得能发挥其高速、低功耗的特点。这就能够控制其阈值电压的变化小于逻辑振幅的 1%，所以 HEMT 可以实现超高速 LSI。

图 7.8 示出了 HEMT 和 GaAs-MESFET 的电流增益截止频率与栅极长度的关系。

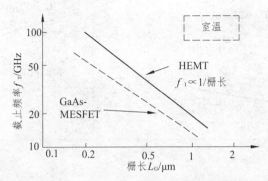

图 7.8 HEMT 和 GaAs-MESFET 的电流增益截止频率与栅极长度的关系

（3）微波性能。

在微波、毫米波领域，在低噪声、高增益方面，HEMT 与 GaAs-MESFET 相比，具有本质上的优势。这对于卫星通信和星球探测中用来接收微弱信号的高质量低噪声放大器具有重要的价值。由于 HEMT 的截止频率 f_T 很高，则其噪声系数很低。最小的噪声系数 F_{min} 可以用下面的经验关系表示：

$$F_{min} = 1 + kf\sqrt{g_m(R_S + R_G)}/f_T$$

式中，f 是测试频率，g_m 是跨导；R_S 是源区电阻；R_G 是漏区电阻；k 是常数，对 HEMT 和 GaAs- MESFET，k 分别为 1.5 和 2.5。

一般，HEMT 内部产生的噪声是白噪声，相应的噪声功率 P_n 与频率无关。与 GaAs-MESFET 相比，HEMT 的 P_n 要低得多（对栅长 $L_G = 0.5\ \mu m$ 的器件，MESFET 的 P_n 是热噪声的 3.4 倍，而 HEMT 的 P_n 仅是热噪声 1.7 倍）。与 GaAs-MESFET 相似，HEMT 的这种噪声也是由于电子的扩散所形成的空间分布引起的，可表示为

$$P_n \propto I_{DS}(D/v_s^3)\exp(\pi L_G/a)\Delta f \tag{7-5}$$

式中，D 和 v_s 分别是电子的扩散系数和饱和速度。因为 HEMT 中电子的 v_s 要比 GaAs-MESFET 中的高 1.3 倍，所以 HEMT 的噪声功率要低一半。

如果 HEMT 的功率增益为 G_a，则根据物理原理有：

$$F_{min} = 1 + P_n/(G_a kT\Delta f)$$

式中，$kT\Delta f$ 是热噪声；Δf 是频带宽度。可见，噪声系数决定于 P_n/G_a。

对于高输出的半导体微波放大器件，GaAs-MESFET 已经占有很重要的地位，并且随着栅极长度的缩短和内部匹配电路的改善，其性能得到了更大的提高。然而与 HEMT 相比却显得有些逊色。HEMT 的截止频率 f_T 很高，这不仅可实现低的噪声系数，而且也可获得高的功率增益，因为最大功率增益可表示为：$G_{a\ max} \propto f_T^2 \propto v_s^2$。

HEMT 与 MESFET 的噪声系数和功率增益与频率的关系如图 7.9 所示。

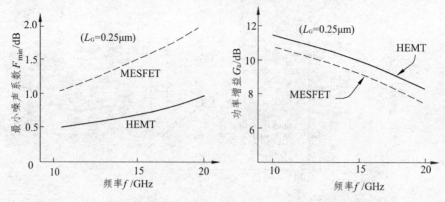

图 7.9　噪声系数和功率增益与频率的关系（两种器件的比较）

为了实现 HEMT 的高输出特性，需要优化器件的结构以增大电流密度和提高耐压。对于高耐压的 HEMT，可采用低掺杂浓度的双异质结结构。对于大电流的 HEMT，可采用多沟道的结构。

（4）超高速性能。

作为高速场效应器件，短沟道效应是一个重要的问题。研究表明，HEMT 几乎不出现由于短沟道效应而引起的特性劣化现象，从而这对器件特性的控制比较容易，有可能实现 0.15 μm 的 HEMT-LSI。同时得知，即使对 HEMT 的 AlGaAs 层高掺杂也没有降低电子的迁移率，所以 HEMT 具有很好的高速性能。HEMT 在高速、低功耗方面处于绝对优势。而且由于 HEMT 的 Schottky 势垒（在 AlGaAs 上形成）要比 GaAs-MESFET 的 Schottky 势垒（在 GaAs 上形成）高 0.2 V，所以 HEMT 的高电平噪声界限较高，又由于 HEMT 的低电场的迁移率大，所以 HEMT 的低电平噪声界限也较高，这对于 LSI 的设计是很有利的。

HEMT、MESFET 及 Si 器件的高速性能比较见图 7.10。

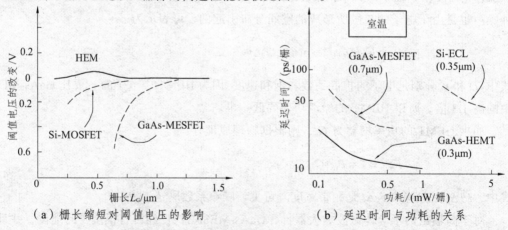

（a）栅长缩短对阈值电压的影响　　　　（b）延迟时间与功耗的关系

图 7.10　HEMT 与 MESFET 和 Si 器件的比较

此外，HEMT 在性能/价格比方面也具有明显的优势。虽然现在 Si-CMOS 在高速化技术中有很多优点，但是在进一步高集成化、多功能化（开发 Mbit 存储器和 KMbit 时钟脉冲逻辑电路）方面，HEMT 将处于更加有利地位。由于 HEMT 的低电场迁移率大，在较低电压下电子速度即可进入饱和区，则可以实现高速度低电压的电压计数器。对 $L_G = 0.25\ \mu m$ 的 HEMT，在 $V_{DD} = 0.5\ V$ 时，可得到与 Si-CMOS 同样好的结果（$t_{pd} = 20\ ps$，功耗 $= 50\ \mu W/$ 栅，开关能量 $= 1\ fJ$）。

6. 赝高电子迁移率晶体管（PHEMT）

一般的 HEMT 具有很好的高频、高速性能，但是它也存在有一个大的问题，那就是性能的温度稳定性较差。经过研究发现，这与在 $n\text{-}Al_xGa_{1-x}As$ 中出现的一种陷阱——"DX 中心"有关。这种 DX 中心能俘获或放出电子，使得 HEMT 中的 2-DEG 浓度随温度的变化而变化，从而导致 HEMT 的阈值电压不稳定，特别是在低温下，由于 DX 中心存储电子的作用较强，可造成 HEMT 的 I-V 特性崩塌。

实验表明，对掺 Si 的 $n\text{-}Al_xGa_{1-x}As$，在组分 $x < 0.2$ 时，基本上不产生 DX 中心；在组分 $x \geqslant 0.2$ 时则产生高浓度的 DX 中心。然而，对常规 HEMT 中的 $n\text{-}Al_xGa_{1-x}As$ 层，通常是 $x = 0.3$，故必然存在有 DX 中心的不良影响。如何消除 DX 中心的影响，这就发展出所谓的 PHEMT。

PHEMT 的基本材料结构是 $n^+\text{-}AlGaAs$ /i- AlGaAs /i- GaAs 形式，如图 7.11 所示。这里采用 i-AlGaAs 层（无 DX 中心）与 i-GaAs 层来构成异质结（界面处有 2-DEG），从而避免了 DX 中心的影响。但是，这时 2-DEG 所处的势阱深度却比较浅，难以保证器件正常工作。为此又进一步采用 i-InGaAs 层来代替 i-GaAs 层作为沟道材料，使得异质结的导带底能量突变量（ΔE_C）增大，这就可保证获得足够高的势阱深度（$\Delta E_C \approx 0.3\ eV$）。所以通常 PHEMT 是采用 $n^+\text{-}AlGaAs$ /i-AlGaAs /i- InGaAs 形式的结构。

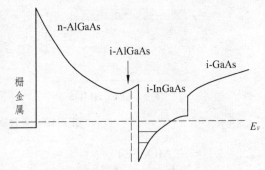

图 7.11　PHEMT 的基本材料结构

在制作 PHEMT 时，为了克服 InGaAs/GaAs 异质结中间的因晶格失配（约 1 %）而产生的应力的影响，一般是把 InGaAs 层生长得很薄（厚约 20 nm），让其中的晶格存在畸变，以吸收它与 GaAs 层之间的因晶格失配（约 1 %）而产生的应力。这种存在有晶格畸变的薄膜称为赝晶层，并因此也就称这种 HEMT 为赝高电子迁移率晶体管（PHEMT）。

由于 PHEMT 消除了 DX 中心的不良影响，而且其中的沟道对 2-DEG 的限制作用也较强（因有 i-GaAs 层和 i-InGaAs 层的双重限制作用），因此 PHEMT 的性能稳定、输出电导低和功率转换效率高。

除了上述的以 GaAs 为基的 HEMT 以外，现在人们也开发出了各种结构的以 SiGe 合金为基的 HEMT。对于 Si/SiGe 异质结，因为在工艺上与现有的 Si 工艺大体上是兼容的，所以具有很大的发展潜力。

7. 高性能 MOSFET（HMOS）

为了进一步提高器件的性能，在设计 MOSFET 的结构时需要在以下若干方面加以考虑：

① 减小沟道长度 L，以提高增益、跨导和改善频率响应。

② 减小源区和漏区的结深 r_j，以削弱因沟道缩短而带来的不良影响（当沟道长度缩短到与势垒厚度相当时，即出现所谓短沟道效应，将使得器件性能变坏）。

③ 减小寄生电容等，以提高截止频率 f_T。

④ 增大沟道的宽长比 Z/L，以降低导通电阻、增大电流容量和提高饱和区的跨导。

⑤ 提高工作的电压和电流，以提高输出功率。

1）单/双注入 HMOS

单注入 HMOS 的优点就是在沟道里采用了浅离子注入来方便地控制 V_T，并且离子注入就等效于使源和漏的结深减小，短沟道效应减弱。双注入 HMOS 的优点就是采用了深、浅两层注入层，可分别方便地控制有关性能（浅注入层用来控制 V_T，深注入层用来防止 S-D 穿通），同时也等效于使源和漏的结深减小，所以这是一种高性能的 MOSFET。但是它也有缺点，即沟道离子注入将使半导体表面的势垒电容增加，导致 S 值增大，亚阈特性变差而影响到器件的开关速度。

单注入 HMOS 与双注入 HMOS 的结构如图 7.12 所示。

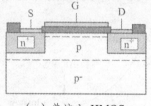
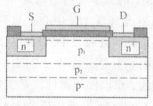

（a）单注入 HMOS　　　　　　　（b）双注入 HMOS

图 7.12　单注入、双注入 HMOS 比较

2）凹沟 MOSFET

凹沟 MOSFET（recessed-channel MOSFET）的结构如图 7.13 所示，其重要优点就是等效于使源和漏的结深减小，短沟道效应得以减弱；其缺点就是对器件 V_T 的工艺控制较困难（因为 V_T 主要决定于 A 点和 B 点处的形状与 SiO_2 层的厚度），同时热电子注入 SiO_2 中的可能性也增加了。

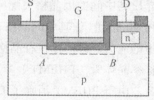

图 7.13　凹沟 MOSFFT

3）Schottky 势垒源和漏的 MOSFET

Schottky 势垒源和漏的 MOSFET 的结构如图 7.14 所示，其优点有：① 等效源和漏的结深→0，短沟道效应很弱；② 源和漏接触的高导电性，使电极的串联电阻大大降低；③ 源和漏接触的制作不需要高温退火，这保证了 SiO_2 层的质量不因后续工艺而变坏以及几何图形不发生畸变；④ 对单极性的 CdS 等半导体，可采用这种金属半导体接触来克服制作 PN 结的困难。其缺点就是要求表面处理工艺较高，以提高 V_{DS}。同时对 Si-MOSFET 而言，一般只能作成 P 沟 MOSFET，因为电极材料常用的是 PtSi，它与 P 型 Si 的 Schottky 势垒高度只有 0.25 eV，与 N 型 Si 的 Schottky 势垒高度有 0.85 eV。

8. 横向导电功率 MOSFET

图 7.15 示出的是着眼于缩短沟道长度，可用于功率集成电路（P-IC）的两种横向导电功率 MOSFET 的基本结构。可以采用两次扩散来制作，这时器件称为双扩散横向 MOSFET（LDMOS），也可以采用两次离子注入来制作，这时器件称为双注入 MOSFET（DIMOS）。

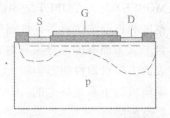

图 7.14　Schottky-MOSFET

这种结构的优点是：① 沟长 L 与光刻精度无关（主要决定于杂质扩散的精度或多晶硅栅掩蔽注入的精度），则可控制 L 到 1 μm 以下；② 较高掺杂的 P^+ 区把源区和漏区隔开来了，使 S-D 之间不容易穿通，则耐压提高；③ 轻掺杂 N^- 区的表面导电很好，电子容易达到饱和速度；④ N^- 区可承受较高的电压，则提高了击穿电压；⑤ 在漏结附近，击穿电压提高，而电离倍增和热电子注入效应降低；⑥ 电极均在同一表面上，容易集成。

它的缺点是：① V_T 的控制较困难（V_T 主要决定于 N^+ 区表面的掺杂浓度）；② 沟道区是高掺杂区，表面电容较大，则 S 值较大，亚阈特性较差；③ 管芯占用面积较大，频率特性也受到影响。

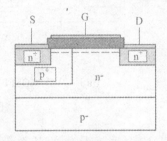

图 7.15　横向导电 MOSFET

9. 绝缘栅双极型晶体管（IGBT）

绝缘栅双极型晶体管（IGBT）的优点：① P^+ 漏区往沟道注入空穴，使 N^- 区表面电导调变，导通电阻降低，比较好地克服了 LDMOS 导通电阻较高的缺点；② 较宽的 N^- 区可承受很高的电压，使耐压提高；③ 若把漏区再加进几个 N^+ 层，如图 7.16 所示，使漏结对电子的阻挡作用降低，则可进一步减小器件的导通电阻。IGBT 的缺点是：① 因为同时有两种载流子参与导电，则器件的工作速度将要受到少数载流子寿命的限制（少子存储使关断时间增长）；② 其中存在有寄生晶闸管——MOS 栅控的 P^+-N-P-N^+ 四层可控硅结构，使得最大工作电流受到此寄生晶闸管闩锁效应的限制（可通过短路发射结来消除）。

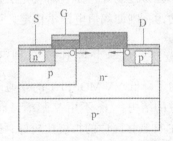

图 7.16　绝缘栅双极型晶体管（IGBT）

10. 垂直导电扩散 MOSFET（VD-MOSFET）

垂直导电扩散 MOSFET（VD-MOSFET）的结构如图 7.17 所示。其优点是：① 比 LD-MOSFET 的占用面积小，则相应地频率特性也得以改善；② L 与光刻精度无关，则可使 L 得以缩短；③ N^- 漂移区使 S-D 不容易穿通，则耐压得以提高；④ 可多个单元并联，则可提高电流容量；⑤ 若采用六角形分布的图形[见图 7.17（b），称为 HEXFET]，可使沟道宽度增大，导通电阻降低；⑥ 该器件在工艺上也与 LSI 多晶硅技术相容。

VD-MOSFET 的缺点是：① 从工作原理来看，VD-MOSFET 实际上就等效于一个

MOSFET 与一个 JFET 的串联组合，其中 N⁻ 漂移区相当于是 JFET 的沟道，因此 N⁻ 漂移区的宽度和掺杂浓度对器件性能的影响较大；② 因为 N⁻ 漂移区的电阻率较高（无电导调变），而且 P 区下面有的部分未导电，故导通电阻仍然比较大，影响输出功率；③ PN⁻ 结的耐压以及表面击穿对器件的影响较大。显然，如果把 VD-MOSFET 的漏极区（N⁺ 区）改换为 P⁺ 区，则就成为了垂直导电的 IGBT，它的导通电阻很小，但其开关速度却因少数载流子的参与而将有所降低。

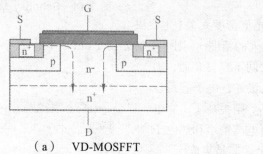

（a）　VD-MOSFFT　　　　　　　（b）　HEXFET

图 7.17　VD-MOSFFT 结构示意图

11. 垂直导电的 V 形槽 MOSFET（VV-MOSFET）

垂直导电的 V 形槽 MOSFET（VV-MOSFET）的结构如图 7.18 所示，其优点基本上与 VD-MOSFET 的相同。VV-MOSFET 的缺点是：① 导通电阻仍然是比较大（原因与 VD-MOSFET 相同）；② V 形槽的顶端存在很强的电场，对器件的击穿电压有很大影响；③ V 形槽的腐蚀工艺不容易控制好，而且栅氧化层是暴露的，容易受到离子玷污，则使阈值电压不稳定，可靠性降低。

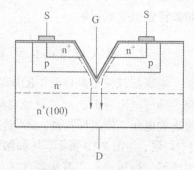

图 7.18　VV-MOSFET

12. 垂直导电的 U 形槽 MOSFET（VU-MOSFET）

为了降低 VV-MOSFET 的导通电阻，可采用以下一些改进的结构：① 不用 V 形槽，而采用 U 形槽，这时电流在 N 漂移区中的扩展比较好，则导通电阻较低，电流容量增大，但在 P 区下面仍然有部分区域未导电，而且 U 形槽的腐蚀工艺也不容易控制好，同时栅氧化层也是暴露的；② 把漏极的 N⁺ 区改换为 P⁺ 区，则成为垂直导电的 V 形槽或 U 形槽 IGBT，这具有很小的导通电阻，具体如图 7.19 所示。

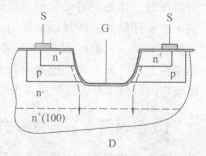

图 7.19　VU-MOSFET

13. 埋沟 MOSFET

这是一种特殊结构的 MOSFET，它以沟道区在表面下面为特征。可以通过在 MOSFET 的沟道区注入与衬底相反型号的杂质来构成，如图 7.20 所示。这种器件导电沟道的上下各有一个耗尽区，上面的表面耗尽区受栅压控制，下面的体内耗尽区受衬偏电压控制，其间才是沟道。因为这种器件的沟道处在体内，不受表面状态的不良影响，则沟道中载流子的迁移率 μ 较高。这种器件多做成耗尽型的，当然也可实现增强型。

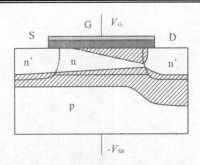

图 7.20　埋沟 MOSFET 的工作状态

埋沟 MOSFET 的阈值电压 V_T，就是导电沟道在漏端被夹断时的栅极电压：V_T = (栅 – 氧化层 – 注入层的平带电压 V'_{FB}) + (夹断时的等效表面势) + (夹断时表面耗尽区电荷在栅氧化层上产生的电压降)。即：$V'_{FB} = V_{FB} + V_{bi}$。

设表面层注入反型杂质的剂量为 N_I，沟道中单位面积的电子电荷为 Q_n，则有：

$$Q_n = -(qN_I - Q_S - Q_B)$$

其中，Q_B 是体内耗尽区中单位面积的空间电荷，可表示为

$$Q_B = \{2\varepsilon\varepsilon_0 N_A[V_{bi} + V_{SB} + V(y)]\}^{1/2} \tag{7-6}$$

而 Q_S 是表面耗尽区中单位面积的空间电荷，可表示为

$$Q_S = C_i[V_{GS} - V'_{FB} + V(y)]$$

于是埋沟 MOSFET 的 $I\text{-}V$ 特性可求出为

$$I_D = (W/L)\int_0^{V_{DS}} \mu(-Q)dV$$

$$= \frac{W\mu}{L}\{qN_IV_{DS} + C_i[(V_{GS} - V_{FB}')V_{DS} - \frac{V_{DS}^2}{2}] - \left(\frac{2}{3}\right)(2q\varepsilon\varepsilon_0 N_A)^{1/2}[(V_{bi} + V_{SB} + V_{DS})^{3/2} - (V_{bi} + V_{SB})^{3/2}]\} \tag{7-7}$$

14. 浮置栅雪崩注入 MOS 器件（FAMOS）

这种器件是在 P-MOSFET 结构的基础上，增加一个多晶硅浮栅而构成的。该浮栅由优质 SiO_2 包围，所以能长时间保存电荷。该器件的正常工作状态为截止状态（无沟道状态）。当 V_{DS} 足够大（如 – 30V）时，漏结即发生雪崩击穿，倍增出大量的电子-空穴对，其中空穴进入衬底，而部分高能热电子可越过势垒注入浮栅。当浮栅所带的负电荷足够多时，即导致半导体表面反型而形成沟道，从而器件导通。这就是说，器件开始时是截止的，发生雪崩注入后才导通。另外，存储在浮栅中的电子可用紫外光照射被释放出来（因电子吸收光子后可越过势垒进入 SiO_2 层，然后再进入衬底而释放掉）。

MOS 的雪崩注入效应如图 7.21 所示。

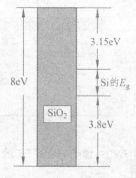

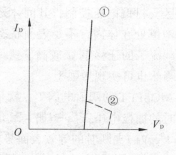

（a）SiO₂-Si 系统的能带图　　　　　（b）S-D 击穿特性的蠕变现象

图 7.21　MOS 的雪崩注入效应

15. 叠栅雪崩注入 MOS 器件（SAMOS）

这种器件是在 FAMOS 浮栅之上的 SiO₂ 层表面上，再加一个控制栅而构成的。其正常工作状态亦为截止状态（无沟道状态）。当增大 V_{DS} 使漏结发生雪崩击穿时，可在控制栅上加正电压以加强电子往浮栅的注入，则可在较低的 V_{DS} 电压下，注入较多的电荷到浮栅中而使器件导通。因此，SAMOS 的工作电压较低。此外，SAMOS 浮栅中的电子，可通过在控制栅上加较大的反偏压迫使它们通过外栅而释放出来。

16. 高介电栅场效应晶体管（MFSFET）

为了增大电流以提高器件的驱动能力和速度，除了加大栅极的宽长比 W/L 之外，还可以减薄栅绝缘层的厚度 t_{ox} 和增大栅绝缘层的介电常数 ε_{ox}。但是减薄 t_{ox} 有一定的限度（当 SiO₂ 薄到一定程度时将会出现漏电等质量问题），所以增大介电常数 ε_{ox} 是一个重要的切实可行的措施。并且若采用高介电常数的栅绝缘材料（又称为高 K 材料），使等效栅 SiO₂ 层的厚度得以大大减薄，可以缓和对减薄栅绝缘层的工艺要求，这有利于改善栅绝缘薄膜的均匀性。

具有比 SiO₂ 介电常数高的绝缘材料种类虽然很多，但是适宜于用作为 MOSFET 栅极材料的却不太容易找到。因为要求这些高 K 材料除了介电常数高和能够与 Si 和 SiO₂ 良好接触以外，还应该满足以下一些要求：介电常数 ≥10，并且对温度和频率较稳定；栅极电容 ≥30 fF/μm²，并且不与 Si 衬底互扩散或反应；栅极漏电流 ≤1 A/cm²，并且不与栅极反应，不产生缺陷；界面态密度 ≤10¹⁰/(cm²·eV)，并且具有长期稳定性；等效厚度 ≤1.0 nm，击穿电场 ≥15 MV/cm；电荷缺陷密度 ≤10¹⁰ cm。

现在已经研究的高 K 材料共有 3 类：① $4<\varepsilon_{ox}<10$，如 SiNₓ（$\varepsilon_{ox} = 6.4$）、SiOₓNᵧ、Al₂O₃（$\varepsilon_{ox} >7.5$）等，这类材料的 ε_{ox} 值比 SiO₂ 的高得不多，可作为暂时替代 SiO₂ 的高 K 材料；② $10<\varepsilon_{ox}<100$，如 Ta₂O₅、TiO₂、HfO₂ 等，这类材料很受人们关注，但它们与 Si 的界面态密度较大（需增加过渡层），而且需要采用金属栅电极（因这些材料容易与多晶硅反应生成 SiO₂ 膜）；③ $\varepsilon_{ox}>100$，如 PbZr₁₋ₓTiₓO₃（PZT）、（Ba，Sr）TiO₃（BST）等，这类材料介电常数过高，容易造成器件性能不稳定，故一般不用，不过在解决了某些问题以后，也可能很有应用前景。

在 MOSFET 中可用的高 K 材料，基本上是一些金属氧化物，而且与 Si 相容的多元氧化物往往比二元氧化物更好（ε_{ox} 高，而且不溶于水，氧渗透率也低等）；此外，只有无定型氧化物才适用，多晶氧化物存在晶粒界面，有很多缺陷，将使漏电流迅速增大并严重影响稳定性。现在受到较大关注的高 K 材料是 ZrO2、HfO2 和 HfAlO，它们与硅之间有较好的兼容性和热稳定性（特别是硅酸化合物，HfO2 在掺入 Al 后[HfAlO]可防止 400 °C 下结晶），但仍然不如 SiO2，故仍未付诸实用。不过它们可用作为高 K 材料与 Si、或高 K 材料与栅电极之间的中间过渡层。最近的研究指出，LAO（铝酸镧）和 LAON（镧铝氧氮）在 MOSFET 上的可用性比较好（热力学稳定，不易产生 B 和 P 杂质的扩散等问题，微细加工也容易），可用于制作 65 nm 以下的 IC。

采用高 K 材料作为栅绝缘层的场效应晶体管，就称为高介电栅场效应晶体管或铁电场效应晶体管（Metal-Ferroelectric-Semiconductor FET，MFSFET）。若应用 Si3N4（栅绝缘层是由 50~60 nm SiO2 和 Si3N4 共同组成的复合层），往往称为 MNOFET。应用 Al2O3（栅绝缘层是由 50~60 nm SiO2 和 Al2O3 共同组成的复合层），往往称为 MAOFET。

作为 MFSFET 的栅极结构可以有多种形式，这主要是为了解决栅绝缘层的漏电等问题。最简单的栅结构是 MFS（金属-高 K 材料-半导体），为了防止原子在高 K 材料与半导体之间的扩散，再插入一层薄 SiO2 等绝缘膜 I 层，这就构成了 MFIS 形式的栅结构。为了更加增强阻挡原子扩散的作用，又再插入一层薄金属膜，这就构成了 MFMIS 形式的栅结构。现在对 MFSFET 的研究，主要是优选适用的高 K 材料，减小栅极漏电，增长信号保存时间。预计 MFSFET 及其 IC（FRAM）不久就会进入实用化阶段。

17. SOI-MOSFET

SOI-MOSFET 的结构如图 7.22 所示，它是采用 SOI（Silicon on Insulator）技术制造的 FET，因为薄膜 SOI-MOSFET 能有效地抑制小尺寸效应，而且 SOI 层可用于构成三维集成电路，同时 SOI 技术已日趋成熟，例如，在 Si 中可形成多孔硅（FIPOS 技术），利用离子束合成可在 Si 中形成绝缘层（SIMOX、SIMNI 和 SIMON），所以 SOI 技术在 VLSI 中有着很大的用处。

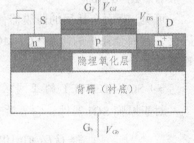

图 7.22　SOI-MOSFM 的结构

1）SOI-MOSFET 的类型

SOI-MOSFET 的结构有正面和背面两个栅极，相应地有正栅氧化层和背栅氧化层之分，并且正栅和背栅分别有相应的平带电压 V_{FB} 和氧化层电容 C_i。根据 SOI 中 Si 层厚度与表面耗尽层厚度的相对大小，可以有 3 种类型的 SOI-MOSFET：

（1）厚膜 SOI-MOSFET。

有源硅膜层较厚，在正面耗尽层和背面耗尽层之间存在有导电的中性区。若中性区接地，则特性几乎与体硅 MOSFET 的相同；若中性区浮空，则 S-D 之间形成一个寄生 N-P-N 晶体管，将影响到器件的特性。

（2）薄膜 SOI-MOSFET。

若背栅加上较大的负偏压或正偏压，则可出现耗尽、积累和反型 3 类状态。反型类器件因夹不断而一般不被采用。耗尽类器件因具有优异的短沟特性和近似理想的亚阈斜率等优点而在 VLSI 中用得较多。

（3）中等膜厚 SOI-MOSFET。

决定于不同的背栅电压，器件可呈现为厚膜 FET，也可以呈现为薄膜 FET。

2）阈值电压和电流特性

对于薄膜 SOI-MOSFET，若 Fermi 势为 ψ_B，硅薄膜的厚度为 t_s，单位面积电容为 $C_s = \varepsilon_0/t_s$，耗尽层电荷为 $Q_B = -qN_A t_s$，背面为积累状态时器件的阈值电压为

$$V_{T(积累)} = V_{FBf} + (1 + C_s/C_{if})2\psi_B - Q_B/2C_{if} \qquad (7\text{-}8)$$

式中，V_{FBf} 是正栅平带电压；C_{if} 是正栅氧化层电容。

同时，背面为耗尽状态时器件的阈值电压为

$$V_{T(耗尽)} = V_{T(积累)} - C_s C_{ib}/[C_{if}(C + C_{ib})][V_{Gb} - V_{Gb(积累)}] \qquad (7\text{-}9)$$

式中，V_{Gb} 是背栅偏压；$V_{Gb(积累)}$ 是背面达到积累状态时的背栅电压；C_{ib} 是背栅氧化层电容。

如果硅薄膜的沟道区掺杂均匀，采用缓变沟道近似，则正面沟道电荷的漂移输运即给出 SOI-MOSFET 的漏极电流 I_D。在不同背栅偏压下，可出现不同的背面状态。分析给出，在各种背面状态时的饱和电流可统一表示为

$$I_{Dsat} = Z\mu_n C_{if}/[2L(1+\alpha)](V_{GF} - V_T)^2 \qquad (7\text{-}10)$$

式中，V_{GF} 是正栅偏压；α 是表征不同背面状态的系数：① 对于厚膜（体硅）SOI-MOSFET，$\alpha_1 = C_D/C_{if}$，$C_D = \varepsilon\varepsilon_0/X_d$ 是硅薄膜表面耗尽层的电容（X_d 是硅薄膜表面耗尽层的最大厚度）；② 对于背面全耗尽的薄膜 SOI-MOSFET，$\alpha_2 = C_s C_{ib}/[C_{if}(C_s + C_{ib})]$（这时 $t_s < X_d$）；③ 对于背面全积累的薄膜 SOI-MOSFET，$\alpha_3 = C_s/C_{if}$。在栅氧化层厚度和硅膜掺杂浓度相同的情况下，一般有：$\alpha_1 < \alpha_2 < \alpha_3$。

可见，背面全耗尽的薄膜器件的饱和电流最大，背面全积累的薄膜器件的饱和电流最小。因此，背面全耗尽的薄膜 SOI-MOSFET 具有较大的电流驱动能力，则相应的 IC 具有较高的速度性能。

3）SOI-MOSFET 的亚阈区摆幅

对于厚膜 SOI 器件，它等效于长沟 MOSFET，所以其亚阈值斜率：

$$S = (kT/q)(\ln 10)(1 + C_D/C_i) \qquad (7\text{-}11)$$

对于背面全耗尽的薄膜 SOI 器件：

$$S \approx (kT/q)\ln 10 \qquad (7\text{-}12)$$

对不同的状态，可把亚阈值斜率统一表示为

$$S \approx (kT/q)(\ln 10)(1 + \alpha) \qquad (7\text{-}13)$$

由于 $\alpha_1 < \alpha_2 < \alpha_3$，所以背面全耗尽的薄膜 SOI-MOSFET 的亚阈值斜率最小，则可采用比较低的阈值电压而不会增加 $V_G = 0$ 时的漏电流，从而可得到较好的速度特性。

4）热电子效应对 SOI-MOSFET 性能的影响

热电子效应主要是发生在具有较高电场的沟道夹断区。它对 SOI-MOSFET 性能的影响主要表现在以下几个方面：

① 促进"单晶体管的闭锁效应"。因为 SOI-MOSFET 中的 N⁺-P-N⁺寄生晶体管，在沟道长度 L 很小时，可放大基极电流（即漏端高场区碰撞电离产生的空穴电流），使漏极增加一部分电子电流。若漏端高场区电场很强，电离倍增因子 M 较大，使得 $\beta(M-1)>1$，则正反馈作用将致使 MOS 器件无法关断，即发生闭锁。

② 使得 SOI-MOSFET 的击穿电压由基区浮空的寄生晶体管来决定。当（$Ln>L$）时，即器件沟道很短或 SOI 材料的电子寿命很长时，热电子效应将使器件的击穿电压降低。

③ 对 SOI-MOSFET 的热电子退化寿命 τ 的影响。背面全耗尽 SOI-MOSFET 的热电子退化效应较弱，器件寿命较长。

7.3　场效应晶体管的检测

由于场效应晶体管可具有一个或几个栅极，故可分成如下类型：

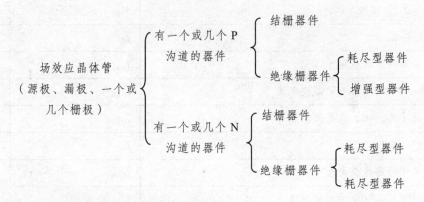

本节按下列类型进行场效应晶体管划分：

——A 型：结栅型；

——B 型：绝缘栅耗尽型；

——C 型：绝缘栅增强型。

7.3.1　场效应晶体管的常规检测

7.3.1.1　检测参数

场效应晶体管的常规检测项目主要有外观、外形尺寸，电性能参数等，主要电性能参数见表 7.4。

表 7.4　主要参数

名　　称	文 字 符 号	备 注
漏-源（直流）电压	V_{DS}	
栅-源（直流）电压	V_{GS}	
栅-源截止电压（结型场效应晶体管和耗尽型绝缘栅场效应晶体管）	$V_{GS(OFF)}, V_{GSoff}$	
栅-源阈值电压（增强型绝缘栅场效应晶体管）	$V_{GST}, V_{GS(th)}, V_{GS(TO)}$	
正向栅-源（直流）电压	V_{GSF}	
反向栅-源（直流）电压	V_{GSR}	
栅-漏（直流）电压	V_{GD}	
源-衬（直流）电压	V_{SB}, V_{SU}	
漏-衬（直流）电压	V_{DB}, V_{DU}	
栅-衬（直流）电压	V_{GB}, V_{GU}	
栅-栅电压（对多栅器件）	V_{G1-G2}	
漏-源短路时的栅-源击穿电压	$V_{(BR)GSS}$	
漏（直流）电流	I_D	
规定栅-源条件时的漏极电流	I_{DSX}	
规定（外部）栅-源电阻时的漏极电流	I_{DSR}	
栅-源短路时（$V_{GS}=0$）的漏极电流	I_{DSS}	
源极（直流）电流	I_S	
规定栅-漏条件时的源极电流	I_{SDX}	
栅-漏短路时（$V_{GD}=0$）的源极电流	I_{SDS}	
栅极（直流）电流	I_G	
正向栅极电流	I_{GF}	
源极开路时，（结型场效应晶体管的）栅极截止电流	I_{GDO}	
漏极开路时，（结型场效应晶体管的）栅极截止电流	I_{GSO}	
漏-源短路时，（结型场效应晶体管的）栅极截止电流	I_{GSS}	
漏-源短路时，（绝缘栅场效应晶体管的）栅极漏泄电流	I_{GSS}	
规定漏-源电路条件时，（结型场效应晶体管的）栅极截止电流	I_{GSX}	
衬底电流	I_B, I_U	

续表 7.4

名　　称	文 字 符 号	备　注
漏-源（直流）功率耗散	P_{DS}	
漏-源电阻	r_{DS}, r_{ds}	
栅-源电阻	r_{GS}, r_{gs}	
栅-漏电阻	r_{GD}, r_{gd}	
栅极电阻（$V_{DS}=0$ 或 $V_{ds}=0$ 时）	r_{GSS}, r_{gss}	
漏-源通态电阻	$r_{DS(ON)}$, $r_{ds(on)}$, $r_{DS(on)}$	
漏-源断态电阻	$r_{DS(OFF)}$；$r_{ds(off)}$；$r_{DS(off)}$	
开路栅-源电容（漏-源和栅-漏交流开路）	C_{gso}	
开路栅-漏电容（漏-源和栅-源交流开路）	C_{gdo}	
开路漏-源电容（栅-漏和栅-源交流开路）	C_{sdo}	
共源极短路输入电容，栅-源电容（漏-源交流短路）	C_{iss}, C_{11ss}	
共源极短路输出电容，漏-源电容（栅-源交流短路）	C_{oss}, C_{22ss}	
共源极短路输入电导	g_{iss}	
共源极短路输出电导	g_{oss}	
输入交流短路时的共源极反馈电容	C_{iss}, C_{12ss}	
共漏极短路输出电容（栅-漏交流短路）	C_{ods}, C_{22ds}	

7.3.1.2　检测设备

（1）外观检查设备：场效应晶体管外观检查设备通常有放大镜、体视显微镜、图形图像自动检测系统等，参见第 5 章二极管检测的外观检查设备部分。

（2）外形尺寸检测设备：场效应晶体管外形尺寸检测设备通常有千分尺/螺旋测微计、游标卡尺、测量显微镜、投影测量仪等，参见第 5 章 5.2 二极管检测的外形尺寸检测设备部分。

（3）电特性检测设备。

7.3.1.3　测试方法

本节电路中所示的电源极性适用于 N 沟道型器件。但只要改变仪表和电源的极性，该电路也能适用于 P 沟道型器件。

1．栅极截止电流或栅极漏泄电流

1）结栅型（A 型）的栅极截止电流

在规定条件下，测试结栅型场效应晶体管的栅极截止电流，电路图如图 7.23 所示。

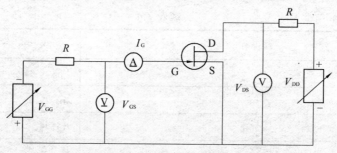

图 7.23　栅极截止电流的基本测试电路

测试时，在规定的环境温度或基准点温度下，将栅-源、漏-源电压调到规定值（如果漏-源电压规定为零时，则漏极和源极应该短路）。用一只灵敏的 I_G 安培计测试规定栅-源电压下的栅极截止电流。

2）绝缘栅型（B 和 C 型）的栅极漏泄电流

在规定条件下，测试绝缘栅场效应晶体管的栅极漏泄电流，电路图如图 7.24 所示。

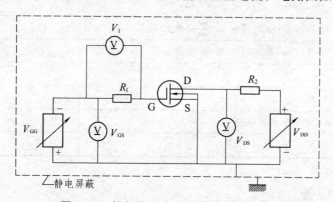

图 7.24　栅极漏泄电流的基本测试电路

将源极和衬底连在一起。R_2 为保护电阻器。电阻器 R_1 的值应小于 $V_{GS}/100I_{GSmax}$。测量电压 V_1 的电压表应具有高的灵敏度及大于 $100R_1$ 的输入电阻。利用下式求出栅极漏泄电流：

$$I_{GS} = V_1/R_1$$

测试时，在规定的环境温度或基准点温度下，将漏-源电压调到规定值，在规定的栅-源电压下测试电压 V_1 并计算栅极漏泄电流。

注意事项： ① 整个电路应置于静电屏蔽之中。

② 应特别注意避免由在栅极和电路中的其他任何交点之间产生的漏电流所引起的不正确的测试。

2. 漏极电流（A、B 和 C 型）（I_D）

在规定条件下，测试场效应晶体管的漏极电流，测试电路图如图 7.25 所示。

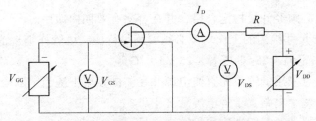

图 7.25　漏极电流的基本测试电路

其中，R 为保护电阻器。测试时，在规定的环境温度或基准点温度下，将规定的栅-源电压加到栅极。如果该电压规定为零，则栅极应与源极短路。在规定的漏-源电压下测试漏极电流。

3. 漏极截止电流（A、B 和 C 型）

在规定条件下，测试场效应晶体管的漏极截止电流，测试电路图如漏极电流（A、B 和 C 型）（I_D）的测试电路图。

测试时，在规定的环境温度或基准点温度下，将规定的栅-源电压加到栅极（如果该电压规定为零，则栅极应与源极短路），选择漏极电流使器件在截止区中工作，在规定的漏-源电压下测试漏极电流。

注意事项：对 B 和 C 型，整个电路应置于静电屏蔽之中。

4. 栅-源截止电压（A 和 B 型）（V_{GSoff}）

在规定条件下，测试栅-源截止电压，测试电路图如漏极电流（A、B 和 C 型）（I_D）的测试电路图。

测试时，在规定的环境温度或基准点温度下，加上规定的漏-源电压（注：如果需要，可补充加上衬底-源极电压），调节栅-源电压，从而在截止区中获得规定的漏极电流。该栅-源电压就是所要求的栅-源截止电压值。

注意事项：整个电路应置于静电屏蔽之中。

5. 栅-源阈值电压（C 型）（$V_{GS(TO)}$）

在规定条件下，测试栅-源阈值电压，测试电路除了应将漏极电流（A、B 和 C 型）（I_D）的测试电路图中的栅-源电压的极性颠倒之外，还应加上适当屏蔽。

测试时，在规定的环境温度或基准点温度下，加上规定的漏-源电压，调节栅-源电压以获得规定的漏极电流。该栅-源电压就是所要求的栅-源阈值电压值。

7.2.1.4　注意事项

（1）检测一般要求戴细纱手套或指套操作，不能直接用手接触待检样品，以避免手汗对二极管外观造成的玷污等影响。

（2）检测时的照明条件，必须满足所用测量设备的照明需求，以避免影响测量设备的测量精度和测量数据的准确性。

（3）检测设备必须经计量检定合格，并在合格有效期内使用。

（4）实施外形尺寸检测的工作环境必须要满足待检二极管详细规范中的相应规定。多数情况下是要求常温/室温、25 ℃或者（25±5）℃等。

（5）应特别注意采用低纹波的直流电源并在测试频率下适当消除全部偏置电源电压的影响，某些检测需将整个电路置于静电屏蔽之中。

（6）对于四端器件的第四端应按规定来连接。

（7）由于场效应晶体管具有很高的输入电阻，如果允许过高的电压出现，就可能不可避免地损坏栅绝缘层（对绝缘栅型）或栅结（对结栅型），例如，由于与静电带电人员的接触、从烙铁中产生的漏泄电流等。

7.3.2 场效应晶体管的特殊检测

7.3.2.1 检测参数

1. 常规场效应晶体管检测参数（见表 7.5）

表 7.5 常规场效应晶体管检测参数

名　称	文字符号	备　注
短路输入导纳	$y_{is} = \mathrm{Re}(y_{is}) + j\omega C_{is}$ $y_{11s} = \mathrm{Re}(y_{11s}) + j\omega C_{11s}$	
短路反向转移导纳	$y_{rs} = \mathrm{Re}(y_{rs}) + j\omega C_{rs}$ $y_{12s} = \mathrm{Re}(y_{12s}) + j\omega C_{12s}$	
短路正向转移导纳	$y_{fs} = \mathrm{Re}(y_{fs}) + j\mathrm{Im}(y_{fs})$ $y_{21s} = \mathrm{Re}(y_{21s}) + j\mathrm{Im}(y_{21s})$	
短路输出导纳	$y_{os} = \mathrm{Re}(y_{os}) + j\omega C_{os}$ $y_{22s} = \mathrm{Re}(y_{22s}) + j\omega C_{22s}$	
短路反向转移导纳的模	$|y_{rs}|,\ \ |y_{12s}|$	
短路反向转移导纳的相位	$\phi_{yrs},\ \ \phi_{y12s}$	
短路正向转移导纳的模	$|y_{fs}|,\ \ |y_{21s}|$	
短路正向转移导纳的相位	$\phi_{yfs},\ \ \phi_{y21s}$	
栅-源电导（在π型等效电路中）	g_{gs}	
栅-漏电导（在π型等效电路中）	g_{gd}	
漏-源电导（在π型等效电路中）	g_{ds}	
正向跨导（在π型等效电路中）	$g_{mf},\ g_{m}$	
栅-源电容（在π型等效电路中）	C_{gs}	
栅-漏电容（在π型等效电路中）	C_{gd}	

续表 7.5

名　称	文字符号	备　注
漏-源电容（在 π 型等效电路中）	C_{ds}	
功率增益	G_P	
截止频率（共源极）	f_{Tfs}	
噪声电压	V_n	
噪声系数	F	
漏极电流的温度系数	α_{ID}	
漏-源电阻的温度系数	α_{rds}	
开启延迟时间	$t_{d(on)}$	
关断延迟时间	$t_{d(off)}$	
上升时间	t_r	$t_{on} = t_{d(on)} + t_r$
下降时间	t_f	$t_{off} = t_{d(off)} + t_f$
开启时间	t_{on}	
关断时间	t_{off}	

2. 配对场效应晶体管检测参数（见表 7.6）

表 7.6　配对场效应晶体管检测参数

名称和命名	文字符号	备注
栅极漏泄电流差（对绝缘栅场效应晶体管） 和栅极截止电流差（对结型场效应晶体管）	$I_{G1} - I_{G2}$	较大值减去较小值
栅-源电压为零时的漏极电流比	I_{DS1}/I_{DS2}	取两个值中较小的值作为分子
小信号共源输出电导的差	$g_{os1} - g_{os2}$	较大值减去较小值
小信号共源正向转移电导比	g_{os1}/g_{os2}	取两个值中较小的值作为分子
栅-源电压差	$V_{GS1} - V_{GS2}$	较大值减去较小值
栅-源电压差在两个温度之间的变化	$\|\Delta(V_{GS1} - V_{GS2})\|_{\Delta T}$	

7.3.2.2　检测设备

场效应晶体管的特殊检测设备通常有综合自动检测系统等，参见第 5 章 5.2 二极管检测的相关设备部分。

7.3.2.3　测试方法

本节电路中所示的电源极性适用于 N 沟道型器件。但只要改变仪表和电源的极性，该电路也能适用于 P 沟道型器件。

1）小信号短路输入电容（A、B 和 C 型）（C_{iss}）

在规定条件下，测试场效应晶体管的小信号输入电容，测试电路如图 7.26 所示。

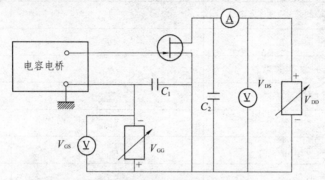

图 7.26　小信号短路输入电容的基本测试电路

电容电桥用来测试小信号短路输入电容，如果电桥不能（或不应）通过直流，则可采用图 7.27 所示的另一种（并联）偏置电路。

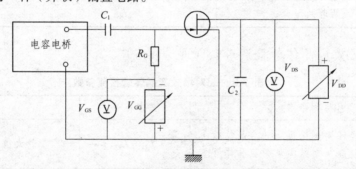

图 7.27　小信号短路输入电容的另一种测试电路

电容 C_1 和 C_2 满足下列条件时，就应在测试频率下呈现短路现象：

$$\omega C_1 \gg |y_{is}|; \quad \omega C_2 \gg |y_{os}|$$

在测试插座未插入场效应晶体管时，首先对电桥调零，然后把被测场效应晶体管插入测试插座，调节漏-源电压（V_{DS}）和栅-源电压（V_{GS}）以获得规定的偏置条件，重新平衡电桥后，电容读数的改变量即是小信号短路输入电容值。

2）小信号短路输出电导（A、B 和 C 型）（g_{oss}）

在规定条件下，测试小信号输出电导，通常可采用两种电路：一种采用零点法，另一种采用双电压表原理。前一种方法虽然要求一个导纳电桥，但它具有可在高频和低频下测试 g_{oss} 并可同时测试 g_{oss} 和 C_{oss} 的优点。后一种方法只测试 $y_{os} = g_{oss} + j\omega C_{oss}$ 的模数，该模数在足够低的频率下等于 g_{oss}。

1）零点法

零点法测试电路如图 7.28 所示。

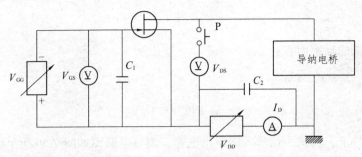

图 7.28 输出电导 g_{oss}（零点法）的基本测试电路

导纳电桥用来测试小信号短路输出电导，电容 C_1 和 C_2 满足下列条件时，就应在测试频率下呈现短路现象：

$$\omega C_1 \gg |y_{is}|; \quad \omega C_2 \gg |y_{os}|$$

在测试插座未插入场效应晶体管时，首先把电桥调零，然后把被测场效应晶体管插入测试插座，调节漏-源电压（V_{DS}）和栅-源电压（V_{GS}）以便在按钮 P 闭合时获得规定的偏置条件，断开按钮 P，重新平衡电桥，然后读出 g_{oss} 的值或者需要的话，读出 $Re(y_{os})$ 和 $Im(y_{os})$ 的值。

2）双电压表法

双电压表法测试电路如图 7.29 所示。

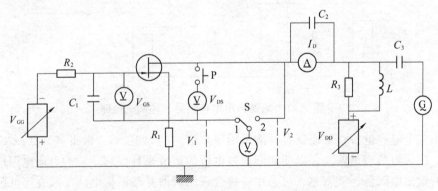

图 7.29 输出电导 g_{oss} 的基本测试电路（双电压表法，P 为按钮）

加上的全部偏压应在测试频率下充分去耦。ωC_1 的值应比 $|y_{is}|$ 大得多，ωC_2 的值应是高的。电感 L 是任选的，采用它有利于调整规定的工作点。电阻器 R_1 相对于 $1/g_{oss}$ 应足够低，实际上可根据电压表灵敏度采用 $10\,\Omega$ 至 $100\,\Omega$ 的值。交流电压表应具有足够的灵敏度；为了测试低电导，交流电压表最好应是一只选频仪表。

测试时，把被测场效应晶体管插入测试插座；调节漏-源电压（V_{DS}）和栅-源电压（V_{GS}）以便在按钮 P 闭合时获得规定的偏置条件。将开关 S 置于位置 1，测试 $V_1 = I_d R_1$ 值；当开关 S 置于位置 2 时，测试 $V_2 = V_{ds} + I_d R_1$ 值。于是：

$$V_2 - V_1 = V_{ds}$$

$$I_d = V_1/R_1$$

$$|y_{os}| = \frac{V_1}{R_1(V_2 - V_1)} \approx \frac{V_1}{R_1 V_2} \quad (\text{对于 } V_2 \gg V_1) \tag{7-14}$$

对于足够低的频率而言：

$$|y_{os}| = g_{oss}$$

3. 小信号短路输出电容（A、B 和 C 型）（C_{oss}）

在规定条件下，测试小信号短路输出电容，测试电路图如图 7.30 所示。

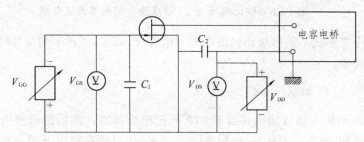

图 7.30　短路输出电容的基本测试电路

如果电容电桥不能（或不应）通过直流，则应采用图 7.31 所示的另一种电路。

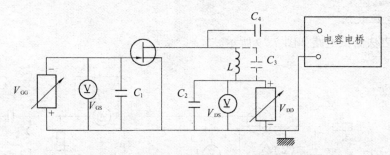

图 7.31　短路输出电容的另一种测试电路

采用一个电容电桥，从而就有可能采用零点法。C_2 应比 C_{oss} 大得多，且 ωC_1 也应比$|y_{os}|$大得多。L 的阻抗应足够高，以便能够通过电桥的调节来补偿它。它的直流电阻应比场效应晶体管的输出电阻低。换言之，可采用一种合适的调谐并联谐振电路（或在很低的漏极电流时，采用一个合适的电阻器）。

在测试插座未插入场效应晶体管时，应首先把电容电桥调零，然后把被测场效应晶体管插入测试插座，把 V_{DS} 和 V_{GS}（或 I_D）调到规定值，重新平衡电桥，该调节量与测试插座中尚未插进器件时的电容读数之差就是 C_{oss} 的值。

4. 小信号短路正向跨导（A、B 和 C 型）

在规定条件下，测试小信号短路正向跨导，通常可采用两种电路：一种采用零点法，另一种采用双电压表原理。前一种方法虽然需要一个三端转移导纳电桥，但具有可以在低频下

测试 g_{fs} 和在高频下测试 $y_{fs} = g_{fs} + jb_{fs}$ 的优点，而且它还保证输出端上的真正短路。后一种方法只测试 y_{fs} 的模数，该模数在足够低的频率下等于 g_{fs}。

1）零点法

零点法测试电路如图 7.32 所示。

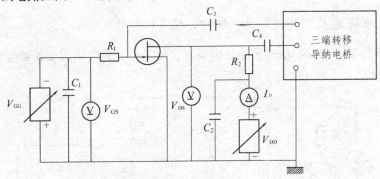

图 7.32　短路正向跨导 g_{fs} 的测试电路（零点法）

加上的全部偏置电源电压应在测试频率下充分去耦合。ωC_1 的值应比 $|y_{is}|$ 大得多，ωC_2 的值应比 $|y_{os}|$ 大得多。为了不影响测试的精度，R_1 应比电桥的内阻抗大得多。R_2 应比检波器的内阻大得多，但为了不影响测试的灵敏度，仍需适当地低于 $1/y_{fs}$。ωC_3 和 ωC_4 的值应比被测的 $|y_{fs}|$ 大得多。电压表 V_{DS} 的内阻应比 V_{DS}/I_D 大得多。

当场效应晶体管未插入测试插座时，应首先把电桥调零，然后把被测场效应晶体管插入测试插座，将 V_{DS} 和 V_{GS}（或 I_D）调到规定值。重新平衡电桥，然后读出 g_{fs} 的值或者需要的话，读出 Re(y_{fs}) 和 Im(y_{fs}) 的值。

2）双电压表法

双电压表法测试电路图如图 7.33 所示。

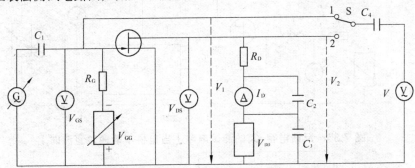

图 7.33　正向跨导 g_{fs} 的测试电路（双电压表法）

应采用一只合适的振荡器，其频率应足够低。ωC_3 和 ωC_2 的值应比 $1/R_D$ 大得多。ωC_1 的值应是高的。电阻器 R_G 的值不是严格的，它最好不要太高。电阻器 R_D 必须低于 $|y_{os}|$。电压表 V 应具有足够的灵敏度，对测试 g_{fs} 的低值而言，它最好是一只选频电压表。

测试时，把被测场效应晶体管插入测试插座，将 V_{DS} 和 V_{GS}（或 I_D）调到规定值，将开关 S 置于位置 1，测试 $V_1 = V_{gs}$ 值；当开关 S 置于位置 2 时，测试 $V_2 = V_{ds} = I_d R_d$ 的值。于是：

$$|y_{fs}| \approx I_d/V_d = V_2/(V_1 R_d) \tag{7-15}$$

对足够低的频率而言：

$$|y_{fs}| \approx g_{fs}$$

5. 小信号短路反馈电容（A、B 和 C 型）（C_{rs}）

在规定条件下，测试小信号短路反馈电容，可采用一只差动式变换器电桥，其测试电路如图 7.34 所示。

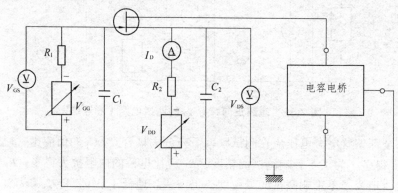

图 7.34　反馈电容 C_{rs} 的测试电路

如果图 7.34 所示电桥不能（或不应）通过直流，则应采用图 7.35 示出的另一种电路，其等效电路如图 7.36 所示。

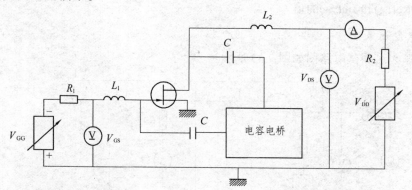

图 7.35　反馈电容 C_{rs} 的测试电路（当电桥不能通过直流时）

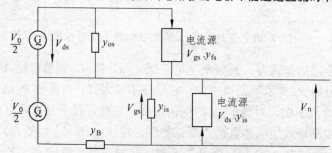

图 7.36　图 7.35 所示电路的等效电路

当 $V_n = 0$ 时，由等效电路计算得出：

$$y_{rs} = y_B$$

电容：ωC_1 应比 $|y_{is}|$ 大得多，ωC_2 应比 $|y_{os}|$ 大得多。电阻器 R_2：该电阻器的值不应太高，最好用一只合适的电感与它并联。

当场效应晶体管未插入测试插座时，应首先平衡电桥，当场效应晶体管插入测试插座并将工作点调到 V_{DS} 和 $V_{GS}(I_D)$ 的规定值时，再次把电桥调到平衡。此次调节的 y_B 读数减去前次调节时的读数得到：

$$y_{rs} = g_{rs} + j\omega C_{rs} \tag{7-16}$$

6）噪声（A、B 和 C 型）（F、V_n）

在规定条件下，测试等效输入噪声电压或噪声系数，测试采用的电路可按照如图 7.37 所示的框图。

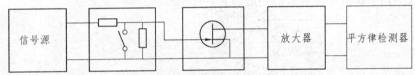

图 7.37　等效输入噪声电压的测试框图

按照上述框图的电路实例如图 7.38 所示。

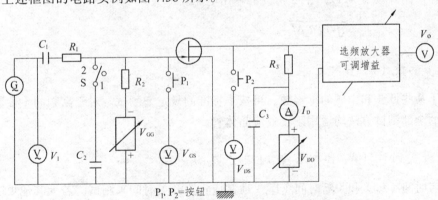

图 7.38　等效输入噪声电压的测试电路

发生器的频率应调到选频放大器的中心频率。调节输出电压，使晶体管的输入电压比噪声电压高，但又应足够低，以免场效应晶体管过载。应知道分压器（R_2、R_1）的分压比。对于偏置电源，应特别注意达到低噪声偏置（对栅极偏置尤为重要）。能把噪声传递到电路上的全部电阻器应是一种低噪声型的电阻器（如金属膜电阻器）。合适时，应采用一个中和网络，应提供适当的屏蔽以使外部电磁场的影响减到最小。放大器应在比均方根噪声值至少高 20 dB 的电平内是线性的，从而能正确放大噪声峰值。第二级的噪声应尽可能低。将场效应晶体管从电路中移出时所测出的噪声电平应比该器件在电路中时测出的噪声电平至少低 15 dB。输出电压表应测试真实均方根值。应精确知道等效噪声带宽。ωC_3 应比 $1/R_3$ 大得多，ωC_2 应比 $1/R_2$ 大得多。

测试时，把被测场效应晶体管插入测试插座，并将工作点调到 V_{DS} 和 V_{GS}（或 I_D）的规定值，将输入电压 V_i 调到适当值（如 0.1 V），开关 S 在位置 1 时，再适当调节放大器增益之后测试输出电压 V_{o1}，开关 S 在位置 2 时，测试输出电压 V_{o2}，由下式求出噪声电压：

$$V_n = \frac{V_{02}}{V_{01}} \frac{R_2}{R_1 + R_2} \cdot V_i \tag{7-17}$$

7. 噪声系数

参见第 6 章 6.2.2 三极管的特殊检测噪声系数部分。

等效输入噪声电压与噪声系数间的关系：如果电阻器 R_g 插在输入端之间，则总噪声电压由下式给出：

$$V_{ntot} = \sqrt{V_n^2 + 4\,kTR_g\Delta f} \tag{7-18}$$

由式（7-18）得出噪声系数的一般公式：

$$F = \sqrt{\frac{V_n^2 + 4kTR_g\Delta f}{4kTR_g\Delta f}} \tag{7-19}$$

V_{ntot} 的公式又导致了直接测试 V_n 的可能性。

把发生器从电路中断开，并用可变电阻器 R_g 代替 R_2。R_g 短路时，测试产生的输出电压。然后去掉短路并调节 R_g 以产生 2 倍高的输出电压。那么

$$V_n = \sqrt{4kTR_g\Delta f} \tag{7-20}$$

8. y 参数（A、B 和 C 型）

对于某些低频和中频的 y 参数，可按本标准的规定来测试。对于高频的 y 参数，双极型晶体管的全部测试方法均适用于场效应晶体管。

9. 开关时间（A、B 和 C 型）（t_{on}、t_{off}）

开启时间（t_{on}）和关断时间（t_{off}）通常应作为开关时间来测试。若无其他规定，采用共源极电路测试，如图 7.39 所示。

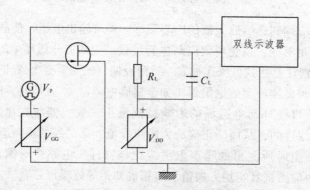

图 7.39　开关时间的测试电路

　　偏置电源 V_{GG} 的内阻应小于 $0.01R_g$，此处 R_g 是脉冲发生器的等效内阻。偏置电源 V_{DD} 的内阻应小于 $0.01R_L$。脉冲发生器的脉冲宽度应比被测场效应晶体管的开启时间和关断时间长得多；占空因数应很低（1%左右）。脉冲的上升时间和下降时间应小于被测场效应晶体管上升和下降时间的 0.25（倍）。应采用一台双线示波器，其上升时间应小于被测场效应晶体管上升时间的 0.25（倍）。

　　测试时，在规定的环境温度或基准点温度下，把被测场效应晶体管插入测试插座，将电压 V_{GG} 和 V_{DD} 调到规定值，通过脉冲发生器施加规定的输入电压 V_p，在示波器上显示输入和输出波形，并按图 7.40 测量开启时间和关断时间。

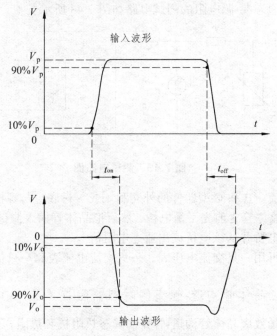

图 7.40　测试开关时间的波形

10. 静态漏-源通态电阻（r_{DSon}）或漏-源通态电压（V_{DSon}）和断态电阻（r_{DSoff}）

　　r_{DSon} 和 r_{DSoff} 通常分别在饱和和截止条件下用直流电阻表示，如图 7.41 所示。
　　若无其他规定，采用共源极电路测试，如图 7.42 所示。

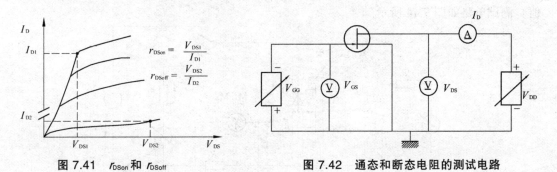

图 7.41　r_{DSon} 和 r_{DSoff}　　　　　　　**图 7.42　通态和断态电阻的测试电路**

电压表的内阻应比被测通态和断态电阻高得多。

测试通态和断态电阻时，把被测场效应晶体管插入测试插座，将 V_{DS} 和 V_{GS} 调到规定值。测量漏极电流 I_D，并用下式计算通态和断态电阻：

$$r_{DSon} = V_{DS1}/I_{D1}; \quad r_{DSoff} = V_{DS2}/I_{D2} \tag{7-21}$$

测试漏-源通态电压时，把被测场效应晶体管插入测试插座，将 V_{GS} 和 I_D 调到规定值。测得的 V_{DS} 值即是所要求的通态电压值。

11. 通态漏-源电阻（在小信号条件下）（$r_{ds(on)}$）

用低频电桥测试通态漏-源电阻的测试电路如图 7.43 所示。

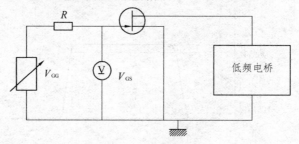

图 7.43　测试电路图

电桥应能通过直流。B 和 C 型器件的外壳和（或）衬底应与源极连接。

测试时，在插入晶体管之前先平衡电桥，然后把晶体管插入测试插座，并把栅-源电压调到规定值。重新平衡电桥并从该电桥读出通态电阻值。

注：如果需要，可用一只交流电压表、一只交流电流表和一只信号发生器代替电桥。

12. 功率场效应晶体管沟道-管壳的瞬态热阻抗（$Z_{(th)j-C}$）和热阻（$R_{(th)j-C}$）

本方法测量功率场效应晶体管沟道-管壳的瞬态热阻抗和热阻，不能用于导热系数变化的测量，如氧化铍。

1）冷却法

把反向二极管的正向电压选作温度敏感参数，在某固定基准电流下，对其进行测量。对晶体管施以加热电流，当达到热平衡后，将加热电流断开，在紧接的冷却周期内，记录作为时间函数的 V_{SD} 和壳温。借助于校准曲线，用记录值和初始加热功率，决定 $Z_{(th)j-C}$ 和 $R_{(th)j-C}$ 值。测试电路如图 7.44 所示。

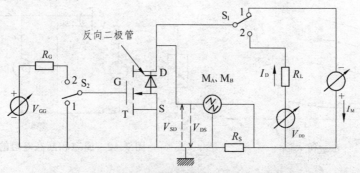

图 7.44　晶体管（MOSFET 或 JFET）测试电路图

电路说明和要求：V_{GG} 为可调电压源，进行调节以获得预定的加热功率 $P_{(H)}$。V_{DD} 为可调电压源，进行调节以获得预定的加热功率 $P_{(H)}$。I_M 为基准（直流）电流发生器。S_1、S_2 为同步开关。M_A、M_B 为记录设备（如双线示波器），用来记录 V_{DS} 和 I_D 或 V_{SD} 和 I_M。R_L 为漏极电流 I_D 的限流电阻。R_G 为保护电阻。R_S 为 I_D 和 I_M 的测量电阻。

测试时，将热传感器固定在被测晶体管的基准点上，以测量壳温 T_c。

按如下方法确定校准曲线：通过对晶体管外部加热使壳温 T_c^* 步进上升。在每一步进温度下，达到热平衡后测量反向二极管的正向电压 V_{SD}。根据测量值，确定 $T_c^* = f(V_{SD})$ 的校准曲线。

将开关置于位置 2，把加热功率 $P_{(H)} = I_D \cdot V_{DS}$ 调到预定值，然后保持并记录 $P_{(H)}$。

在达到热平衡后测量并记录壳温 $T_c(0)$ 及反向二极管的正向电压 $V_{SD}(0)$。

开关置于位置 1，此时加热中断，记录冷却周期内 $V_{SD}(t)$ 和 $T_c(t)$ 随时间的变化。

使用校准曲线，将记录的 $V_{SD}(0)$ 和 $V_{SD}(t)$ 转换为相应的 $T_c^*(0)$ 和 $T_c^*(t)$。

在特定的冷却周期 t_c 后，沟道-管壳的瞬态热阻抗按下式计算：

$$Z_{(th)j\text{-}C(t_c)} = \frac{[T_c^*(0) - jT_c^*(t_c)] - [T_c(0) - T_c(t_c)]}{P_{(H)} - P_{(M)}} \tag{7-22}$$

式中　$T_c^*(0)$、$T_c^*(t_c)$——校准曲线中 $V_{SD}(0)$ 和 $V_{SD}(t_c)$ 对应的温度值；

　　　　$T_c(0)$、$T_c(t_c)$——T_c 在 $t = 0$ 和 $t = t_c$ 时的值；

　　　　$P_{(H)} = I_D \cdot V_{DS}$——在位置 2 时的加热功率；

　　　　$P_{(M)} = I_M \cdot V_{SD}$——在位置 1 时的测量功率。

沟道-管壳热阻 $R_{(th)j\text{-}C}$ 是冷却达到稳定（即再次达到热平衡）后 $Z_{(th)j\text{-}C}$ 达到的最终值。

注意事项：当测量反向二极管的正向电压时，一定要仔细，使得漏-源沟道不导通。例如，要做到这一点，可使 $V_{GS} = 0$。保证开关 S_1 被置于位置 1 之前，开关 S_2 是在位置 1 上。开关 S_1、S_2 的转换时间应足够短，以使 $Z_{(th)j\text{-}C}$ 能够在要求的最短的冷却时间 t_c 内测量，并至少能校准到 $t = 0$ 时的值。I_M 应足够小，使相应的功率 $P_{(M)} = I_M \cdot V_{SD}$ 与加热功率 $P_{(H)} = I_D \cdot V_{DS}$ 相比为相当小，或者甚至可以忽略不计。

2）加热法

把反向二极管的正向电压选作温度敏感参数，在某固定基准电流下，对其进行测量。从加热电流为零的热平衡开始，施以规定功耗和时间的加热电流。V_{SD} 及壳温测量应在刚好施以加热电流之前和之后进行。用测得的 V_{SD} 从校准曲线中得到沟道温度。用功率耗散、沟道温度和基准点温度可计算 $Z_{(th)j\text{-}C}$ 和 $R_{(th)j\text{-}C}$。测试电路同冷却法。

测试时，将热传感器固定在被测晶体管的基准点上，用以测量壳温 T_c。

确立校准曲线的方法与冷却法中的相同。

将开关置于位置 2，把加热功率 $P_{(H)} = I_D \cdot V_{DS}$ 调到预定值，其后保持并记录 $P_{(H)}$。

将开关返回到位置 1，加热功率取消。此时，当达到热平衡时，测量并记录壳温 $T_c(0)$ 和反向二极管的正向电压 $V_{SD}(0)$。

将开关首先置于位置 2，然后返回到位置 1，施加预定加热周期 t_h 的加热功率。

紧接着将开关置于位置 1，测量并记录壳温 $T_c(t_h)$ 和反向二极管的正向电压 $V_{SD}(t_h)$。

使用校准曲线，将记录到的 $V_{SD}(0)$ 和 $V_{SD}(t_h)$ 转换成相应的 $T_c^*(0)$ 和 $T_c^*(t_h)$。

加热脉冲周期为 t_h 的沟道-管壳瞬态热阻抗按下式计算：

$$Z_{(th)j-C(t_h)} = \frac{[T_c^*(t_h) - T_c^* j(0)] - [T_c(t_h) - T_c(0)]}{P_{(H)} - P_{(M)}} \qquad (7\text{-}23)$$

式（7-23）中，各符号的含义与式（7-22）相同。

沟道-管壳热阻 $R_{(th)j-C}$ 是加热脉冲周期加长到达到新的热平衡时，$Z_{(th)j-C}$ 达到的最终值。

13. 正向偏置安全工作区（FBSOA）

可采用图 7.45 所示的电路，对无感负载和规定条件下的管壳额定功率场效应晶体管的正向偏置安全工作区进行验证。

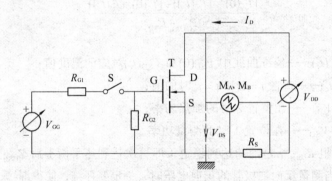

图 7.45　晶体管（MOSFET 或 JFET）验证电路图

电路说明和要求：

V_{GG}、V_{DD} 为可调电压源。R_{G1}、R_{G2} 为 10 kΩ 或按规定。R_s 为测量 I_D 的无感电阻。S 为获得规定持续时间和占空比的电流脉冲的电磁或电子开关。M_A、M_B 为测量 V_{DS} 和 I_D 的仪器（如双线示波器）。

测试时，把管壳温度调到规定值。用开关控制产生规定持续时间和占空比的脉冲，增加 V_{GG} 和（或）V_{DD}，使 V_{DS} 和 I_D 的脉冲幅度达到规定值。按规定，被测器件在此条件下，或者以规定的试验持续时间工作，或者以规定的脉冲数工作。由其后的测量验证 FBSOA 的额定值。如果在试验的任何瞬间，漏-源电压不稳定，或者在电流脉冲下降期间，漏-源电压振荡，就应认为此器件有缺陷。

14. 反向偏置安全工作区（RBSOA）

可采用图 7.46 所示的电路，对感性负载和规定条件下的管壳额定功率场效应晶体管的反向偏置安全工作区进行验证。试验波形如图 7.47 所示。

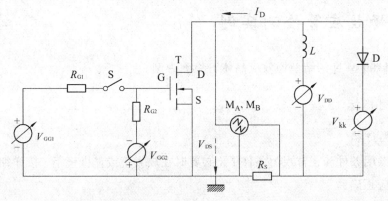

图 7.46　被测晶体管（MOSFET 或 JFET）验证电路图

电路说明和要求：D 为钳位二极管。L 为感性负载。V_{GG1}、V_{GG2}、V_{DD} 为可调电压源。V_{KK} 为钳位电压 V_K 的可调电压源。R_{G1}、R_{G2} 为 10 kΩ 或规定值。R_s 为用于测量 I_D 的无感电阻。S 为获得规定持续时间和占空比的电流脉冲的电磁或电子开关。M_A、M_B 为测量 V_{DS} 和 I_D 的仪器（如双线示波器）。

测试时，把管壳温度调到规定值，将开关断开，将钳位电压 V_K 和负栅偏压 V_{GG2} 调到规定值，用开关控制产生规定持续时间和占空比的脉冲，增加 V_{GG} 和（或）V_{DD}，使 V_{DS} 和 I_D 的脉冲幅度达到规定值，按规定，被测器件在此条件下，或者以规定的试验持续时间工作，或者以规定的脉冲数工作，由其后的测量验证 FBSOA 的额定值。

如果在试验的任何瞬间，漏-源电压不稳定，或者在电流脉冲下降期间，漏-源电压振荡，就应认为此器件有缺陷。

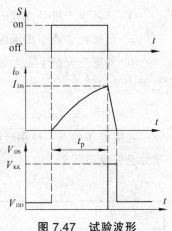

图 7.47　试验波形

7.3.2.4　注意事项

（1）检测一般要求戴细纱手套或指套操作，不能直接用手接触待检样品，以避免手汗对二极管外观造成的玷污等影响。

（2）检测时的照明条件，必须满足所用测量设备的照明需求，以避免影响测量设备的测量精度和测量数据的准确性。

（3）检测设备必须经计量检定合格，并在合格有效期内使用。

（4）实施外形尺寸检测的工作环境必须要满足待检二极管详细规范中的相应规定。多数情况下是要求常温/室温、25 ℃ 或者（25 ± 5）℃ 等。

（5）应特别注意采用低纹波的直流电源，并在测试频率下适当消除全部偏置电源电压的影响，大多数检测需将整个电路置于静电屏蔽之中。

（6）对于四端器件的第四端应按规定连接。

（7）由于场效应晶体管具有很高的输入电阻，如果允许过高的电压出现，就可能不可避免地损坏栅绝缘层（对绝缘栅型）或栅结（对结栅型），例如，由于与静电带电人员的接触、从烙铁中产生的漏泄电流等。

7.3.3　场效应管检测实例

以 2SK1109 型 N 沟结型场效应晶体管检测为例。

1. 检测指标

1）外观要求

在正常照明条件和正常视力条件下（必要时在放大镜或显微镜下，按详细规范规定），下述各项要求应正确：

① 生产商标志应清晰；

② 产品型号或印章标志应清晰；

③ 产品质量保证等级代码应清晰；

④ 产品生产批号或代码标志应清晰；

⑤ 负极标志或引出端识别应正确；

⑥ 外观应完整（应无毛边、毛刺、飞边、附着物、划痕、变形等机械缺陷以及麻点、变色等光学缺陷）。

2）外形尺寸要求

在室温条件下，使用经计量检定合格的测量设备进行测量，测量样品应满足表 7.7 中各尺寸公差规范的要求。

表 7.7　各尺寸公差规范要求

封装外形	外形尺寸图	单位为毫米		
		尺寸 符号	SOT-23	
			min	max
SOT-23		A	2.80	3.04
		B	1.20	1.40
		C	0.89	1.13
		D	0.30	0.50
		G	1.78	2.04
		H	0.01	0.100
		J	0.08	0.18
		K	0.45	0.60
		L	0.89	1.02
		S	2.10	2.50
		V	0.45	0.60

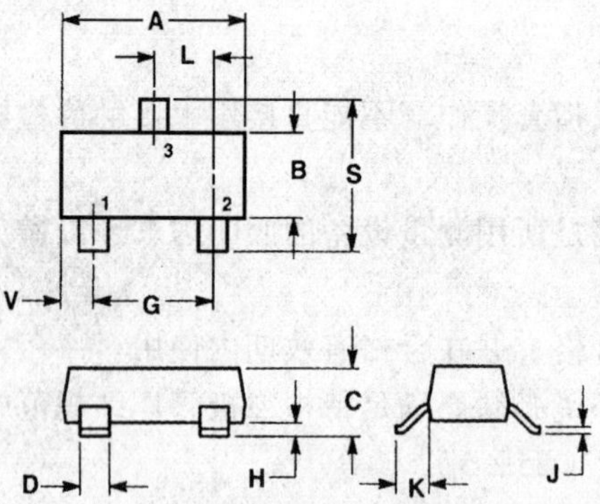

3）电参数指标要求

2SK1109 型 N 沟硅结型场效应晶体管的各项主要电参数指标要求如表 7.8 所示。

表 7.8　各项主要电参数指标要求

参数名称	符号	测试条件	最小值	典型值	最大值	单位
零栅漏极-源极电流	I_{DS}	$V_{DS} = 5.0 \text{ V}$, $V_{GS} = 0 \text{ V}$	40	—	600	μA
栅极-源极切断电压	$V_{GS(off)}$	$V_{DS} = 5.0 \text{ V}$, $I_D = 1.0 \text{ μA}$	− 0.1	—	− 1.0	V
正向转移导纳	$\lvert y_{fs} \rvert$	$V_{DS} = 5.0 \text{ V}$, $I_D = 30 \text{ μA}$ $f = 1.0 \text{ MHz}$	350	—	—	μs

2. 仪器选择

（1）外观检查仪器：根据外观检查的要求，选择使用带照明装置的体视显微镜（见图 5.66）在 ×10 倍放大情况下对样品进行检查，以验证样品各项外观是否符合相应的要求。

（2）外形尺寸检测仪器：根据外形尺寸测试公差的要求，选择使用投影测量仪（见图 5.67）对样品进行测试，以验证样品各项外形尺寸是否符合相应的要求。

（3）电参检测仪器：根据样品需测试的电参数的要求，选择使用 351–TT/P 测试系统（见图 5.68）对样品电流电压主参数进行测试，以验证样品各项电参数是否符合相应的要求。

3. 检测步骤

1）外观检查步骤

① 在工作环境干净整洁的情况下，按工作要求穿戴好工作服和静电防护用具，根据安全操作规程的要求，打开照明装置的电源开关，将体视显微镜的放大倍率置于 10 倍，在体视显微镜的视场区中放一调机样品，调节体视显微镜的焦距，使样品呈现清晰图像。

② 按工作要求准备好盛装"待检品"、"合格品"、"次品"、"废品"等分类的容器，并做好标志记录。

③ 根据外观检查的要求，逐个逐项检查待检产品，并做好相应记录，必要时拍取相应图片。

④ 按工作要求分类包装完产品，填写工作记录、报告，整理检查记录数据，清洁整理工作台面和体视显微镜。

⑤ 根据安全操作规程的要求，关闭照明装置的电源开关。

2）外形尺寸检测步骤

① 在工作环境满足投影仪测量工作要求的工作条件（如温度、湿度、洁净度、气压、电源等）的情况下，按工作要求穿戴好工作服和静电防护用具，根据投影仪安全操作规程的要求，打开设备的电源开关，将投影仪的放大倍率置于适当值（通常为 10 倍），在投影仪的视场区中放一调机样品，调节投影仪的焦距，使样品呈现清晰图像。

② 按工作要求准备好盛装"待测品"、"合格品"、"次品"、"废品"等分类的容器，并做好标志记录。

③ 根据外形尺寸的测量要求，逐个逐项测量待测产品外形尺寸，并作好相应记录，必要时拍取相应图片。

④ 按工作要求分类包装完产品，填写工作记录、报告，整理测量数据记录，清洁整理工作台面和投影仪。

⑤ 根据安全操作规程的要求，关闭投影仪的电源开关。

3）电参检测步骤

① 在工作环境满足 351-TT/P 测试系统工作要求的工作条件（如温度、湿度、洁净度、气压、电源等）的情况下，按工作要求穿戴好工作服和静电防护用具，根据安全操作规程的要求，顺序打开 351-TT/P 测试系统的各个电源开关，启动 351-TT/P 测试系统。启动完成后，打开 351-TT/P 测试系统的测试程序、编辑程序，编辑并保存测试程序，调用测试程序并完成联机操作，在其已完成联机的测试站的测试夹具上放置一调机样品，启动测试开关完成一次调机样品测试，检查测试结果数据，确保测试结果正确无误。启动测试数据记录工作程序并命名测试数据记录文件名（通常采用操作者代号＋产品型号＋生产批号等方式），完成测试数据记录准备。

② 按工作要求准备好盛装"待测品"、"合格品"、"次品"、"废品"等分类的容器，并做好标志记录。

③ 根据产品的测量工作要求，逐个测量待测产品，并做好相应数据的记录与保存工作。

④ 按工作要求分类包装完产品，填写工作记录、报告，整理并打印测试数据，清洁整理工作台面和 351-TT/P 测试系统。

⑤ 根据安全操作规程的要求，顺序关闭 351-TT/P 测试系统的各个电源开关。

4．检测结果

1）外观检查结果

××公司

产品外观检查报告

设备型号	设备编号	检定/校准有效期	操作者	操作日期	备注
C-310	81060016	2014-12-20	…	2013-12-15	

产品检验情况

产品生产商	××公司						
产品型号	2SK1109	印章标志	SC	产品质量保证等级			G
产品生产批号	G1312031	数量	100 只	负极标志或引出端识别			√
机械缺陷	毛边	毛刺	飞边	附着物	划痕	变形	
	…	…	…	…	…	…	
光学缺陷	麻点	变色					
	…	…					
产品合格数	…						
其　他							

报告审核人：　　　审核日期：2013-12-16　　　部门：品质保障部

2）外形尺寸检测结果

××公司

产品外形尺寸报告

设备型号	设备编号	检定/校准有效期	操作者	操作日期	备注
TYY-210	81060018	2014-12-20	……	2013-12-15	

产品检验情况

产品生产商		××公司							
产品型号	2SK1109		印章标志	SC		产品质量保证等级			G
产品生产批号		G1312031	数量	3 只		负极标志或引出端识别			√
参数代码	A	B	C	D	G	H	J		K
规范要求	2.80~3.04	1.20~1.40	0.89~1.13	0.30~0.50	1.78~2.04	0.01~0.100	0.08~0.18		0.45~0.60
产品编号 1	…	…	…	…	…	…	…		…
产品编号 2	…	…	…	…	…	…	…		…
产品编号 3	…	…	…	…	…	…	…		…
平均值（$\bar{x}$）	…	…	…	…	…	…	…		…
标准偏差（s）	…	…	…	…	…	…	…		…
参数代码	L	S	V						
规范要求	0.89~1.02	2.10~2.50	0.45~0.60						
产品编号 1	…	…	…						
产品编号 2	…	…	…						
产品编号 3	…	…	…						
平均值（$\bar{x}$）	…	…	…						
标准偏差（s）	…	…	…						
产品合格数	3								
其 他									

报告审核人：　　　审核日期：2013-12-16　　　部门：品质保障部

3）电参检测结果

××公司
产品电参检测报告

设备型号	设备编号	检定/校准有效期	操作者	操作日期	备注
351-TT/P	81060019	2014-12-20	......	2013-12-15	

产品检验情况

产品生产商		××公司				
产品型号	2SK1109	印章标志	SC	产品质量保证等级		G
产品生产批号	G1312031	数量	3 只	负极标志或引出端识别		√
参数代码:		I_{DSS}	$V_{GS(off)}$	$|y_{fs}|$		
测试条件:		$V_{DS}=5.0\,V$ $V_{GS}=0\,V$	$V_{DS}=5.0\,V$ $I_D=1.0\,\mu A$	$V_{DS}=5.0\,V$ $I_D=30\,\mu A$ f=1.0 MHz		
规范要求	最小值	40	−0.1	350		
	最大值	600	−1.0			
	单位	μA	V	μs		
产品编号	1	…	…	…		
	2	…	…	…		
	3	…	…	…		
平均值（$\bar{x}$）		…	…	…		…
标准偏差（s）		…	…	…		…
产品合格数		3				
其 他						

报告审核人:　　　审核日期: 2013-12-16　　　部门: 品质保障部

第 8 章 继电器的检测

8.1 继电器的基础知识

8.1.1 继电器概述

继电器是一种电子控制型器件，它具有控制系统（又称输入回路）和被控制系统（又称输出回路），通常应用于自动控制电路中，它实际上是用较小的电流去控制较大电流的一种"自动开关"，故在电路中起着自动调节、安全保护、转换电路等作用。

继电器线圈在电路中用一个长方框符号表示，如果继电器有两个线圈，就画两个并列的长方框，同时在长方框内或长方框旁标上继电器的文字符号"J"。继电器的触点有两种表示方法：一种是把它们直接画在长方框一侧，这种表示法较为直观；另一种是按照电路连接的需要，把各个触点分别画到各自的控制电路中，通常在同一继电器的触点与线圈旁分别标注上相同的文字符号，并将触点组编上号码，以示区别。

继电器的触点有三种基本形式：

（1）动合型（H型）：线圈不通电时两触点是断开的，通电后两个触点就闭合。以合字的拼音字头"H"表示。

（2）动断型（D型）：线圈不通电时两触点是闭合的，通电后两个触点就断开。用断字的拼音字头"D"表示。

（3）转换型（Z型）：又叫触点组型。这种触点组共有三个触点，即中间是动触点，上下各一个静触点。线圈不通电时，动触点和其中一个静触点断开和另一个闭合；线圈通电后，动触点就移动，使原来断开的变成闭合状态，原来闭合的变成断开状态，达到转换的目的。这样的触点组称为转换触点。用"转"字的拼音字头"Z"表示。

8.1.2 继电器的型号命名方法

根据电子工业部颁布标准（SJ151-80）《电子设备用继电器型号命名标志方法》，各类继电器的规格号由型号和规格序号两大部分组成，中间用斜线分隔。其中，型号一般包括主称代号、外形符号、短划线、序号和特征符号五个部分。规格序号主要包括继电器的线圈额定电压、安装方式、引出端形式和触点组成数。继电器的型号命名示意图如图 8.1 所示。

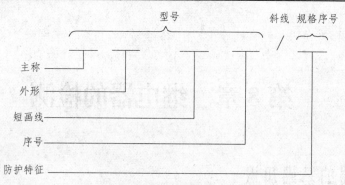

图 8.1　继电器的型号命名结构图

主称指用字母 J 或者带 J 字母的组合表示继电器的主要名称。继电器的主称有：JR 小功率继电器、JZ 中功率继电器、JQ 大功率继电器、JC 磁电式继电器、JU 热继电器或温度继电器、JT 特种继电器、JM 脉冲继电器、JS 时间继电器、JAG 干簧式继电器。

第二部分用字母表示继电器的形状特征，W 表示微型、X 表示小型、C 表示超小型。

第三部分用数字表示产品序号。在第二部分和第三部分之间用短划线连接。

第四部分用字母表示防护特征。F 表示封闭式、M 表示密封式。

具体如表 8.1 所示。

表 8.1　继电器的型号命名及含义

第一部分		第二部分	第三部分	第四部分
主称类型		形状特征	序号	防护特征
字母	含义	字母及含义		字母及含义
J	直流电磁继电器	无字母表示最长边大于 50 mm，W 表示微型，X 表示小型，C 表示超小型	用数字表示产品序号	无字母表示敞开式，F 表示封闭式，M 表示密封式
JW	微功率继电器			
JR	弱功率继电器			
JZ	中功率继电器			
JQ	大功率继电器			
JL	交流电磁继电器			
JC	磁电式继电器			
JU	热继电器或温度继电器			
JT	特种继电器			
JM	脉冲继电器			
JS	时间继电器			
JH	极化继电器			
JG	固体继电器			
JAG	干簧式继电器			

8.1.3　继电器的主要参数

1. 额定工作电压

额定工作电压是指继电器能可靠正常工作时线圈所需要的电压。根据继电器的型号不同，它可以是直流电压，也可以是交流电压。通常额定工作电压为吸合电压的 1.5 倍。

2. 直流电阻

直流电阻是指继电器中线圈的直流电阻，一般允许有 + 10% 的误差。

3. 吸合电流

吸合电流是指继电器能够产生吸合动作的最小电流。在正常使用时，给定的电流必须略大于吸合电流，这样继电器才能稳定可靠地工作。但是给定的电流也不能够超过吸合电流太多，以免把继电器线圈烧毁。

4. 释放电流

释放电流是指继电器产生释放动作的最大电流。当继电器在吸合状态时的电流减小到一定程度时，继电器衔铁就会释放，所有触点都会恢复到未通电时的状态。这时的电流称为释放电流，它远远小于吸合电流。

5. 触点切换电压和电流

触点切换电压和电流是指继电器触点允许加载的电压和电流。它决定了继电器能控制电压和电流的大小，继电器在使用时不能超过触点切换电压和电流值，否则很容易损坏继电器的触点。

6. 接触电阻

接触电阻是指继电器中接点接触后，接点之间电阻值，显然，接触电阻越小越好。

8.1.4　继电器的分类

继电器按作用原理及结构特征分类有如下几种：

1. 电磁继电器

电磁继电器是在输入电路电流的作用下，由机械部件的相对运动产生预定响应的一种继电器。它包括直流电磁继电器、交流电磁继电器、磁保持继电器、极化继电器、舌簧继电器、节能功率继电器。

（1）直流电磁继电器：输入电路中的控制电流为直流的电磁继电器。

（2）交流电磁继电器：输入电路中的控制电流为交流的电磁继电器。

（3）磁保持继电器：将磁钢引入磁回路，继电器线圈断电后，继电器的衔铁仍能保持在线圈通电时的状态，具有两个稳定状态。

（4）极化继电器：状态改变取决于输入激励量极性的一种直流继电器。

（5）舌簧继电器：利用密封在管内具有触点簧片和衔铁磁路双重作用的舌簧的动作来开、闭或转换线路的继电器。

（6）节能功率继电器：输入电路中的控制电流为交流的电磁继电器，但它的电流大（一般 30 ~ 100 A），体积小，具有节电功能。

2．固态继电器

输入、输出功能由电子元件完成而无机械运动部件的一种继电器。

3．时间继电器

当加上或除去输入信号时，输出部分需延时或限时到规定的时间才闭合或断开其被控线路的继电器。

4．温度继电器

当外界温度达到规定值时才动作的继电器。

5．风速继电器

当风的速度达到一定值时，将被控电路接通或断开的继电器。

6．加速度继电器

当运动物体的加速度达到规定值时，接被控电路将通或断开的继电器。

7．其他类型的继电器

如光继电器、声继电器、热继电器等。

8.2 新型继电器

8.2.1 新型继电器基础知识

新型继电器是指为了适应新提出的特殊要求，满足特殊环境条件下的使用而研制生产出的电磁式继电器，其主要特点是体积小、质量轻、耐振动、抗冲击、负载范围从低电平负载（10 ~ 50 μA，10 ~ 50 mV 直流或交流峰值）到 5 A、28 V 额定负载，产品有可靠性指标（失效率等级）要求，产品采用电阻熔焊或激光熔焊密封的气密式密封结构，主要应用于电子控制设备中的信号传递和弱电功率切换。其外形图及内部结构如图 8.2 所示。

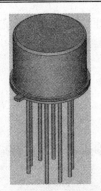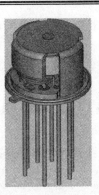

图 8.2　新型继电器外形图及内部结构示意图

　　新型电磁式继电器包括：非磁保持继电器和磁保持继电器。非磁保持继电器是一种单稳态继电器，继电器线圈在规定的电压激励量作用下，其触点输出状态改变，但在线圈激励撤销后，触点输出状态复原到初始状态。磁保持继电器是一种双稳态继电器，分单线圈结构和双线圈结构，线圈激励为电脉冲方式。对单线圈结构继电器，当线圈在规定的电压激励量作用下其触点输出状态改变，线圈激励撤销后，触点能保持已有状态，要改变触点输出状态，需对线圈加一规定的反向电压激励量。对双线圈结构继电器，当第一线圈在规定的电压激励量作用下其触点输出状态改变，线圈激励撤销后，触点能保持已有状态，要改变触点输出状态，需对第二线圈加规定的电压激励量。

　　新型继电器的代表系列是微型密封高可靠继电器，它的最大外形尺寸 8.51 mm × 8.51 mm × 7.11 mm 或 ϕ8.51 mm × 7.11 mm，此类尺寸封装形式的电子元器件称为 TO-5 封装，目前世界上最小的密封继电器就是 TO-5 封装密封继电器，它的主要性能指标参数有动作时间不大于 2 ms，释放时间不大于 1.5 ms，触点稳定时间不大于 2 ms，接触电阻初始值不大于 100 mΩ，绝缘电阻不小于 10 000 MΩ，介质耐电压不小于 500 Vac，额定负载寿命次数不小于 10 万次，质量不大于 3 g，泄漏率（密封性指标）不大于 1×10^{-3}Pa·cm^3/s，极限工作温度范围 – 65 ～ 125 ℃。

8.2.2　新型继电器的主要检测参数

　　由于新型继电器具有的特殊性能,它的检测方法和检测要求也不同于常规继电器的检测。主要检测的内容有电气参数检测、电气性能指标检测、机械性能指标检测和物理性能指标检测等。

　　电气参数有动作电压、释放电压、动作时间、释放时间、接触电阻、线圈电阻、绝缘电阻、介质耐电压等。电气参数在生产过程、出厂交付、用户使用时可借助相应的仪器通过测试而获得，是用户重点关注的参数。

　　电气性能指标有线圈功耗、负载电流和电压、寿命次数等，由设计结构、材料和加工工艺决定，通过对生产过程的控制来保证。

　　机械性能指标有振动、冲击、稳态加速度等，受到设计结构参数、材料和加工工艺影响，通过在生产过程中控制继电器内部机械参数（如触点间隙、触点压力、触点超行程等）来保证机械性能指标。

物理性能指标有低气压、盐雾、工作温度、尺寸、重量、密封性、内部多余物、内部气氛含量等，由设计结构、材料和加工工艺决定。

8.3　继电器的检测

为便于对继电器相关参数的测试进行描述，先给出有关继电器主要参数的含义说明，详见表 8.2。

表 8.2　继电器主要参数含义

参数名称	参　数　含　义
转换功能	继电器在规定的绕组电压下完成吸合转换的功能
保持功能	继电器吸合后在规定的绕组电压下保持不释放的功能
释放功能	继电器吸合后在规定的绕组电压下完成释放的功能
绕组电阻	继电器绕组（线圈）的直流电阻值
不动作电压	继电器处于非吸合状态时，增加绕组电压使全部触点保持状态不变时的最大电压值
吸合/动作电压	继电器处于非吸合状态时，增加绕组电压使动合触点全部闭合时的最小电压值
保持电压	继电器吸合后，减少绕组电压使全部触点保持状态不变时的最小电压值
释放电压	继电器吸合后，减少绕组电压使静合触点全部闭合时的最大电压值
开点电阻	继电器在额定的绕组电压下吸合后，动合触点的接触电阻
闭点电阻	继电器处于非吸合状态时，静合触点接触电阻
吸合断开时间	继电器从施加额定的绕组电压起，至最后一组静合触点断开时的时间
吸合时间	继电器从施加额定的绕组电压起，至最后一组动合触点闭合时的时间
吸合回跳时间	继电器吸合过程中，从动合触点首次闭合到回跳终止之间的时间
吸合转换时间	继电器吸合过程中，最后一组动合触点吸合时间与最后一组静合触点断开时间之差
释放断开时间	继电器施加额定的绕组电压后从去激励起，至最后一组动合触点断开时的时间
释放时间	继电器施加额定的绕组电压后从去激励起，至最后一组静合触点闭合时的时间
释放回跳时间	继电器释放过程中，从静合触点首次闭合到回跳终止之间的时间
释放转换时间	继电器释放过程中，最后一组静合触点闭合时间与最后一组动合触点断开时间之差
不同步时间	对于具有几组相同类型触点的继电器，其最慢触点的吸合时间或释放时间的最大值与最快触点的吸合时间或释放时间的最小值的差值
不同步电压	对于具有几组相同类型触点的继电器，其最慢触点的吸合电压或释放电压的最大值与最快触点的吸合电压或释放电压的最小值的差值
先断后合	继电器线圈状态发生变化使所有闭合触点断开之后，任何一组断开的触点才能闭合
中位状态	磁保持继电器的两个线圈同时加额定电压，时间至少为 10 ms，在电压切除后，磁保持继电器出现的闭合触点不接通的中间位置状态

电磁继电器是机电结合的电子元件，其触点断开状态的高绝缘电阻和触点导通状态的低导通电阻使它具有其他电子元器件（如晶体开关三极管或固态继电器）无法替代的作用，它的结构决定了其触点在接通或断开时与线圈输入信号相比具有动作延迟的特点。

电磁继电器时间参数与线圈输入的关系以及电磁继电器各类时间参数波形示意分别如图8.3 和图 8.4 所示。

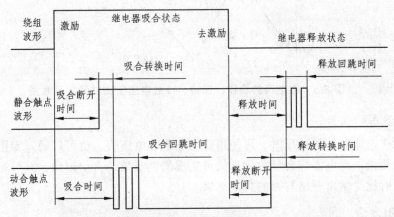

图 8.3　电磁继电器时间参数与线圈输入关系示意图

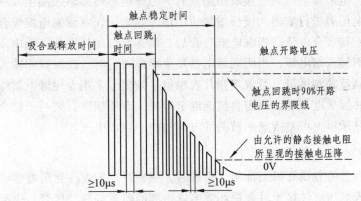

图 8.4　电磁继电器各类时间参数波形示意图

根据 GJB 65B—1999 的规定，当触点闭合过程中出现任何等于或大于 90% 的开路电压，且脉冲宽度等于或大于 10 μs 的现象则认为是触点回跳。触点稳定时间定义为：在继电器的实际吸合或释放时间之后，触点闭合达到并保持静态接触电阻状态时，所允许的最大时间（实质上，触点稳定时间是触点回跳时间与触点由动态接触电阻稳定到静态接触电阻时的时间之和）。GJB 65B—1999 规定，测试设备应能指示出脉冲宽度大于 1 μs 的失效。

8.3.1　继电器的常规检测

1. 动作电压和释放电压检测

产品技术手册或产品样本中给出的继电器的动作值、保持值、释放值，是作为产品出厂时供需双方的交验判据，指的是在相应温度条件下，触点上加一个小的仅供指示触点状态用的负载时的线圈电压测量值。继电器的动作值、保持值、释放值的测试应按图 8.5 所示程序进行，以保证参数测量的重现性。

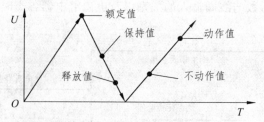

图 8.5　继电器的动作、保持、释放电压值测试程序示意图

1）测量用的仪器

测量动作电压和释放电压时，可使用稳压电源和电压表，也可以通过专用继电器综合参数测试仪来测量。继电器综合参数测试仪可实现测试参数的自动记录，并可通过与预先设置的参数进行对比，给出合格与否的判定结果。

2）检测方法

用可调稳压电源和电压表搭接线路测量时，给继电器线圈输入端接入一组电压，且在供电回路中并联电压表进行监测。慢慢增加线圈输入端电压，听到继电器吸合声时，此时线圈输入端的电压就是吸合电压。当继电器吸合后，再逐渐增加线圈输入端电压至额定值，然后再逐渐降低线圈输入端电压，当听到继电器发生释放声音时，此时线圈输入端的电压就是释放电压，为准确反映测试值，可以多测几次求得平均值。采用专用继电器综合参数测试仪来测量动作电压和释放电压时，只需将被测继电器插入专用插座，按一下综合参数测试仪面板上的测试键，显示屏上可直接显示被测继电器动作、释放电压。

3）测量中的注意事项

当继电器内部带有线圈瞬态抑制二极管时，测试时一定要注意继电器线圈输入端的正负极性，线圈输入电压极性接反时会损坏继电器内部的瞬态抑制二极管，引起继电器失效。

2. 动作时间和释放时间检测

1）测量用的仪器

测量动作时间和释放时间时，可使用稳压电源和示波器，也可以通过专用继电器综合参数测试仪来测量。继电器综合参数测试仪可实现测试参数的自动记录，并可通过与预先设置的参数进行对比，给出合格与否的判定结果。

2）检测方法

用可调稳压电源和示波器搭接线路测量时，按照测量继电器动作电压和释放电压的方法，用示波器某一通道检测继电器线圈输入端额定电压，并在触点输出回路加另一个电源和负载，用示波器另一通道检测继电器触点输出回路负载上的电压，立即对线圈输入端加额定电压，从示波器两个通道的信号变化时间差可得出继电器的动作时间。立即断开线圈输入端的额定电压，从示波器两个通道的信号变化时间差可得出继电器的释放时间。为准确反映测试值，可以多测几次求得平均值。采用专用继电器综合参数测试仪来测量动作时间和释放时间时，只需将被测继电器插入专用插座，按一下综合参数测试仪面板上的测试键，显示屏上可直接显示被测继电器动作时间和释放时间。

3）测量中的注意事项

当继电器内部带有线圈瞬态抑制二极管时，测试时一定要注意继电器线圈输入端的正负极性，线圈输入电压极性接反时会损坏继电器内部的瞬态抑制二极管，引起继电器失效。

3. 触点静态接触电阻检测

触点静态接触电阻是指继电器触点在接通状态下的直流电阻。

1）测量用的仪器和检测方法

用低阻表进行测量，也可采用专用继电器综合参数测试仪测量。

用低阻表两表笔接闭合触点两端，直接读数。测试常开触点静态接触电阻时，需在继电器线圈输入端上加额定电压使继电器吸合常开触点接通后进行测量。采用专用继电器综合参数测试仪来测量触点静态接触电阻时，只需将被测继电器插入专用插座，按一下综合参数测试仪面板上的测试键，显示屏上可直接显示被测继电器触点静态接触电阻。

2）测量中的注意事项

对于触点负载有低电平（50 μA/10 mV）使用要求的，测量触点静态接触电阻时，触点回路的测试电压应小于 6 V，测试电流应小于 10 mA。

测量动合触点接触电阻时，线圈应当输入额定电压或额定电流，使继电器正常吸合。

应用于功率负载的继电器，测量其触点静态接触电阻时，触点回路的测试电压可大于 6 V，测试电流可大于 100 mA（高电平）。

4. 线圈直流电阻检测

1）测量用的仪器和检测方法

可以使用三用表测量或专用继电器综合参数测试仪测量。用三用表的电阻挡，两表笔连接线圈输入引出端，直接读数。采用专用继电器综合参数测试仪来测量线圈电阻时，只需将被测继电器插入专用插座，按一下综合参数测试仪面板上的测试键，显示屏上可直接显示被测继电器线圈电阻。

2）测量中的注意事项

当继电器内部带有线圈瞬态抑制二极管时，测试时一定要注意继电器线圈输入端的正负极性，线圈输入电压极性接反时会损坏继电器内部的瞬态抑制二极管，引起继电器失效。

被测继电器内部带有瞬态抑制和极性保护二极管时，应注意极性，测出的线圈直流电阻只能作为参考值。

产品技术标准或产品样本中给出的线圈电阻是指环境温度为 25 ℃ 时的标称值，当测量时的环境温度不是 25 ℃ 时，要应用下述公式对测量值进行换算：

$$R_t = R_{25}[1 + 0.004(t - 25)] \qquad (8\text{-}1)$$

式中，R_{25} 为 25 ℃时电阻值；R_t 为环境温度为 t 时电阻值；t 为测试当时的环境温度。

8.3.2　继电器的特殊检测

1. 触点动态特性检测

触点动态特性用触点回跳时间来衡量。继电器在动作和释放过程中，因中间簧片固有的弹性特征，触点状态的断开/闭合变化不会一下子完成，有一个反复断开/闭合的过程，称为触点回跳过程，这个过程所需的时间，就是触点回跳时间。

1）测量用的仪器和检测方法

可以采用专用继电器综合参数测试仪测量触点回跳时间，也可用稳压电源和高速示波器来测量。

采用专用继电器综合参数测试仪来测量触点回跳时间时，只需将被测继电器插入专用插座，按一下综合参数测试仪面板上的测试键，显示屏上可直接显示被测继电器触点回跳时间。

当用稳压电源和示波器搭接线路来测量触点回跳时间时，要选择高速示波器，否则由于触点回跳时间太短，无法从示波器上得出触点回跳时间。

2）测量中的注意事项

当继电器内部带有线圈瞬态抑制二极管时，测试时一定要注意继电器线圈输入端的正负极性，线圈输入电压极性接反时会损坏继电器内部的瞬态抑制二极管，引起继电器失效。

2. 中位测试（适用于磁保持继电器）

对于双线圈的磁保持继电器，在两个线圈同时加电的情况下，其触点不应处于中位状态（即常开常闭触点均断开）。

1）测量用的仪器和检测方法

采用可调式稳压电源或专用继电器测试仪测量。对被测继电器的两个线圈同时加额定电压，时间至少为 10 ms。在电压切除后，测定继电器的触点是否处于中位状态（继电器的动触点必须与前激励状态或后激励状态的触点接通，不能存在任意一边都不接通的状态）。

2）测量中的注意事项

当继电器内部带有线圈瞬态抑制二极管时，测试时一定要注意继电器线圈输入端的正负极性，线圈输入电压极性接反时会损坏继电器内部的瞬态抑制二极管，引起继电器失效。

3. 密封性检测

1）测量用的仪器和检测方法

根据产品密封性指标的不同，密封性检测用的仪器和检测方法有所不同。当产品密封性指标泄漏率要求 $\leqslant 1\ Pa \cdot cm^3/s$ 时，采用将产品放入无水乙醇中抽负压法检漏，又称水检；当产品密封性指标泄漏率要求 $\leqslant 10^{-1}\mathrm{Pa} \cdot \mathrm{cm}^3/\mathrm{s}$ 时，采用加压充氮再水检；当产品密封性指标泄漏率要求 $\leqslant 10^{-2}\mathrm{Pa} \cdot \mathrm{cm}^3/\mathrm{s}$ 时，采用氦质谱检漏仪进行检测。

2）测量中的注意事项

当采用氦质谱检漏仪进行检测时，要先进行水检，剔除有较大漏孔的产品，避免氦质谱检漏仪的误判。

4. 微粒碰撞噪声检测（PIND）

1）测量用的仪器和检测方法

微粒碰撞噪声检测是用来判断密封继电器内部是否存在可动多余物。其原理是通过对密封继电器施加一定加速度机械冲击力，一定频率和加速度的振动，使黏附在密封继电器内部的可动多余物与密封继电器的内壁产生碰撞，发出噪声，利用传感器采集噪声信号，经过放大、对比，判断密封继电器内部有无可动多余物存在。

2）测量中的注意事项

微粒碰撞噪声检测时要保证被测继电器与检测台台面刚性接触，检测台台面上不得有颗粒性的物质，以免影响检测结果。

5. 破坏性物理分析（DPA）

破坏性物理分析是指不影响密封继电器内部结构的情况下，对继电器进行开罩，检查其内部结构是否合理，采用专用的辅助工具，对继电器内部的机械参数（如触点间隙、触点压力、触点超行程等）进行测量，必要时对其进行进一步的拆解和分析，根据其内部结构和内部机械参数测量情况，分析判断继电器是否正常。

6. 内部气氛检测

1）测量用的设备和检测方法

内部气氛含量检测属于破坏性物理分析的一项内容，必须采用专用的设备来完成，其原理是首先将气氛检测仪内部的腔体抽成真空，在 100 ℃ 条件下，用带孔的针刺穿被测密封继电器罩壳，抽出继电器内部气体，通过对比、分析，来判断密封继电器内部有哪些气体成分，以及其含量是多少，判定是否符合设计要求，是否满足使用要求。

2）测量中的注意事项

对密封继电器进行内部气氛含量检测时，首先要进行密封性检测，在密封性符合设计要求的情况下，才有可能保证继电器内部气氛含量符合设计和工艺要求。

8.3.3　继电器检测实例

继电器参数的检测大多都是使用的专用仪器仪表，有时还要借用一些辅助手段。

1．继电器综合参数测试仪应用

用继电器综合参数测试仪可以快速完成继电器的动作电压、释放电压、动作时间、释放时间、接触电阻、线圈电阻等电气参数的整套测试。该测试仪针对不同的继电器配有各自专用的插座，在计算机系统的控制下，完成各种电气参数的自动测试，并自动对测试数据进行判定、存储、显示、打印等。使用时，将被测继电器插入专用插座，按一下综合参数测试仪面板上的测试键，几秒钟后可完成一只继电器的电气参数测试。继电器综合参数测试仪的构成如图 8.6 所示。

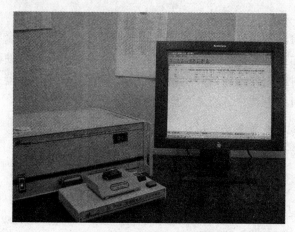

图 8.6　继电器综合参数测试仪

2．密封性检测

密封性检测采用的是专用的设备。图 8.7 所示是无水乙醇抽负压检漏装置，又称水检设备。将被测继电器放入装置中的无水乙醇中，无水乙醇液面淹没继电器 10 cm 以上，盖上上盖板，启动真空泵，使玻璃器中形成负气压，若密封继电器存在较大漏孔，就会有连续气泡出现，表明继电器泄漏率大于 1 Pa·cm³/s。也可先对被测继电器进行氮气加压后再进行水检，可判定是否存在相对较小的漏孔。

图 8.7　密封性检测水检设备

　　当水检过程没有发现产生气泡时，并不能说明继电器的密封性指标就是好的，因为水检设备只能判定出 10^{-1} Pa·cm³/s 以上的泄漏率，当要进一步判定泄漏率时，就要采用氦质谱检漏仪进行检测。

　　氦质谱检漏仪的原理是利用氦原子在强电场下遵循一定的偏转轨迹，利用此特性判定出是否存在氦气，并进行计数统计，可检测出氦气的泄放量，从而得出泄漏率。

　　此法只适用于非常小的漏孔检测，且被测继电器内部要有氦气存在。在采用氦质谱检漏仪对密封继电器进行检测检漏时，要先用氦气对继电器进行加压，若继电器有漏孔存在，则氦气进入继电器内部，再用氦质谱检漏仪对氦气加压后的继电器进行检测，就可得出继电器的氦气泄漏率，判定继电器密封性是否符合要求。氦气加压装置和氦质谱检漏仪分别如图 8.8 和图 8.9 所示。

图 8.8　氦气加压装置

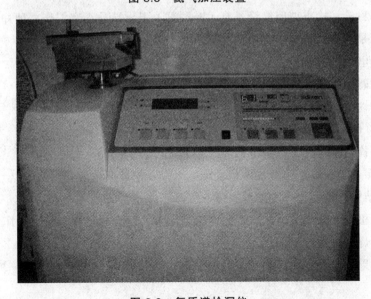

图 8.9　氦质谱检漏仪

3. 微粒碰撞噪声检测（PIND）

微粒碰撞噪声检测采用的是专用微粒碰撞噪声检测仪，它分为振动台体、控制器、显示器三大部分，详见图 8.10 所示。

图 8.10　微粒碰撞噪声检测仪

4. 破坏性物理分析（DPA）

破坏性物理分析的项目及要求如下：

（1）外部目检，检查玻璃绝缘子是否有裂纹、引出端是否有损伤、掉片、锈点，标志是否清晰、罩壳是否有划伤等，并要拍照记录。

（2）常温电气参数测试，并记录数据。

（3）颗粒碰撞噪声检测（PIND）。

（4）密封性检测。

（5）内部气氛含量检测。

（6）内部检查（对异常部位进行放大拍照）。

① 内部多余物检查，检查线圈包扎带是否存在松散现象等。

② 内部结构检查，检查支架垂直度、线圈引线是否规范等。

（7）内部机械参数测试，测试产品的触点间隙、触点超行程、触点静压等机械参数。

（8）部件焊接强度检测。

将检测结果按表 8.3 和表 8.4 的格式进行记录，最后形成破坏性物理分析（DPA）报告。

表 8.3

电气参数	绕组电阻/Ω	吸合电压/V	释放电压/V	开点电阻/mΩ	闭点电阻/mΩ	动作时间/ms	释放时间/ms	动作回跳/ms	释放回跳/ms
1. 开罩前电气参数测试									
min									
max									
样品编号									
2. 开罩后电气参数测试									
样品编号									

表 8.4

测试项目	触点间隙、触点超行程、触点静压		
1. 开罩后机械参数测试			
样品编号	测试结果		
	触点间隙/mm	触点超行程/mm	触点静压/mN

第9章 压电器件的检测

9.1 压电器件的基础知识

压电式传感器是一种典型的有源传感器，其工作原理是基于某些介质材料的压电效应，通过材料受力作用变形时，其表面会有电荷产生而实现非电量测量。压电式传感器具有体积小、质量轻、工作频带宽等特点，因此在各种动态力、机械冲击与振动测量，以及声学、医学、力学、宇航等方面都得到了非常广泛的应用。

某些离子型晶体电介质，当沿着一定方向对其施力而使它变形时，内部就产生极化现象，同时在它的两个表面上会产生符号相反的电荷，当外力去掉后，又重新恢复到不带电状态，这种现象称压电效应。当作用力方向改变时，电荷的极性也随之改变。有时人们把这种机械能转换为电能的现象，称为"正压电效应"。利用正压电效应，人们制成了加速度传感器等器件。

当在电介质极化方向施加电场时，这些电介质也会产生几何变形，这种现象称为"逆压电效应"（电致伸缩效应）。利用电致伸缩效应，人们制成了超声波发生器，用于金属材料探伤等领域。具有压电效应的材料称为压电材料，压电材料能实现机-电能量的相互转换，如图9.1所示。

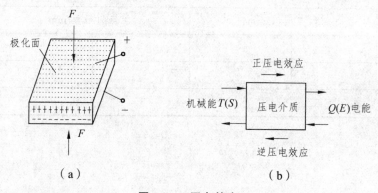

图 9.1 压电效应

在自然界中，大多数晶体都具有压电效应，但压电效应十分微弱。随着对材料的深入研究，发现石英晶体、钛酸钡、锆钛酸铅等材料是性能优良的压电材料。

9.1.1 压电器件的型号命名方法

压电器件的型号命名由以下四个部分组成。

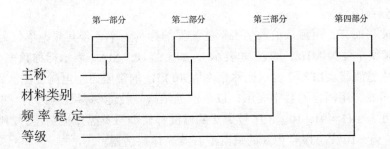

第一部分：主称，用大写字母表示。其中，Z 表示振荡器；L 表示滤波器；XZ 表示谐振器。

第二部分：压电材料类别，用大写字母表示。其中，S 表示压电石英晶体；T 表示压电陶瓷；H 表示复合陶瓷；D 表示钽酸锂晶体；N 表示铌酸锂晶体。

还可以加入其他字母，表示不同类型的功能，如石英晶体振荡器用大写字母表示类别，其含义如表 9.1 所示。

表 9.1 压电器件类别及代号

类　别	代　号
普通型石英晶体振荡器	SP
温度补偿型石英晶体振荡器	SW
电压控制型石英晶体振荡器	SY
恒温型石英晶体振荡器	SH
组合型石英晶体振荡器	SZ

第三部分：频率稳定度等级。对于滤波器而言，T 表示带通滤波器；Z 表示带阻滤波器；G 表示高通滤波器；D 表示低通滤波器；S 表示疏型滤波器；B 表示边带滤波器；P 表示单片滤波器。对于振荡器，用大写字母表示类别，其含义如表 9.2 所示。

表 9.2 压电器件频率稳定度等级及代号

稳 定 度	代 号
$\pm(1\sim9)\times10^{-4}$	A
$\pm(1\sim9)\times10^{-5}$	B
$\pm(1\sim9)\times10^{-6}$	C
$\pm(1\sim9)\times10^{-7}$	D
$\pm(1\sim9)\times10^{-8}$	E
$\pm(1\sim9)\times10^{-9}$	F
$\pm(1\sim9)\times10^{-10}$	G
$\pm(1\sim9)\times10^{-11}$	H
$\pm(1\sim9)\times10^{-12}$	L
$\pm(1\sim9)\times10^{-13}$	J

第四部分：序号。

对于滤波器而言，用阿拉伯数字表示滤波器的标称频率（若其频率单位为 kHz，则不标出 kHz，若频率单位为 MHz，则以 M 表示）。如 LST10.7 MA，表示标称频率为 10.7 MHz 的 A 型石英晶体滤波器。LTZ40 表示标称频率为 40 kHz 的带阻碍压电陶瓷滤波器。

对于振荡器，用阿拉伯数字表示，以示产品结构、性能等参数的区别。例如，ZWE_2 表示温度稳定度为 $\pm(1 \sim 9) \times 10^{-8}$、序号为 2 的温度补偿型石英晶体振荡器；$ZHH_3$ 表示温度稳定度为 $\pm(1 \sim 9) \times 10^{-11}$、序号为 3 的恒温型石英晶体振荡器。

9.1.2　压电器件的主要参数

（1）压电常数：压电常数是衡量材料压电效应强弱的参数，它直接关系到压电输出灵敏度。

（2）弹性常数：压电材料的弹性常数、刚度决定着压电器件的固有频率和动态特性。

（3）介电常数：对于一定形状、尺寸的压电元件，其固有电容与介电常数有关；而固有电容又影响着压电传感器的频率下限。

（4）机械耦合系数：它的意义是，在压电效应中，转换输出能量（如电能）与输入的能量（如机械能）之比的平方根，这是衡量压电材料机-电能量转换效率的一个重要参数。

（5）电阻：压电材料的绝缘电阻将减少电荷泄漏，从而改善压电传感器的低频特性。

（6）居里点温度：它是指压电材料开始丧失压电特性的温度。

9.1.3　常用的压电器件

压电器件的品种繁多，按其使用的材料不同可分成压电晶体器件、压电陶瓷器件。

1. 压电晶体器件

压电晶体器件包括石英谐振器、晶体振荡器和晶体滤波器。

石英晶体元件简称为晶振或晶振元件，它是利用石英单晶材料的压电效应而制成的一种器件。这种石英晶体薄片受到外加交变电场的作用时会产生机械振动，当交变电场的频率与石英晶体的固有频率相同时，振动便变得很强烈，这就是晶体谐振特性的反应。

压电晶体器件由石英晶片（或棒）、电极、支架和外壳等构成，在稳频、选频和精密计等方面有突出的优点，是晶体振荡器和窄带滤波器等的关键元件。

1921 年，人们发现石英晶片谐振特性具有稳频作用，开创了石英谐振器在通信技术中的应用。第二次世界大战期间，由于军事通信的需要，压电石英技术有很大发展。石英谐振器的频率范围，1945 年前为 100 kHz ~ 10 MHz，1960 年扩展为 500 Hz ~ 200 MHz，1977 年高频扩展到 350 MHz。1980 年以后，用离子束刻蚀出超薄晶片，使石英谐振器的基频达 1 000 MHz。

在晶体坐标系中，晶片沿某种方位的切割称为切型。只有一定的切型才具有压电效应、单一振动模式和零温度系数，所以在设计谐振器时首先要选择合适的切型。石英晶体的切型符号有两种表示方法：一种是国际电工委员会规定的符号表示法，另一种是习惯符号表示法。前一种符号用一组字母 $xyzlwt$ 和角度来表示；x、y、z 中两个字母的先后排列表示晶片的厚度和长度的原始方位，l（长度）、w（宽度）、t（厚度）表示旋转轴；角度的正、负号表示逆、顺时针旋转。例如，(xyt15°/−50°切型，表示晶片原始方位的厚度位于 x 轴方向，长度位于 y 轴方向；晶片先绕厚度 t 沿逆时针方向旋转 5°，再绕长度 l 沿顺时针方向旋转 50°。后一种符号习惯多数用两个大写拉丁字母表示，例如，AT、BT、NT、MT 等；其中 AT、BT 为单转角切型，NT、MT 为双转角切型。

振动模式按照不同的使用要求，石英谐振器的标称频率可以从几百赫到几百兆赫，这样宽的频率范围只有采用不同的振动模式和不同的晶片尺寸来实现。常用的振动模式为长度伸缩振动、弯曲振动、面切变振动和厚度切变振动等四种模式。

提高石英谐振器的频率稳定度的重要途径是减小环境温度对频率的影响。通常有两种方法。① 恒温槽法：将谐振器放入恒温槽中，只要恒温槽的温度与零温度系数点的温度（T_0）一致，频率随温度的变化将接近于零。② 温度补偿法：将环境温度所引起的频率变化，通过热敏网络加以补偿。后一方法的优点是体积小、消耗功率小，且开机即能工作。缺点是频率稳定性低于前一方法。

晶体谐振器是一种机电器件，是用电损耗很小的石英晶体经精密切割磨削并镀上电极焊上引线做成的。这种晶体有一个很重要的特性，如果给它通电，它就会产生机械振荡，反之，如果给它机械力，它又会产生电，这种特性叫机电效应。它们有一个很重要的特点，其振荡频率与它们的形状、材料、切割方向等密切相关。由于石英晶体物理性能非常稳定，热膨胀系数非常小，其振荡频率也非常稳定，由于控制几何尺寸可以做到很精密，因此，其谐振频率也很准确。根据石英晶体的机电效应，我们可以把它等效为一个电磁振荡回路，即谐振回路。它们的机电效应是机-电-机-电的不断转换，由电感和电容组成的谐振回路是电场-磁场的不断转换。在电路中的应用实际上是把它作为一个高 Q 值的电磁谐振回路。由于石英晶体的损耗非常小，即 Q 值非常高，作振荡器用时，可以产生非常稳定的振荡，作滤波器用时，可以获得非常稳定和陡峭的带通或带阻曲线。

晶体振荡器也分为无源晶振和有源晶振两种类型。无源晶振的英文名为 crystal（晶体），而有源晶振的英文名为 oscillator（振荡器）。无源晶振需要借助于时钟电路才能产生振荡信号，自身无法振荡起来，所以"无源晶振"这个说法并不准确；有源晶振是一个完整的谐振振荡器。石英晶体振荡器与石英晶体谐振器都是提供稳定电路频率的一种电子器件。石英晶体振荡器是利用石英晶体的压电效应来起振，而石英晶体谐振器是利用石英晶体和内置 IC 共同作用来工作的。振荡器直接应用于电路中，谐振器工作时一般需要提供 3.3 V 电压来维持工作。振荡器比谐振器多了一个重要技术参数：谐振电阻（R_R），谐振器没有电阻要求。R_R 的大小直接影响电路的性能，因此这是各商家竞争的一个重要参数。

石英晶体谐振器是最常用的晶体谐振器之一，它在滤波器中主要用作窄带通滤波器。钽酸锂或铌酸锂晶体谐振器的耦合系数和频率常数较大，适于制作高频宽带通滤波器。其他压电材料因温度稳定性较差，很少采用。当作用于晶体谐振器的电信号频率等于晶体的固有频率时，电能通过晶体的逆压电效应在晶体中引起机械谐振产生机械能；在输出端，正压电效应又将这种机械能转换为电信号。

因晶片不能做得很薄，石英晶体谐振器的基波频率只能达到 30～35 MHz。工作频率较高的谐振器大多工作于泛音（高于基频近奇次倍的振动），但泛音次数越高，串、并联谐振频率的间隔越小。

1921 年 W.G. 凯地将晶体谐振器用于各种调谐电路，形成了晶体滤波器的雏形。1927年 L.艾斯本希德把晶体谐振器用于真正的滤波电路。1931 年 W. P. 梅森又把它用于格型滤波器中。60 年代中期，集成式晶体滤波器研制成功，从此，晶体滤波器在小型化方面有了很大发展。

20 世纪 70 年代发展起来的离子刻蚀技术能使晶体谐振器的基波频率接近 500 MHz。但由于外接元件，特别是线圈问题，其泛音频率也只能做到 600 MHz，相对带宽约为 0.01%～1%。分立式晶体滤波器是由分立式晶体谐振器和分立式电子元件构成的滤波器。分立式晶体滤波器可实现的中心频率为 10 kHz～350 MHz，相对带宽为 0.01%～10%。

集成式晶体滤波器采用集成电路工艺制作的晶体滤波器，有单片的、串联单片的和多片的三种类型。单片晶体滤波器由镀在石英切片上若干对电极形成的耦合谐振器组成。输入谐振器随所加信号电压而产生厚度切变振动，晶片因受电极质量负荷的影响，电极区的谐振频率比非电极区的低，使弹性波在两区边界发生反射，从而使绝大部分能量陷落在电极区内，少量泄漏的能量则耦合到与之相邻的谐振器。这样依次相传到输出谐振器，再变为电信号。适当地设计电极尺寸、谐振器间距和频率镀回率，就可以控制弹性波在晶片中的传播，从而实现滤波功能。

串联单片晶体滤波器由若干用电容耦合的单片晶体滤波器组成。其优点是利于调整工作频率和抑制寄生频率。多片晶体滤波器由串联的耦合谐振器、并联的单谐振器和电容器组成。其特点是能在靠近通频带的频率上形成若干衰减峰，有利于抑制干扰和改善滤波性能。集成式晶体滤波器体积小、可靠性高，而且造价低。但其中心频率只有 4.5～350 MHz，相对带宽为 0.01%～0.3%，所以在要求中心频率低、通频带宽的场合尚不能取代分立式晶体滤波器。

2. 压电陶瓷器件

压电陶瓷器件主要有陶瓷滤波器、陶瓷变压器、压电陀螺等。

陶瓷滤波器以一个或多个压电陶瓷振子通过金属支架固定或用引线焊接，再封入外壳即构成陶瓷滤波器。

陶瓷材料的机电耦合系数大，适于作宽带滤波器。其相对带宽约为 0.3%～20%，阻带衰减可达 60 dB 以上。

陶瓷变压器是根据陶瓷片的压电效应和谐振特性来实现电压变换的器件。陶瓷变压器有多种结构形式，但常用的为横向-纵向变压器。

压电陀螺又称压电角速度传感器，是一种新型的导航仪器，多采用振梁结构形式。它有一根横截面近似方形的金属梁，在梁上粘贴四个压电换能器。金属梁用恒弹性系数合金材料制成，换能器用高机电耦合系数的陶瓷材料制成。在驱动换能器上输入电信号，借助逆压电效应使金属梁产生以 yz 平面为中性面的弯曲振动。梁内任意点的速度为 v_x。若梁同时又以角速度 ω_z 绕 z 转动，则梁内各点将受到科氏力的作用，由此引起以 xz 为中性面的弯曲振动。这个振动通过正压电效应使读出换能器输出电信号，信号的幅度与角速度 ω_z 成正比，故可用来确定角速度 ω_z 的大小。在梁的另两个面上还粘贴有反馈换能器和阻尼换能器，它们的作用是保持金属的振幅稳定和输出动态特性良好。压电陀螺不存在高速转动部分，因而具有功耗小、寿命长、动态范围宽、体积小和可靠性高等优点。

　　压电陶瓷器件还有许多种类，应用于各个领域。利用陶瓷的高机电耦合效应、高介电常数和高 Q 值等特点而设计的压电陶瓷测量器件，能方便地测量以往用其他方法难以测量的参数。例如，可以测量铁道枕木所受的压力、油断路器内的压力、冲击波管内的压力、煤矿坑道支架所受的压力等，也可以测量像继电器的触点和人的脉搏等微小压力。它既能测量动态力也能测量静态力，而且测量范围和精度都比较高。在陶瓷片上附加质量负载，就可制成加速度计。这种加速度计再附以积分电路就可构成振动计，用它可以测量地壳和建筑物的低频振动。在陶瓷圆管上黏结喇叭形金属块，使其振幅增大，可用来测定金属的磨损和进行疲劳试验以及测量薄膜的粘黏结度等。此外，压电陶瓷超声换能器在水声和医疗等领域中的应用也日益增多。

　　压电器件的发展方向是：① 改进压电器件的温度稳定性；② 改善蜂鸣器和送/受话器的音质，以适应计算机、自动售货机、电子翻译机等设备的人机对话需要；③ 探索模拟生物功能的高分子压电器件。

9.1.4　压电陶瓷电声器件

1. 压电陶瓷电声器件的产品结构及工艺

　　压电陶瓷电声器件是由压电陶瓷片、金属振子、共鸣腔与相应的驱动电路组合成的音响器件，带驱动电路的称为有源压电陶瓷蜂鸣器（FYQ），不带驱动电路的称为无源压电陶瓷蜂鸣器（FYZ）。压电陶瓷蜂鸣器如图 9.2 所示。

图 9.2　压电陶瓷蜂鸣器

　　压电陶瓷电声器件的制造工艺为：根据所要制造电声器件的技术指标要求，生产压电陶瓷片、金属振子、共鸣腔及配置驱动电路（有源压电陶瓷蜂鸣器），经装配测试形成产品，如图 9.3 所示。

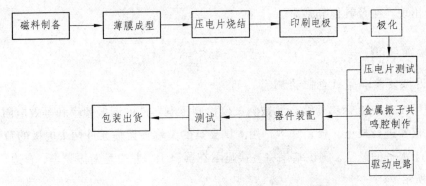

图 9.3　压电陶瓷电声器件生产工艺示意图

2. 压电陶瓷电声器件的特性及应用

特性：压电陶瓷能够有效地对机械能与电能进行转换，产品电能转换效率高、无触点、无射电噪声、功耗低、高可靠、长寿命，可以适应恶劣的工作环境。

应用：应用于通信设备、安防系统、医疗器械、仪器仪表、工业自动控制以及家用电器等领域。

3. 压电陶瓷电声器件的优缺点

优点：与传统的电磁式产品相比，具有体积小、质量轻、无触点、无射电噪声、功耗低、高可靠、长寿命等特点，还可以通过与不同工作频率的驱动电路相匹配而发出不同的音调。

缺点：压电陶瓷片会因电退化而导致失效。

9.2 压电器件的常规检测

1. 压电陶瓷电声器件的检测参数

压电陶瓷电声器件的核心元件是压电振子。压电振子的主要参数有：谐振频率、等效电阻、自由电容、介质损耗、绝缘电阻；压电陶瓷电声器件的主要参数有：输出声压级、自由电容。

（1）谐振频率：压电陶瓷电声元器件输出声信号频谱密度最大的频率，单位为 kHz。

（2）等效电阻：元件的等效电阻不应超过 300 Ω。

（3）自由电容：元件的电容量应符合详细规范的规定，其允许偏差应不超过 ±30%。

（4）介质损耗：元件的损耗角正切应不大于 5%。

（5）绝缘电阻：要求元件的绝缘电阻应不低于 100 MΩ。

（6）输出声压级：压电陶瓷电声器件在额定电源电压作用下，在参考轴上距参考点 10 cm 处的声压级，单位为分贝。一般要求输出声压级 ≥85 dB。

（7）纯音检听：在额定电源电压和额定谐振频率作用下，压电陶瓷电声器件的声音应清晰，不应出现沙哑及其他异常声。

2. 检测实例

1）谐振频率和等效电阻检测

可使用 YW2788 蜂鸣片综合参数测试仪检测压电器件的谐振频率和等效电阻。检测前，先对测试仪器进行校正。校正完毕，用测试夹具的尖端夹持住元件两个电极的节点，使元件径向垂直于水平面悬空。测试结果将直接显示在屏幕上，左边是谐振频率，右边是等效电阻，如图 9.4 所示。

图 9.4 YW2788 蜂鸣片综合参数测试仪

2）自由电容和介质损耗角正切检测

用 TH2819 绝缘电阻测试仪检测压电器件的自由电容和介质损耗角正切。检测前，先对测试仪器（TH2819A）进行校正。校正完毕，用测试夹具的尖端夹持住元件的两个电极，使元件径向垂直于水平面悬空。仪表的测试频率 120 Hz，测试电压 1 V。测试结果将直接显示在屏幕的中间，上排是自由电容 C_p，下排是介质损耗角正切 D，如图 9.5 所示。

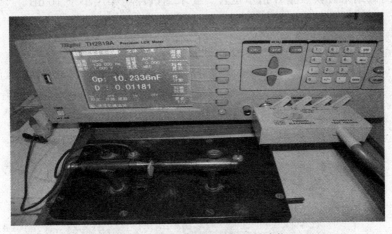

图 9.5 TH2819 绝缘电阻测试仪

3）绝缘电阻检测

用 TH2681 绝缘电阻测试仪检测压电器件的绝缘电阻。检测时，用测试夹具的尖端夹持住元件的两个电极，使元件径向垂直于水平面悬空，如图 9.6 所示。测量电压按表 9.3 规定的值进行选择，1 min 后读取绝缘电阻值。需重新测试时产品应充分放电。测试结果看仪表指针指示位置。

表 9.3 介质厚度与测试电压关系

介质厚度/mm	<0.08	0.08～0.15	>0.15
测试电压/V_{DC}	10	25	50

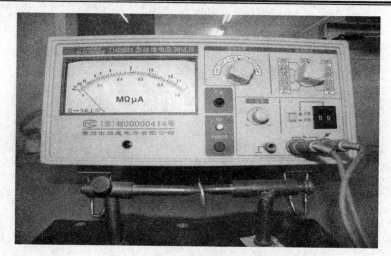

图 9.6　TH2681 绝缘电阻测试仪

4）输出声压级检测

使用直流稳压电源、SP1641D 函数信号发生器和 TES1352H 声级计检测压电器件的声压级，如图 9.7 所示。测试时，将产品 2 个引出电极插入测试夹具中，产品与声级计测试端距离 10 cm。测试结果看仪表指针指示位置。要求测试环境噪声小于 10 dB。

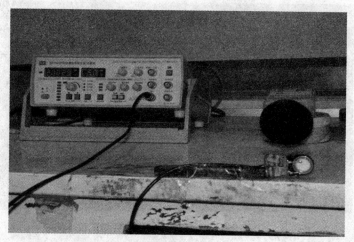

图 9.7　SP1641D 函数信号发生器和 TES1352H 声压级计

9.3　压电器件的特殊检测

1. 压电器件环境试验

为了确认压电器件在规定条件下能正常工作，甚至过分严酷环境条件下也能满足基本工作的要求，所以需对产品在不同环境温度下进行试验，使其满足使用要求。

测试参数应为试验样品的输出声压级，纯音检听。

2. 环境条件及试验设备（见表 9.4、表 9.5）

表 9.4　温度环境条件

常温测试环境温度	低温测试环境温度	高温测试环境温度	自由跌落
25 ℃±5 ℃	−25 ℃±2 ℃ 下 储存时间 16 h	+85 ℃±2 ℃ 下 储存时间 16 h	跌落高度：80 cm， 重复 7 次跌落试验

表 9.5　试验设备

序号	设 备 名 称
1	低温试验箱
2	高温试验箱
3	直流稳压电源、SP1641D 函数信号发生器和 TES1352H 声压级计

3. 测试方法

在常温环境下完成初始测试后对试验样品进行编号。把样品放在低温试验箱内保温 16 h，取出立即测试；把样品放在高温试验箱内保温 16 h，取出立即测试；在样品距离水泥地面高度 80 cm 处自由跌落，重复 7 次跌落试验后立即测试。样品的输出声压级应不低于初始测量值，纯音检听要求声音清晰，不应出现沙哑及其他异常声。

第10章　小型变压器的检测

10.1　小型变压器的基础知识

10.1.1　小型变压器概述

变压器是利用电磁感应原理来改变交流电压的装置，是变换交流电压、电流和阻抗的器件，当初级线圈中通有交流电流时，铁芯（或磁芯）中便产生交流磁通，使次级线圈中感应出电压（或电流）。变压器的主要构件是初级线圈、次级线圈和铁芯（磁芯）。线圈有两个或两个以上的绕组，其中接电源的绕组叫做初级线圈，其余的绕组叫做次级线圈。变压器主要功能有：电压变换、电流变换、阻抗变换、隔离、稳压（磁饱和变压器）等。

小型变压器指的是容量在 $1\,000\,V\cdot A$ 以下的变压器。最简单的小型单相变压器由一个闭合的铁芯（构成磁路）和绕在铁芯上的两个匝数不同、彼此绝缘的绕组（构成电路）构成。其作用在电子线路中起着升压、降压、隔离、整流、变频、倒相、阻抗匹配、逆变、储能、滤波等作用。为适应电力电子技术、微电子技术、计算机网络、多媒体技术、通信技术、音/视频技术以及高刻度磁记录等的发展需要，其性能必须在越来越高的工作频率上（MHz，GHz），以实现高效、高可靠性、低损耗、低噪声等特性，且结构向短小轻薄方向发展，并实现模贴化、片式化、集成化。

10.1.2　小型变压器的基本结构

无论哪种变压器，它们的基本结构和工作原理都是相似的，只是根据不同的工作需要在一些细节上有所不同。如高频变压器需要采用高频磁芯等。如图 10.1 所示是变压器结构示意图和结构说明。

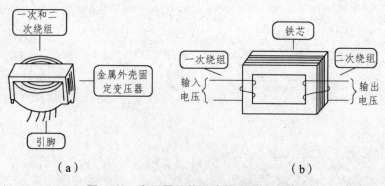

（a）　　　　　　　　　　　　　　　　（b）

图 10.1　变压器结构示意图和结构说明

1. 铁　芯

铁芯是变压器的磁路部分。为了减少铁芯内磁滞损耗、涡流损耗，铁芯通常用含硅量较高的、厚度为 0.35 mm 或 0.5 mm、表面涂有绝缘漆的热轧或冷轧硅钢片叠装而成。铁芯分为铁柱和铁轭两部分，铁柱上套装有绕组线圈，铁轭则是作为闭合磁路之用，铁柱和铁轭同时作为变压器的机械构件。铁芯结构有两种基本形式：心式和壳式。

2. 绕　组

一次绕组和二次绕组是变压器的核心部分，一般采用绝缘纸包的铝线或铜线绕成。为了节省铜材，我国变压器线圈大部分是采用铝线。变压器中的电流由它构成回路，一次绕组与二次绕组之间高度绝缘，如果二次绕组有多组时，则各组绕组之间也要高度绝缘。各组绕组与变压器其他部件之间也要高度绝缘。

3. 骨　架

线圈绕在骨架上，一个变压器中只有一个骨架，一次和二次绕组均绕在同一个骨架上。骨架用绝缘材料制成，骨架套在铁芯或磁芯上。

4. 外　壳

外壳用来包住铁芯或磁芯，同时具有磁屏蔽和固定变压器的作用，外壳用金属材料制成，有的变压器没有外壳。

5. 引　脚

引脚是变压器一次绕组或二次绕组的引出线，用来与外电路连接。

10.1.3　小型变压器的工作原理

小型变压器的功能主要有：电压变换、阻抗变换、隔离、稳压（磁饱和变压器）等，小型变压器常用的铁芯形状一般有 E 形和 C 形。

小型变压器的主要部件是一个铁芯和套在铁芯上的两个绕组，如图 10.2 所示。一个绕组接电源，称为原绕组（一次绕组、初级绕组），另一个接负载，称为副绕组（二次绕组、次级绕组）。原绕组各量用下标 1 表示，副绕组各量用下标 2 表示。原绕组匝数为 N_1，副绕组匝数为 N_2。

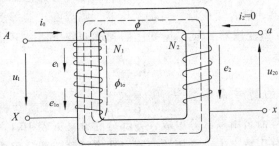

图 10.2　变压器结构示意图

　　理想状况如下（不计电阻、铁耗和漏磁），原绕组加电压 u_1，产生电流 i_1，建立磁通 ϕ，沿铁芯闭合，分别在原副绕组和副绕组中感应电动势 e_1 和 e_2。

1. 电压变换

　　当一次绕组两端加上交流电压 u_1 时，绕组中通过交流电流 i_1，在铁芯中将产生既与一次绕组交链，又与二次绕组交链的主磁通 ϕ。

$$u_1 = -e_1 = N_1 \frac{\mathrm{d}\phi}{\mathrm{d}t} \tag{10-1}$$

$$u_2 = -e_2 = N_2 \frac{\mathrm{d}\phi}{\mathrm{d}t} \tag{10-2}$$

$$\frac{U_1}{U_2} = \frac{E_1}{E_2} = \frac{N_1}{N_2} = k \tag{10-3}$$

$$U_2 = \frac{U_1}{k} \tag{10-4}$$

　　说明：只要改变原、副绕组的匝数比，就能按要求改变电压。

2. 电流变换

　　变压器在工作时，二次电流 I_2 的大小主要取决于负载阻抗模 $|Z_1|$ 的大小，而一次电流 I_1 的大小则取决于 I_2 的大小。

又因为
$$U_1 I_1 = U_2 I_2 \tag{10-5}$$

所以
$$I_1 = \frac{U_2}{U_1} I_2 = \frac{I_2}{k} \tag{10-6}$$

说明变压器在改变电压的同时，亦能改变电流。

10.1.4　变压器的型号命名方法

　　变压器可以根据其工作频率、用途及铁芯形状等进行分类。变压器按工作频率可分为高频变压器、中频变压器和低频变压器；变压器按其用途可分为电源变压器、音频变压器、脉冲变压器、恒压变压器、耦合变压器、自耦变压器、隔离变压器等多种；变压器按铁芯（磁芯）形状可分为"E"型变压器、"C"型变压器和环型变压器。下面简单介绍低频、中频变压器的型号命名方法。

1. 低频变压器的型号命名方法

　　低频变压器的型号命名由三部分组成，各部分的含义见表10.1。第一部分用字母表示变压器的主称；第二部分用数字表示变压器的额定功率；第三部分用数字表示序号。

表 10.1 变压器的型号命名及含义

第一部分：主称		第二部分：额定功率	第三部分：序号
字 母	含 义	用数字表示变压器的额定功率	用数字表示产品的序号
CB	音频输出变压器		
DB	电源变压器		
GB	高压变压器		
HB	灯丝变压器		
RB 或 JB	音频输入变压器		
SB 或 ZB	扩音机用定阻式音频输送变压器（线间变压器）		
SB 或 EB	扩音机用定压或自耦式音频输送变压器		
KB	开关变压器		

例如 DB-20-3，"DB" 表示主称电源变压器，"20" 表示功率 20 W，"3" 表示序号（3），即表示 20 W 的电源变压器。

2. 中频变压器的命名方法

晶体管收音机（调幅）中的中频变压器命名由三部分组成。第一部分：主称，用几个字母组合表示名称、特征、用途；第二部分：外形尺寸，用数字表示；第三部分：序号，用数字表示，"1" 表示第一中放电路用中频变压器，"2" 表示第二中放电路用中频变压器；"3" 表示第三中放电路用中频变压器。型号中的主称所用字母、外形尺寸所用数字的意义及其第三部分序号数字意义，如表 10.2 所示。

表 10.2 中频变压器型号主称用字母与外形尺寸用数字的示意图

主 称		外形尺寸/（mm×mm×mm）		序 号	
字母	名称、用途、特征	数字	外形尺寸	数字	
T	中频变压器	1	7×7×12	1	第一中放电路用中频变压器
L	线圈或振荡线圈	2	10×10×14	2	第二中放电路用中频变压器
T	磁性瓷心式	3	12×12×16	3	第三中放电路用中频变压器
F	调幅收音机用	4	20×25×36		
S	短波段				

例如：TTF-1-1 表示调幅收音机用的磁性瓷心式中频变压器，第一个"1"表示外形尺寸为 $7 \times 7 \times 12$，第二个"1"表示是第一级中放电路用中频变压器。

10.1.5　变压器的种类

1. 电源变压器（见图 10.3）

最常用的变压器是电源变压器，它的作用是将 220 V 交流市电变成所需的低压交流电。

图 10.3　电源变压器

2. 通信变压器/XDSL 变压器（见图 10.4）

通信变压器频率高、贴装性能好，主要用于模块电源、笔记本计算机、移动电话、电话计费机、多路电话计费机、控交换机、电话机、通信及家用电器等薄型电器设备。

图 10.4　通信变压器

3. DC-DC 变压器（见图 10.5）

DC-DC 变换器主要起功率传输、电压变换、电气隔离等作用。

图 10.5　DC-DC 变压器

4. 贴片变压器（见图 10.6）

贴片变压器体积很小，主要用于体积很小的数码相机等电子电器中。

图 10.6 SMT 变压器

5. 逆变器（见图 10.7）

逆变器的作用是把直流电逆变成交流电。

图 10.7 逆变器

6. 共/差模滤波器（见图 10.8）

共/差模滤波器中，共模指的是两根铜线绕向一致，差模指的是两根铜线绕向相反。共/差模滤波器的作用是抑制高速信号线产生的电磁波向外辐射。

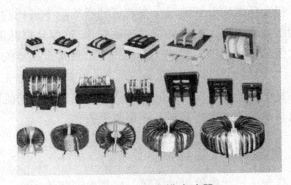

图 10.8 共/差模滤波器

7. 整流变压器（见图 10.9）

整流变压器是将交流电转化成直流电的装置。一般用在充电产品中，比如手机充电器、笔记本电源线等。

图 10.9　整流变压器

10.1.6　变压器的主要参数

电源变压器的主要技术参数有：额定功率、额定电压和电压比、额定频率、工作温度等级、温升、电压调整率、绝缘性能和防潮性能，对于一般低频变压器的主要技述参数是：变压比、频率特性、非线性失真、磁屏蔽、静电屏蔽、效率等。

1. 电源变压器的特性参数

（1）工作频率：变压器铁芯损耗与频率关系很大，故应根据使用频率来设计和使用，这种频率称为工作频率。

（2）额定功率：在规定的频率和电压下，变压器能长期工作，而不超过规定温升的输出功率。

（3）额定电压：指在变压器的线圈上所允许施加的电压，工作时不得大于规定值。

（4）电压比：指变压器初级电压和次级电压的比值，有空载电压比和负载电压比的区别。

（5）空载电流：变压器次级开路时，初级仍有一定的电流，这部分电流称为空载电流。空载电流由磁化电流（产生磁通）和铁损电流（由铁芯损耗引起）组成。对于 50 Hz 电源变压器而言，空载电流基本上等于磁化电流。

（6）空载损耗：指变压器次级开路时，在初级测得的功率损耗。主要损耗是铁芯损耗，其次是空载电流在初级线圈铜阻上产生的损耗（铜损），这部分损耗很小。

（7）效率：指次级功率 P_2 与初级功率 P_1 的比值。通常变压器的额定功率越大，效率就越高。

（8）绝缘电阻：表示变压器各线圈之间、各线圈与铁芯之间的绝缘性能。绝缘电阻的高低与所使用的绝缘材料的性能、温度高低和潮湿程度有关。

2. 音频变压器和高频变压器特性参数

（1）频率响应：指变压器次级输出电压随工作频率变化的特性。

（2）通频带：如果变压器在中间频率的输出电压为 U_0，当输出电压（输入电压保持不变）下降到 $0.707 U_0$ 时的频率范围，称为变压器的通频带。

（3）初、次级阻抗比：变压器初、次级接入适当的阻抗 R_i 和 R_o，使变压器初、次级阻抗匹配，则 R_i 和 R_o 的比值称为初、次级阻抗比。在阻抗匹配的情况下，变压器工作在最佳状态，传输效率最高。

10.2　变压器的检测

10.2.1　变压器的常规检测

变压器的常规参数主要有匝数比、直流电阻、输入阻抗、初级电感等。在这些参数中，匝数比、输入阻抗、初级电感属于交流参数，直流电阻是直流参数。

1. 匝数比和互感的检测

在交流参数中，匝数比是变压器最基本的电参数，表征变压器的电压变换指标，是次级线圈 N_2 与初级线圈 N_1 的匝数之比，也等于输出电压 U_o 与输入电压 U_i 之比，匝数比 n 的计算公式如下：

$$n = N_2/N_1 = U_o/U_i \qquad (10\text{-}7)$$

对于已经封装好的变压器，很难直接测量其初级和次级线圈的匝数而获得匝数比，但由公式（10-7）我们可以看到，通过测量输出电压（次级电压）和输入电压（初级电压）之比，即可方便地得到匝数比。图 10.10 是安捷伦公司 4263B 型 LCR 测试仪变压器测试原理图。

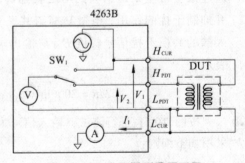

图 10.10　变压器测量原理图

在变压器测量原理图中，变压器的一边连接到 H_{CUR} 和 L_{CUR}，另一边连到 H_{POT} 和 L_{POT}，L_{POT} 和 L_{CUR} 端通过夹具连接在一起作为公共端。当测量匝数比时，仪器通过 H_{CUR} 对变压器的一边施加交流电压，并通过切换开关分别测量 H_{CUR}（V_1）和 H_{POT}（V_2），仪器内部的微处理器对测量出来的两个电压值进行计算，从而得到匝数比 n。

对于变压器互感 M 的测量，同样可以通过该测量原理实现，即通过测量 H_{POT} 端的电压 V_2 和电流输入端 L_{CUR} 的电流，计算 V_2 与 I_1 的比值得到互感 M。

2. 直流电阻的检测

变压器的直流电阻是指某个绕组的电阻，直流电阻的测量相对比较简单，可以使用 LCR 仪器的电阻测量功能测试绕组两端的电阻，也可以用带直流电阻测试功能的精密数字多用表进行测量。对于绕组直流电阻很小的变压器,在测量其直流电阻时,应注意消除测试夹具和接触电阻等影响,应采用四端测量法和相应的配套夹具。

3. 输入阻抗和初级电感的检测

变压器的输入阻抗是指其初级线圈的阻抗,由于阻抗值与频率有直接的关系,测量时应根据变压器的工作频率和测试规范,选定相应的测试频率,否则测量到的数据没有实际意义。

由于变压器的广泛应用,目前已有较多专用的变压器测试仪器,如同惠公司的 TH2818系列自动变压器测试仪,集直流电阻、输入阻抗、电感、变压比等测量功能于一体。

10.2.2 变压器的特殊检测

由于变压器的类型较多,不同用途的变压器其特殊参数各不相同,这里主要介绍用得较多的小功率脉冲变压器的几个典型参数,包括共模抑制比以及输出脉冲宽度、输出脉冲上升时间和下降时间、过冲、顶降等波形参数。

1. 共模抑制比(CMR)

在信号网络中传输的数据信号一般是对地平衡的电压信号,在理想情况下,只有平衡信号通过脉冲变压器。但由于信号发送端和信号接收端及其传输线上的非平衡干扰信号会通过某些寄生渠道感应到与之相连的变压器上,形成共模干扰信号。信号耦合用变压器具有抑制干扰的作用,衡量其抑制共模干扰能力的参数就是共模抑制比,定义为:变压器输入端的共模干扰信号幅度 E_{IN} 与输出端的共模干扰信号幅度 E_{OUT} 的比值,一般用分贝(dB)表示:

$$CMR = 20 \times \lg (E_{\mathrm{OUT}}/E_{\mathrm{IN}}) \tag{10-8}$$

按图 10.11 进行测试,输入信号为正弦信号,共模抑制比按式(10-8)进行计算,且应采用如下细则:

① N 代表较高匝数;

② 输入信号电压:(10 ± 1)Vrms 或者相关规定;

③ 输入信号频率:(1 ± 0.02)MHz 或者相关规定。

根据测试电路图,可以选择信号发生器对 N 端输入共模干扰信号,使用示波器测量其共模干扰信号输出,根据公式计算共模抑制比。

除了使用信号发生器和示波器测量共模抑制比外,还可以用网络分析仪对该参数进行测量。当使用网络分析仪测量共模抑制比时,仪器应设置在 Transimission 状态下。

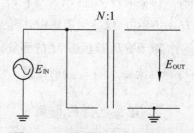

图 10.11 共模抑制比测试电路

2. 波形参数

波形参数是小功率脉冲变压器的重要参数，主要包括输出脉冲宽度（t_d）、输出脉冲上升时间（t_r）和下降时间（t_f）、过冲幅度（overshoot）、波形平顶降（droop）等，这些参数从不同角度描述信号通过变压器传输后的失真情况。

按图 10.12 进行测试，输入信号为脉冲方波信号，且应采用如下细则：

① N 代表较高匝数；

② 输入信号电压：$27 \times (1 \pm 10\%) V_{pp}$ 或规定值；

③ 输入信号频率：$250 \times (1 \pm 2\%)$ kHz 或规定值；

④ 输入信号的上升、下降时间不大于 100 ns 或规定值；

⑤ 输入信号的占空比：50%。

测试时，通过示波器将变压器输出端的脉冲波形捕捉和储存下来，并按图 10.13 所示波形图规定的方法对各个参数进行计算。可以看到，由于需要对波形的各类参数进行分析和计算，因此必须使用带有储存、分析和相应计算功能的数字示波器进行波形分析。

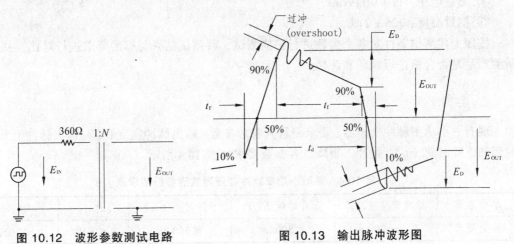

图 10.12　波形参数测试电路　　　　图 10.13　输出脉冲波形图

10.2.3　变压器检测实例

1. 实例 1

现有某型号小功率脉冲变压器，要求测量其初级线圈直流电阻、初级线圈电感、匝数比、输入阻抗参数，各项参数要求如表 10.3 所示。

表 10.3　某型小功率脉冲变压器参数要求表

参数名称	匝比（±3%）	初级：次级	直流电阻/Ω	初级电感/mH	输入阻抗/Ω
参数要求	2 : 1	1-2 : 3-4	$R_{(1\text{-}2)} \leqslant 3.5$ $R_{(3\text{-}4)} \leqslant 3.0$	$L_{(1\text{-}2)} \geqslant 3$	$Z_{(1\text{-}2)} \geqslant 7\,200$

根据测试参数，选择 TH2818 型自动变压器测试仪。根据该型变压器的测试规范，设定各参数的测试条件：

匝比的测试条件为：

① 测试频率：$75 \times (1 \pm 2\%)$kHz；

② 测试电压：(1 ± 0.1)Vrms。

初级电感的测试条件为：

① 被测绕组：初级绕组；

② 测试方法：串联测试；

③ 测试频率：$75 \times (1 \pm 2\%)$kHz；

④ 测试电压：(1 ± 0.1)Vrms。

直流电阻的测试条件为：温度(25 ± 5)℃。

输入阻抗的测试条件为：

① 被测绕组：按表 10.3 规定的绕组；

② 测量方法：串联测试；

③ 测量频率：(1 ± 0.02)MHz 和 $75 \times (1 \pm 2\%)$kHz；

④ 测量电压：(1 ± 0.1)Vrms；

⑤ 测量温度：(25 ± 2)℃。

按照上述测试条件对各个参数进行扫描测试，将测试结果与标准要求进行对比，从而对所测产品是否合格进行判断和评估。

2. 实例 2

现有一小功率脉冲变压器，要求测量其波形参数：输出脉冲宽度（t_d）、输出脉冲上升（t_r）时间和下降时间（t_f）、过冲、顶降。各参数要求如表 10.4 所示。

表 10.4　某型小功率脉冲变压器波形参数要求表

参数名称	脉冲宽度（t_d）	上升时间（t_r）	下降时间（t_f）	过冲	顶降
参数要求	5 μs ± 200 ns	≤ 500 ns	≤ 500 ns	≤ 1 V	≤ 20%

根据测试参数，选择高频方波信号发生器和数字储存示波器作为测试仪器，根据该型变压器的测试规范，设定各参数的测试条件：

① 连接变压器时，较高匝数（N）的一端作为输出端；

② 输入信号电压：$27 \times (1 \pm 10\%)V_{pp}$；

③ 输入信号频率：$250 \times (1 \pm 2\%)$kHz；

④ 输入信号的上升、下降时间不大于 100 ns；

⑤ 输入信号的占空比：50%。

按照上述设定条件，连接变压器到信号源的输出端，用数字储存示波器监测输出波形，并按波形参数的定义对测得的波形进行分析和计算，与标准参数表进行比较，从而对信号通过变压器传输后的失真情况进行评估。

第 11 章　小型熔断器的检测

11.1　小型熔断器的基础知识

11.1.1　小型熔断器概念

熔断器，我们日常生活里叫做保险丝，其主要用于电路过载和短路保护。熔断器按其用途分为一般用途熔断器和半导体设备保护用熔断器。熔断器是动力和照明线路的一种保护器件，当发生短路或过大电流故障时，能迅速切断电源，保护线路和电气设施的安全（但不能准确保护过负荷）。

在 GB9364.1 标准中，小型熔断器（fuse）定义为："一种装置，当通过该装置的电流超过规定值且持续足够的时间，该装置中的一个或多个经特殊设计、特殊配比的元件熔断，断开其所接入的电路，从而切断电流。熔断器包括构成整个装置的所有零件。"主要用于保护在户内使用的电气装置、电子设备和其他元件。广泛应用于仪器仪表、各类家用电器、各种计算机周边或外围设备和附件、电子通信、交换机、终端机、机站及相关产品、网络设备、接入分配及网络周边设备或附件、各种车船及车载电子电器设备、各种类型的电源器、变换器、充/放电器等、医疗设备、军工设备、高科技含量的各种设备中。

11.1.2　熔断器的工作原理

熔断器的工作原理是：当通过熔断器的电流大于规定值时，以其自身产生的热量使熔体熔化而自动分断电路。

熔断器是串联在电路中的一个最薄弱的导电环节，其金属熔体是一个易于熔断的导体。在正常工作情况下，由于通过熔体的电流较小，熔体的温度虽然上升，但不致达到熔点，熔体不会熔化，电路能可靠接通。一旦电路发生过负荷或短路故障时，电流增大，过负荷电流或短路电流对熔体加热，熔体由于自身温度超过熔点，在被保护设备的温度未达到破坏其绝缘之前熔化，将电路切断，从而使线路中的电气设备得到了保护。

熔断器的工作过程大致可分为以下四个阶段：

（1）熔断器的熔体因过载或短路而加热到熔化温度；

（2）熔体的熔化和汽化；

（3）触点之间的间隙击穿和产生电弧；

（4）电弧熄灭、电路被断开。

　　显然，熔断器的动作时间为上述四个过程所经过时间的总和。熔断器的开断能力决定于熄灭电弧能力的大小。熔体熔化时间的长短，取决于通过的电流的大小和熔体熔点的高低。当电路中通过很大的短路电流时，熔体将爆炸性地熔化并汽化，迅速熔断；当通过不是很大的过电流时，熔体的温度上升得较慢，熔体熔化的时间也就较长。熔体材料的熔点高，则熔体熔化慢、熔断时间长；反之，熔断时间短。

11.1.3　小型熔断器的原理结构

　　熔断器主要由熔断体、熔断器承载体、熔断器承载体接触件、熔断器底座等组成。

　　熔断体是在熔断器动作后预定要更换的含有熔断元件的熔断器零件。种类有：封闭式熔断体、小型熔断体、超小型熔断体、通用模件熔断体等。

　　熔断器底座（熔断器安装座）是熔断器的固定零件，该零件装有接触件以及与系统连接的端子。

　　熔断器承载体是熔断器的可移动零件。

11.1.4　熔断器的保护特性

　　熔断器熔体的熔断时间与熔体的材料和熔断电流的大小有关，如图 11.1 所示，该曲线反映了熔断时间与电流的大小关系，称为熔断器的安秒特性，也称为熔断器的保护特性。熔断器的保护特性与熔断器的结构形式有关，各类熔断器的保护特性曲线均不相同，其共同的规律是熔断时间与电流的平方成反比，且为反时限的保护特性曲线。

　　由曲线可知，当熔断电流为 I_∞ 时，熔体的熔断时间在理论上是无限大的，即熔体不会熔断。I_∞ 称为最小熔化电流或称临界电流。熔体的额定电流 I_{RN} 应小于 I_∞，通常取 I_∞ 与 I_{RN} 的比值为 1.5 ~ 2，称作熔化系数。该系数反映熔断器在过载时的不同保护特性，例如要使熔断器能保护小过载电流，熔化系数就应低些；为了避免电动机启动时的短时过电流使熔体熔化，熔化系数就应高些。

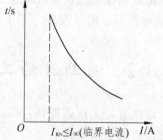

图 11.1　熔断器的安秒特性曲线

11.1.5　小型熔断器的型号及命名

　　GB 9364.1 标准对熔断体标记规定：额定电流小于 1 A 者为毫安值额定电流，额定电流等于或大于 1 A 者为安培值额定电流。额定电流的标记应标在额定电压标记的前面并靠近额定电压标记，额定电压以 V 为单位。相应预飞弧时间/电流特性的说明符号应标在额定电流的前面并靠近额定电流，这些符号是：

　　① FF：表示非常快速动作；

② F：表示快速动作；

③ M：表示适度延时；

④ T：表示延时；

⑤ TT：表示长延时。

小型熔断体额定值在相关的标准规格单中规定，GB 9364.1 标准附录 A 对小型熔断体的规格和对应色码作出具体规定。

11.1.6　小型熔断器种类

1. 传统管状熔断体

传统管状熔断体由金属熔体加管状外壳组成，如图 11.2 所示。传统管状熔断体品种非常丰富，有玻璃管/增强玻璃/陶瓷管体，特快速/快速/中速/延时/长延时等，高分断/增强分断/低分断等，需要用熔断器夹/座/盒/套等连接到电路中（现已发展有带引线的）；常用尺寸：3.6 × 10/4.5 × 15/5.2 × 20/6.3 × 32/10 × 38 等，常用规格：32 mA ~ 16 A/125 ~ 350 V（10 × 38 的可达 30 A/ ~ 600 V），常应用于仪器仪表、家用电器、开关电源、建筑电器、视听设备、照明电器、工业控制、医疗电器等。

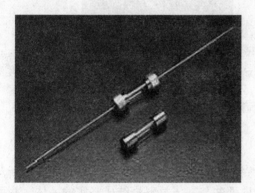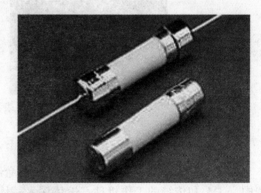

图 11.2　传统管状熔断体

2. 微型熔断器

微型熔断器是 20 世纪 50、60 年代的换代产品，跟随小型化的发展，打破了传统结构形式，用引脚焊接到电路板上。主要有以下两类：

（1）轴向引线的晶体管式，见图 11.3（a）。

规格：6.5 × 6（金属/玻璃外壳）；8.5 × 8（圆形塑料外壳），8 × 6 × 4（方形塑料外壳）；

额定值范围：0.5 ~ 10 A/63 ~ 250 V。

（2）径向引线的电阻式，见图 11.3（b）。

规格：2 × 7（环氧包封）快/慢断，3 × 10（塑料外壳）快/慢断；

额定值范围：0.5 ~ 10 A/63 V ~ 250 V。

该类熔断器广泛应用于结构紧凑的小电器、电源变换器、充电器和通信设备等。

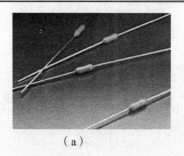
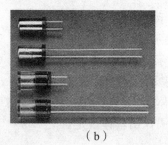

（a）　　　　　　　　　　　　　（b）

图 11.3　微型熔断器

3. 表面贴装熔断体（见图 11.4）

表面贴装熔断体是 20 世纪 80、90 年代的新一代产品，在基体表面覆盖熔体，体积进一步缩小、功耗少，特别适宜 PCB 板上的电路保护用，很快得到推广应用并发展到很多品种。主要品种：① 薄膜式：1206/0603/0402；② 方管式：$2.7 \times 2.7 \times 6/3 \times 3 \times 10$；③ 快熔断/慢熔断等；④ 聚合体/陶瓷体基板。

表面贴装熔断体的主要应用：PC、PCB 板、控制电路、通信、各类小型电子设备等电路保护中。

图 11.4　表面贴装熔断体

4. 多层独石表面贴装熔断体（见图 11.5）

多层独石表面贴装熔断体是 20 世纪革命性新产品，完全改变了薄膜式表面安装熔断器的结构、工艺和传统的工作机理，熔体深入基体内部并与基体材料烧结成坚实的一体，并可做成多层熔体，大大提高了熔断器的灭弧性能。可靠性和额定值已逐步得到市场认同，前景很好。主要规格尺寸与薄膜式相同，电流规格可做得更大。

多层独石表面贴装熔断体特别适用于计算机周边/网络周边、NB、手机、DSC、PDA、PDVD、GPS、MP3、SET-BOX、POS 等数码或终端电子产品，以及对体积要求较小的电池板、转换器等。

图 11.5　多层独石表面贴装熔断体

5. 车用熔断器（见图 11.6）

车用熔断器也是从管状演变和发展而来的，至今尚有部分摩托车、电动车等还用玻璃管的熔断器；当今大部分安装在汽车电器盒内的熔断器大都是片式或条式的，一般每车用量在 30～50 个（片式 35，条式 15）。汽车熔断器都是应用在大电流（片式 0.5～50 A、条式 40～300 A）和低电压（片式 32 V、条式 80～125 V）的条件下的。

图 11.6　车用熔断器

11.2　熔断器主要技术指标

1. 额定值

额定值是用来说明一些特性值而使用的一般术语，这些特性值共同规定出试验依据和熔断体设计的工作规定。熔断器的额定值包括：电压（U_n）、电流（I_n）、分断能力。

2. 电压降

熔断体在额定电流条件下，其两端的电压降不应超过相关标准规定的最大值。在型式试验时，每一个电压降与所测得的该被测型号电压降的平均值的偏差不应大于 15%。

3. 时间/电流特性

（1）对于交流：在规定的工作条件下，给出时间值（以有效时间表示）与预期对称电流（以有效值表示）关系的曲线。

（2）对于直流：在规定的工作条件下，给出时间值（以实际时间表示）与直流预期电流关系的曲线。

4. 预飞弧时间（熔化时间）

从电流值大到足够使熔断元件熔断的起始瞬间到电弧开始形成的瞬间所间隔的时间。

5. 飞弧时间

从出现电弧的瞬间到最终电弧熄灭的瞬间所间隔的时间。

6. 动作时间（总熔断时间）

预飞弧时间与飞弧时间之和。

7. 熔断体的分断能力

以规定的电压在规定的使用条件和工作条件下，熔断体能分断的预期电流值（对于交流为有效值）。

8. 最大持续功耗

在规定的测试条件下，以最少能持续 1 h 的最大电流等级测得的熔断体的功率损耗。

9. 其他要求

外观尺寸、绝缘电阻、动作过电压等。

11.3 小型熔断器的检测技术

11.3.1 小型熔断器检测标准

小型熔断器检验主要依据 GB9364 系列标准，等同采用 IEC 127 系列标准，包括以下各部分：

第 1 部分：小型熔断器定义和小型熔断体通用要求；

第 2 部分：管状熔断体；

第 3 部分：超小型熔断体；

第 4 部分：通用模件熔断体；

第 5 部分：小型熔断体质量评定导则；

第 6 部分：熔断器盒（现今仍为 IEC 257）；

第 7 部分：（为以后的文件留空）；

第 8 部分：（为以后的文件留空）；

第 9 部分：试验盒和试验电路；

第 10 部分：用户指南。

标准第 1 部分包括适用于各种类型的小型熔断器（例如，管状熔断体、超小型熔断体、通用模件熔断体）的通用要求和试验。检验项目有：外观检测、电压降、时间/电流特性、分断能力、耐久性试验、最大持续功耗、脉冲试验、熔断体温度等。

11.3.2 小型熔断器的认证

小型熔断器作为一个安全元件，在生产、销售、使用时必须经过权威机构的安全认证（安规认证）。由于小型熔断器发展的两大主要规格体系（北美和欧洲），其安全认证也分为美规和欧规两大体系。

JIS　　IMQ　　FEMKO　　UL　　CSA　　UR　　VDE　　SEMKO　　BSI

美规认证以美国 UL/加拿大 CSA 为主，产品通过 UL/CSA 颁布标准的试验可得到列名，生产厂以自送标准经 UL/CSA 确认并通过试验的也可以获得 UL/CSA 的认可，这两种认证都得到北美各国和全球广泛的认同。

欧规认证以国际 IEC 标准为基本要求，由欧洲各工业国用各自国家标准通过试验即能获得该国认证，主要有 VDE（德）/SEMKO（瑞）/BSI（英）/FEMKO（芬）……还可以通过 CB 试验报告来取得其他国家的认证，中国的标准接轨 IEC 体系，所以 CCC 认证也属于欧规体系，同样可以利用 CB 证书来转换其他认证。

11.3.3 小型熔断器检测设备

小型熔断器检测设备主要有程控直流电流源、电压表、电流表、示波器、成像温度计、电源（大容量）、程控负载柜（电阻箱）等。

（1）程控直流电流源：提供测试所需直流偏置电流，电流调整设置范围应该覆盖 0 ~ 10 A，最小分辨率应小于 1 mA，电流精度 GB 9364.1 标准要求为不超过 ± 1%。

（2）电压表：测量电压降，GB 9364.1 标准要求的精度为 ±2%。

（3）电流表：测量通过熔断体的电流。

（4）示波器：监测和记录熔断器两端的电压变化和对应的时间。

（5）成像温度计：监测熔断器表面温度。

（6）电源（大容量）、程控负载柜：用于熔断器的分断能力检测，两者配合使用为试验提供上升时间尽量短的大电流，该试验还可以用程控交流电源代替电压和程控负载柜实现。该试验设备的电流的上升速度应越快越好，如从 0 A 上升到 100 A 的时间应控制在微秒级，这样试验的数据才有实际意义；如果电流值上升速度过慢，则测量到的熔断器熔断时间不是熔断器在某个特定电流下的熔断时间。

11.3.4 小型熔断器检测实例

在国内，小型熔断器主要按照 GB 9364 系列标准进行检测，各种熔断器的检测项目和检测设备基本相同，不同之处在于针对不同种类的熔断器应该按标准的要求配置相关的夹具，并按标准的要求进行安装，下面主要对片式熔断器的检测方法进行介绍。片式熔断器的具体结构如图 11.7 所示。

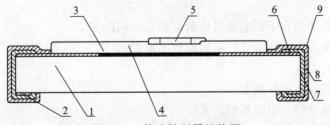

图 11.7 片式熔断器结构图

1—陶瓷基体；2—背面电极；3—熔断体；4—抑弧层；
5—熔断器标志；6—表面电极；7—端面电极；
8—电镀阻挡层；9—电镀可焊层

在片式熔断器的检测项目中，主要有电压降、耐久性、时间电流特性、分断能力、绝缘电阻、动作过电压等参数的检测。现以电压降、时间电流特性和分断能力对片式熔断器的检测技术进行介绍，其测试电路如图 11.8 所示。

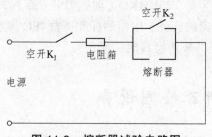

图 11.8　熔断器试验电路图

1. 电压降

目的：确定熔断器在通以额定电流的条件下，其两端电压降不应超过相关标准规定的最大值。

检测设备：电压表、电流表、电阻箱和电流源。

试验程序：

（1）将样品安装在试验板上，按试验电路进行电压降测量。

（2）关闭试验电源、电阻箱的开关。

（3）将熔断器从接口上取下，在熔断器接口处串上电流表，将电流表打到相应的测量量程。

（4）闭合 K_1、K_2，根据熔断器的额定电流选择电阻箱相应的电流开关，且电阻箱的电流应大于熔断器的额定电流。

（5）开启电源、电阻箱的电源开关，调节电源、电阻箱的可调电阻旋钮，直至电流表显示为熔断器额定电流的 ±1% 范围内。

（6）断开 K_1、K_2，将安装好的熔断器接入熔断器接口，闭合 K_1，待温度达到稳定（当每隔 1 min 电压降的变化不大于前一次观察的 2%，则认为温度已达到稳定）后，采用电压表测量熔断器两端的电压。

（7）将所测量的值作上标识。

失效判据：由有关标准规定。

2. 时间电流特性

目的：评价熔断器在不同电流时熔断电流与时间的关系。

检测设备：电压表、电流表、电阻箱和电流源。

试验程序：

（1）将样品安装在试验板上。

（2）关闭试验电源、电阻箱的开关。

（3）将熔断器从接口上取下，在熔断器接口处串上电流表，将电流表打到相应的测量量程。

（4）闭合 K_1、K_2，根据熔断器的额定电流选择电阻箱相应的电流开关，且电阻箱的电流应大于熔断器的试验电流。

（5）开启电源、电阻箱的电源开关，调节电源、电阻箱的可调电阻旋钮，直至电流表显示为详细规范所规定的熔断器试验电流的 ±1% 范围内。

（6）断开 K₁、K₂，将安装好的熔断器接入熔断器接口，并将示波器的两探头并联在熔断器两端，闭合 K₁，观察示波器显示情况，直至熔断器动作为止。

（7）对时间记录的要求：对时间小于 10 s 者，时间测量精度在 ±5% 的范围内；对时间等于或大于 10 s 者，时间测量精度应在 ±2% 的范围。

（8）根据试验电流和实际动作时间，绘制时间电流特性图。

3. 分断能力

目的：评价熔断体在施加不同电流下工作的分断能力。

检测设备：电压表、电流表、电阻箱和电流源。

试验程序：

（1）将样品安装在试验板上。

（2）关闭试验电源、电阻箱的开关。

（3）将熔断器从接口上取下，在熔断器接口处串上电流表，将电流表打到相应的测量量程。

（4）闭合 K₁、K₂，根据熔断器的额定电流选择电阻箱相应的电流开关，且电阻箱的电流应大于熔断器的试验电流。

（5）开启电源、电阻箱的电源开关，调节电源、电阻箱的可调电阻旋钮，直至电流表显示为详细规范中所规定熔断器的试验电流的 ±1% 范围内。

（6）断开 K₁、K₂，将安装好的熔断器接入熔断器接口，并将示波器的两探头并联在熔断器两端，闭合 K₁，观察示波器显示情况，直至熔断器动作为止。

（7）当熔断器动作后，按绝缘电阻的测量方法，对所有分断能力试验后的熔断器进行绝缘电阻测量。

失效判据：由有关标准规定。

第 12 章　抑制器的检测

12.1　抑制器的基础知识

12.1.1　浪涌电压抑制器的概念

电路在遭雷击和在接通、断开电感负载或大型负载时，常常会产生很高的操作过电压，这种瞬时过电压（或过电流）称为浪涌电压（或浪涌电流），是一种瞬变干扰。为了避免浪涌电压击毁敏感的自动化设备，必须使出现这种浪涌电压的导体在非常短的时间内同电位均衡系统短接（引入大地）。

例如，直流 6 V 继电器线圈断开时会出现 300 ~ 600 V 的浪涌电压；接通白炽灯时会出现 8 ~ 10 倍额定电流的浪涌电流；当接通大型容性负载如补偿电容器组时，常会出现大的浪涌电流冲击，使得电源电压突然降低；当切断空载变压器时也会出现高达额定电压 8 ~ 10 倍的操作过电压。浪涌电压现象日趋严重地危及自动化设备的安全工作，消除浪涌噪声干扰、防止浪涌损害，一直是关系到自动化设备安全可靠运行的核心问题。现代电子设备集成化程度在不断提高，但是它们抗御浪涌电压的能力却在下降。在多数情况下，浪涌电压会损坏电路及其部件，其损坏程度与元器件的耐压强度密切相关，并且与电路中可以转换的能量相关。

12.1.2　浪涌电压抑制器的工作原理

为了避免浪涌电压击毁敏感的自动化设备，必须使出现这种浪涌电压的导体在非常短的时间内同电位均衡系统短接（引入大地）。在其放电过程中，放电电流可以高达几千安，与此同时，人们往往期待保护单元在放电电流很大时也能将输出电压限定在尽可能低的数值上。因此，空气火花间隙、充气式过电压放电器、压敏电阻、雪崩二极管、TVS（Transient voltage suppressor）、FLASHTRAB、VALETRAB、SOCKETTRAB、MAINTRAB 等元器件，以单独或组合电路的形式被应用到被保护电路中，因为每个元器件有其各自不同的特性，并且具有不同的性能：放电能力、响应特性、灭弧性能、限压精度。根据不同的应用场合以及设备对浪涌电压保护的要求，可根据各类产品的特性来组合出符合应用要求的过电压保护系统。

12.1.3　浪涌电压吸收器

浪涌噪声常用浪涌吸收器进行抑制，常用的浪涌吸收器有：

1：氧化锌压敏电阻

氧化锌压敏电阻是以氧化锌为主体材料制成的压敏电阻，其电压非线性系数高、容量大、残压低、漏电流小、无续流、伏安特性对称、电压范围宽、响应速度快、电压温度系数小，且具有工艺简单、成本低廉等优点，是目前广泛使用的浪涌电压保护器件。适用于交流电源电压的浪涌吸收、各种线圈、接点间浪涌电压吸收及灭弧，三极管、晶闸管等电力电子器件的浪涌电压保护。

氧化锌压敏电阻在正常电压条件下，只相当于一只小电容器，当电路出现过电压时，它的内阻急剧下降并迅速导通，其工作电流增加几个数量级，从而有效地保护了电路中的其他元器件不致过压而损坏，它的伏安特性是对称的，如图 12.1 中（a）所示。这种元件是利用陶瓷工艺制成的，它的内部微观结构如图 12.1（b）所示。微观结构中包括氧化锌晶粒以及晶粒周围的晶界层。氧化锌晶粒的电阻率很低，而晶界层的电阻率却很高，相接触的两个晶粒之间形成了一个相当于齐纳二极管的势垒，这就是压敏电阻单元，每个单元击穿电压大约为 3.5 V，如果将许多的这种单元加以串联和并联就构成了压敏电阻的基体。串联的单元越多，其击穿电压就超高，基片的横截面面积越大，其通流容量也越大。压敏电阻在工作时，每个压敏电阻单元都在承受浪涌电能量，而不像齐纳二极管那样只是结区承受电功率，这就是压敏电阻为什么比齐纳二极管能承受大得多的电能量的原因。

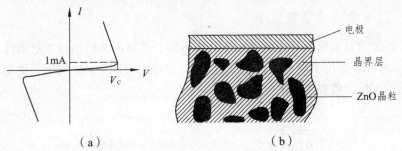

（a）　　　　　　　　　　　　　　（b）

图 12.1　氧化锌压敏电阻的伏安特性和微观结构

压敏电阻在电路中通常并接在被保护电器的输入端，如图 12.2 所示。

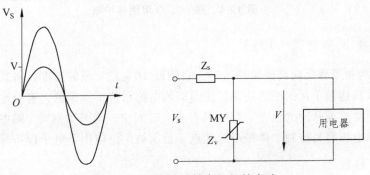

图 12.2　氧化锌压敏电阻保护电路

　　压敏电阻的 Z_v 与电路总阻抗（包括浪涌源阻抗 Z_s）构成分压器，因此压敏电阻的限制电压为 $V = V_s Z_v /（Z_s + Z_v）$。Z_v 的阻值可以从正常时的兆欧级降到几欧，甚至小于 1 Ω。由此可见 Z_v 在瞬间流过很大的电流，过电压大部分降落在 Z_s 上，而用电器的输入电压比较稳定，因而能起到的保护作用。图 12.3（a）所示特性曲线可以说明其保护原理。直线段是总阻抗 Z_s，曲线是压敏电阻的特性曲线，两者相交于点 Q，即保护工作点，对应的限制电压为 V，它是使用了压敏电阻后加在用电器上的工作电压。V_s 为浪涌电压，它已超过了用电器的耐压值 V_L，加上压敏电阻后，用电器的工作电压 V 小于耐压值 V_L，从而有效地保护了用电设备。不同的线路阻抗具有不同的保护特性，从保护效果来看，Z_s 越大，其保护效果就越好，若 $Z_s = 0$，即电路阻抗为零，压敏电阻就不起保护作用了。图 12.3（b）所描述的曲线可以说明 Z_s 与保护特性之间的关系。

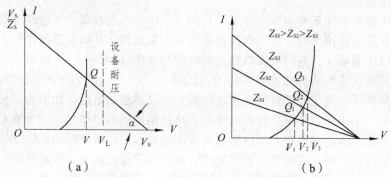

图 12.3　氧化锌压敏电阻保护原理

2. R、C、D 组合浪涌吸收器

　　R、C、D 组合浪涌吸收器比较适用于直流电路，可根据电路的特性对器件进行不同的组合，如图 12.4（a）适用于高电平直流控制系统，而图 12.4（b）中采用齐纳稳压管或双向二极管，适用于正反向需要保护的电路。

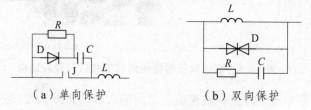

（a）单向保护　　　　　　　　　　（b）双向保护

图 12.4　R、C、D 浪涌保护器

3. 瞬态电压抑制器（TVS）

　　当 TVS 两极受到反向高能量冲击时，它能以 10～12 s 级的速度，将其两极间的阻抗由高变低，吸收高达数千瓦的浪涌功率，使两极的电位钳位于预定值，有效地保护自动化设备中的元器件免受浪涌脉冲的损害。TVS 具有响应时间快、瞬态功率大、漏电流低、击穿电压偏差小、钳位电压容易控制、体积小等优点，目前被广泛应用于电子设备等领域。

1）TVS 的特性

　　TVS 的正向特性与普通二极管相同，反向特性为典型的 PN 结雪崩器件。图 12.5 是 TVS

的电流-时间和电压-时间曲线。在浪涌电压的作用下，TVS 两极间的电压由额定反向关断电压 V_{WM} 上升到击穿电压 V_{br} 而被击穿。随着击穿电流的出现，流过 TVS 的电流将达到峰值脉冲电流 I_{pp}，同时在其两端的电压被钳位到预定的最大钳位电压 V_C 以下。其后，随着脉冲电流按指数衰减，TVS 两极间的电压也不断下降，最后恢复到初态。这就是 TVS 抑制对电子元器件可能出现的浪涌脉冲功率进行保护的过程。

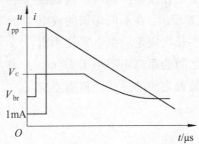

图 12.5　TVS 电压（电流）时间特性

2）TVS 与压敏电阻的比较

目前，国内不少需要进行浪涌保护的设备上应用了压敏电阻，TVS 与压敏电阻性能比较如表 12.1 所示。

表 12.1　TVS 与压敏电阻的比较

参　数	TVS	压敏电阻
反应速度	$10 \sim 12$ s	$50 \times 10 \sim 9$ s
是否老化	否	是
最高使用温度	175 ℃	115 ℃
器件极性	单双极性	单极性
反向漏电流	5 μA	200 μA
钳位因子 V_C/V_{br}	不大于 $1 \sim 5$	最大 $7 \sim 8$
封闭性质	密封	透气
价格	较贵	便宜

12.2　综合浪涌保护系统组合

12.2.1　三级保护

自动控制系统所需的浪涌保护应在系统设计时进行综合考虑，针对自动控制装置的特性，应用于该系统的浪涌保护器基本上可以分为三级，对于自动控制系统的供电设备来说，需要雷击电流放电器、过压放电器以及终端设备保护器。数据通信和测控设备的接口电路，比各终端的供电系统电路要灵敏得多，所以必须对数据接口电路进行细保护。

自动化装置的供电设备的第一级保护采用的是雷击电流放电器，它们不是安装在建筑物的进口处，就是在总配电箱里。为保证后续设备不承受太高的残压，必须根据被保护范围的性质，在下级配电设施中安装过电压放电器，作为二级保护措施。第三级保护是为了保护仪器设备，采取的方法是，把过电压放电器直接安装在仪器的前端。自动控制系统三级保护布置如图 12.6 所示。在不同等级的放电器之间，必须遵守导线的最小长度规定。供电系统中雷击电流放电器与过压放电器之间的距离不得小于 10 m，过压放电器与仪器设备保护装置之间的导线距离则不应小于 5 m。

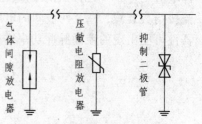

图 12.6   放电器分布图

12.2.2 三级保护器件

（1）充有惰性气体的过电压放电器是自动控制系统中应用较广泛的一级浪涌保护器件。充有惰性气体的过电压放电器，一般构造的这类放电器可以排放 20 kA（8/20 μs）或者 2.5 kA（10/350 μs）以内的瞬变电流。气体放电器的响应时间处于 ns 范围，被广泛地应用于远程通信范畴。该器件的一个缺点是它的触发特性与时间相关，其上升时间的瞬变量和触发特性曲线在几乎与时间轴平行的范围里相交。因此保护电平将同气体放电器额定电压相近。而特别快的瞬变量将同触发曲线在十倍于气体放电器额定电压的工作点相交，也就是说，如果某个气体放电器的最小额定电压 90 V，那么线路中的残压可高达 900 V。它的另一个缺点是可能会产生后续电流。在气体放电器被触发的情况下，尤其是在阻抗低、电压超过 24 V 的电路中会出现下列情况：即原来希望维持几个 ms 的短路状态，会因为该气体放电器继续保持下去，由此引起的后果可能是该放电器在几分之一秒的时间内爆碎。所以在应用气体放电器的过电压保护电路中应该串联一个熔断器，使得这种电路中的电流很快地被中断。

（2）压敏电阻被广泛作为系统中的二级保护器件，因压敏电阻在 ns 时间范围内具有更快的响应时间，不会产生后续电流的问题。在测控设备的保护电路中，压敏电阻可用于放电电流为 2.5～5 kA（8/20 μs）的中级保护装置。压敏电阻的缺点是老化和较高的电容问题。老化是指压敏电阻中二极管的 PN 结部分，在通常过载情况下，会造成 PN 结短路，其漏电流将因此而增大，其值的大小取决于承载的频繁程度。其应用于灵敏的测量电路中将造成测量失真，并且器件易发热。压敏电阻大电容问题使它在许多场合不能应用于高频信息传输线路，这些电容将同导线的电感一起形成低通环节，从而对信号产生严重的阻尼作用。不过，在 30 kHz 以下的频率范围内，这一阻尼作用是可以忽略的。

（3）抑制二极管一般用于高灵敏的电子电路，其响应时间可达 ps 级，而器件的限压值可达额定电压的 1.8 倍。其主要缺点是电流负荷能力很弱、电容相对较高，器件自身的电容随着器件额定电压变化，即器件额定电压越低，电容则越大，这个电容也会同相连的导线中的电感构成低通环节，而对数据传输产生阻尼作用，阻尼程度与电路中的信号频率相关。

12.3　抑制器的检测技术

静电抑制器主要是对电路进行静电防护，它与所要保护的电路进行串联，当电路中任何两端的电压超过静电抑制器的启动电压时，静电抑制器开始工作，最终对电路进行保护。其结构如图 12.7 所示。

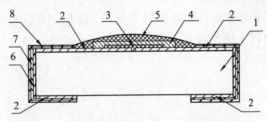

1—陶瓷基体；2—内部电极；3—功能层；4—玻璃层；
5—包封层；6—镍铬合金层；7—镍层；8—锡铅层

图 12.7　静电抑制器结构图

静电抑制器的主要性能参数有持续工作电压、触发电压、钳位电压、漏电流、寄生电容，以 1608/24B 为例，主要性能参数如表 12.2 所示。

表 12.2　静电抑制器的主要性能参数

持续工作电压/V	标称值	—
	最大值	24
触发电压/V	标称值	500
	最大值	1000
钳位电压/V	标称值	36
	最大值	60
漏电流/μA	标称值	0.01
	最大值	10
寄生电容/pF	标称值	0.15
	最大值	0.35

静电抑制器的主要检测项目有高温储存、低温储存、温度冲击、耐静电击打次数、耐湿。耐静电击打次数是静电抑制器关键试验项目，其测试电路如图 12.8 所示。

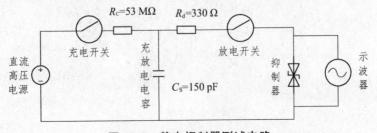

图 12.8　静电抑制器测试电路

检测目的：评价静电抑制器耐静电击打的次数，一般为 2 000 次以上。

检测设备：直流电源、示波器。

试验程序：

（1）将样品安装在试验板上。

（2）按以下电路图对产品进行试验，将直流电源的输出电压调至 8 kV，以 1 s 的时间间隔直至 2 000 次（仪表自动进行）。

（3）试验结束按要求对静电抑制器的触发电压、钳位电压、漏电流、寄生电容进行测量。

（4）失效判据：由有关标准规定。

参考文献

[1] 杨承毅. 电子元器件的识别与检测[M]. 北京：人民邮电出版社，2006.

[2] 刘健清. 从零开始学电子元器件识别与检测技术[M]. 北京：国防工业出版社，2007.

[3] 王成安. 电子元器件识别与检测[M]. 北京：人民邮电出版社，2010.

[4] 陈国培. 常用电子元器件的识别和检测[M]. 北京：机械工业出版社，2010.

[5] 蒋志侨. 电子元器件识别与检测[M]. 重庆：西南师范大学出版社，20101.

[6] 无线电编辑部. 无线电元器件精汇. 北京：人民邮电出版社，2000.

[7] 杜虎林. 用万用表检测电子元器件. 沈阳：辽宁科学技术出版社，2001.

[8] 金正浩，高静，希林. 怎样检测家用电器电子元器件. 北京：人民邮电出版社，2001.

[9] 《电子工业生产技术手册》编委会. 电子工业生产技术手册（7） 半导体与集成电路卷-硅器件与集成电路，北京：国防工业出版社，1991.

[10] 《电子工业生产技术手册》编委会. 电子工业生产技术手册（16） 生产质量技术保证卷-电子测量技术、可靠性与质量管理. 北京：国防工业出版社，1989.

[11] 《电子工业生产技术手册》编委会. 电子工业生产技术手册（15） 生产质量技术保证卷-物理检测、化学分析》. 北京：国防工业出版社，1989.

[12] 姜岩峰，谢孟贤. 微纳电子器件. 北京：化学工业出版社，2005.

[13] 宋南辛，徐义刚. 晶体管原理. 北京：国防工业出版社，1980.

[14] 滨川圭弘. 半导体器件. 彭军译. 北京：科学出版社，2002.

[15] 刘永，张福海. 晶体管原理. 北京：国防工业出版社，2002.

[16] 黄均鼎，汤庭鳌. 双极型与 MOS 半导体器件原理. 上海：复旦大学出版社，1990.

[17] 武世香. 双极型和场效应晶体管. 北京：电子工业出版社，1995.

[18] 张屏英，周佑谟. 晶体管原理. 上海：上海科学技术出版社，1987.

[19] S.M.Sze（施敏），John Wiley & Sons. 现代半导体器件物理. 韩汝琦等译. 北京：科学出版杜，2003.

[20] D.A.Neamen. Semiconductor Physics and Devices: Basic Principles （Third Edition）. McGraw-Hill，2003.

[21] GB/T 249—89《半导体分立器件型号命名方法》

[22] GB/T 4023—1997《半导体器件 分立器件和集成电路 第2部分整流二极管》

[23] GB/T 4377—1996《半导体集成电路 电压调整器测试方法的基本原理》

[24] GB/T 4586—94《半导体器件 分立器件 第8部分：场效应晶体管》

[25] GB/T 4587—94《半导体分立器件和集成电路 第7部分 双极型晶体管》

[26] GB/T 4589.1—2006《半导体器件 第10部分：分立器件和集成电路总规范》

[27]　GB/T 4937—1995《半导体器件机械和气候试验方法》

[28]　GB/T 6571—1995《半导体器件 分立器件 第 3 部分：信号（包括开关）和调整二极管》

[29]　GB 7092—86　　《半导体集成电路外形尺寸》

[30]　GB/T 7581—87《半导体分立器件外形尺寸》

[31]　GB/T 11499—2001《半导体分立器件文字符号》

[32]　GB/T 12560—1999《半导体器件 分立器件分规范》

[33]　GJB 33A—97《半导体分立器件 总规范》

[34]　GJB 128A—97《半导体分立器件试验方法》

[35]　GJB 360B—2009《电子及电气元件试验方法》

[36]　GJB 548B—2005《微电子器件试验方法和程序》

[37]　GJB 597A—96《半导体集成电路总规范》

[38]　1GJB 923A—2004《半导体分立器件外壳通用规范》